无纸化考试专用

全国计算机等级考试

一本通 二级Python语言程序设计

策未来◎编著

NATIONAL COMPUTER RANK EXAMINATION

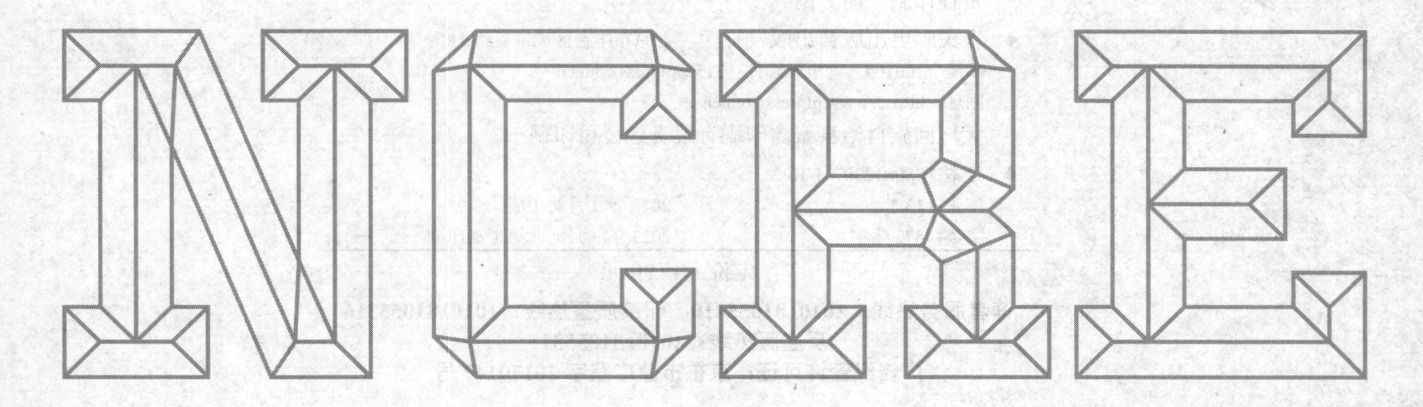

人民邮电出版社
北京

图书在版编目（CIP）数据

全国计算机等级考试一本通. 二级Python语言程序设计 / 策未来编著. -- 北京 : 人民邮电出版社, 2023.3
ISBN 978-7-115-60090-5

Ⅰ. ①全… Ⅱ. ①策… Ⅲ. ①电子计算机－水平考试－自学参考资料②软件工具－程序设计－水平考试－自学参考资料 Ⅳ. ①TP3

中国版本图书馆CIP数据核字(2022)第174636号

内容提要

本书面向全国计算机等级考试二级 Python 语言程序设计科目，严格依据新版考试大纲详细讲解知识点，并配有大量的真题和练习题，以帮助考生在较短的时间内顺利通过考试。

本书共 12 章，主要内容包括考试指南、公共基础知识、Python 语言概述、Python 的基本数据类型、Python 语言的 3 种控制结构、组合数据类型、文件、函数、Python 标准库、Python 第三方库、Python 语言高频考点精讲、新增无纸化考试套卷及其答案解析。

本书配有智能模考软件。该软件主要有精选真题、新增真题、模拟考场、试题搜索和超值赠送等模块。其中，“精选真题”模块包含 13 套历年真题试卷；“新增真题”模块包含 2 套新近真题试卷，考生可指定用某一套试卷进行练习；“模拟考场”模块采用随机组卷形式，其考试过程模拟真实考试环境，限时做题；“试题搜索”模块可按关键字或题型搜索本软件中的所有试题，便于考生重做；“超值赠送”模块包含本书实例的素材文件、PPT 课件、章末综合自测题的答案和解析。建议考生在了解、掌握书中知识点的基础上合理使用该软件进行模考与练习。

本书可作为全国计算机等级考试二级 Python 语言程序设计科目的培训教材与辅导书，也可作为 Python 语言程序设计的学习参考书。

◆ 编　　著　策未来
　责任编辑　牟桂玲
　责任印制　胡　南

◆ 人民邮电出版社出版发行　　北京市丰台区成寿寺路 11 号
　邮编　100164　　电子邮件　315@ptpress.com.cn
　网址　https://www.ptpress.com.cn
　大厂回族自治县聚鑫印刷有限责任公司印刷

◆ 开本：880×1230　1/16
　印张：13.5　　2023 年 3 月第 1 版
　字数：572 千字　　2023 年 3 月河北第 1 次印刷

定价：49.90 元

读者服务热线：(010)81055410　印装质量热线：(010)81055316
反盗版热线：(010)81055315
广告经营许可证：京东市监广登字 20170147 号

前　言

全国计算机等级考试由教育部考试中心主办，是国内影响较大、参加考试人数较多的计算机水平考试。此类考试的目的在于以考试督促考生学习，因此该考试的报考门槛较低，考生不受年龄、职业、学历等背景的限制，任何人都可以根据自己学习和使用计算机的实际情况，选择参加不同级别的考试。

对于二级 Python 语言程序设计科目，考生从报名到参加考试只有 3 个月左右的时间。由于备考时间短，不少考生存在选择题或操作题其中一项偏弱的情况。为帮助考生提高备考效率，我们精心编写了本书。

本书具有以下特点。

1. 针对选择题和操作题进行讲解与剖析

计算机等级考试二级 Python 语言程序设计科目包括选择题和操作题两种考核形式。本书在对无纸化考试题库进行深入分析和研究后，总结出选择题和操作题的高频考点，通过对知识点的讲解及经典试题剖析，帮助考生更好地理解考点，快速提高解题能力。

2. 提供考点考核概率总结及难易程度评析

要想在有限的时间内掌握所有的知识点，考生会感到无从下手。本书通过对无纸化真考题库中的题目进行分析，总结各考点的考核概率，并对考点的难易程度进行评析，帮助考生了解考试的重点与难点。

3. 内容讲解易学易懂

本书的编写力求将复杂问题简单化，将理论难点通俗化，快速提高考生的复习效率。

- 根据无纸化考试题库总结考点，精讲内容。
- 通过典型例题帮助考生强化巩固所学知识点。
- 采用大量插图，简化解题步骤。
- 提供大量习题，巩固所学知识，以练促学，学练结合。

4. 提供套卷模拟训练

为了帮助考生了解考试形式，熟悉命题方式，掌握命题规律，本书特意安排了两套无纸化考试套卷，以贴近真实考试的全套样题的形式供考生进行模拟练习。

5. 配套智能模考软件

为了更好地帮助考生提高复习效率，本书提供配套的智能模考软件。该软件主要包含以下功能模块。

- 精选真题：包含历年考试真题，以套卷的形式提供，考生在练习时可以随时查看答案及解析。
- 新增真题：包含 2 套新近真题，供考生在备考的最后阶段进行冲刺训练。

● 模拟考场：模拟真实考试环境，帮助考生提前熟悉真考环境和考试流程。

● 试题搜索：可按关键字或题型搜索本软件中的所有试题，便于考生重做，以查漏补缺，提高复习效率。

● 超值赠送：本书的配套资源，包括 PPT 课件、素材文件，以及章末综合自测题的答案和解析。

扫描图书封底的二维码，关注微信公众号“异步图书”，发送“60090”，添加异步助手为好友，可获取本软件的下载链接。

尽管我们在编写过程中着力打磨内容，精益求精，但因水平有限，书中难免存在疏漏之处，恳请广大读者批评指正。考生在学习的过程中，可以访问未来教育考试网，及时获得考试信息及下载资源。如有疑问，可以发送邮件至 muguiling@ ptpress. com. cn，我们将为您提供满意的答复。

最后，祝愿各位考生都能顺利通过考试。

编 者

目　录

第0章　考试指南 …… 1
0.1　考试方式简介 …… 2
0.2　考试流程演示 …… 2
0.3　Python的安装与使用 …… 4
第1章　公共基础知识 …… 7
1.1　计算机系统 …… 8
考点1　计算机概述 …… 8
考点2　计算机硬件系统 …… 9
考点3　数据的内部表示 …… 13
考点4　操作系统 …… 17
1.2　数据结构与算法 …… 23
考点5　算法 …… 23
考点6　数据结构的基本概念 …… 24
考点7　线性表及其顺序存储结构 …… 25
考点8　栈和队列 …… 26
考点9　线性链表 …… 27
考点10　树和二叉树 …… 28
考点11　查找技术 …… 30
考点12　排序技术 …… 31
1.3　程序设计基础 …… 32
考点13　程序设计方法与风格 …… 32
考点14　结构化程序设计 …… 33
考点15　面向对象的程序设计 …… 34
1.4　软件工程基础 …… 35
考点16　软件工程的基本概念 …… 35
考点17　结构化分析方法 …… 36
考点18　结构化设计方法 …… 37
考点19　软件测试 …… 39
考点20　程序调试 …… 40
1.5　数据库设计基础 …… 41
考点21　数据库系统的基本概念 …… 41
考点22　数据模型 …… 42
考点23　关系代数 …… 44
考点24　数据库设计与管理 …… 45
1.6　综合自测 …… 47
第2章　Python语言概述 …… 49
2.1　程序语言基础知识 …… 50
考点1　程序设计语言分类 …… 50
考点2　程序设计方法 …… 51
考点3　IPO程序 …… 51
考点4　Python编辑器的使用 …… 52
2.2　Python程序的基本语法 …… 53
考点5　缩进 …… 53
考点6　注释 …… 54
考点7　变量 …… 54
考点8　保留字 …… 55
2.3　Python的程序语句 …… 56
考点9　表达式 …… 56
考点10　赋值语句 …… 57

考点11 导入函数库 …… 58
考点12 Python的标准编码规范 …… 59
2.4 Python语言的基本输入与输出 …… 61
考点13 input()函数 …… 61
考点14 eval()函数 …… 62
考点15 print()函数 …… 63
2.5 综合自测 …… 64
第3章 Python的基本数据类型 …… 65
3.1 数字类型 …… 66
考点1 整数类型 …… 66
考点2 浮点数类型 …… 67
考点3 复数类型 …… 68
3.2 数字类型的运算 …… 68
考点4 数字类型运算符 …… 68
考点5 数字类型运算函数 …… 71
3.3 字符串类型 …… 73
考点6 字符串类型简介 …… 73
考点7 字符串的索引 …… 74
考点8 字符串的切片 …… 75
3.4 字符串的格式化 …… 76
考点9 format()方法的基本使用 …… 76
考点10 format()方法的格式控制 …… 77
3.5 字符串的操作 …… 79
考点11 字符串的操作符 …… 79
考点12 字符串处理方法 …… 80
3.6 数据类型的判断及转换 …… 82
考点13 数据类型的判断 …… 82
考点14 数据类型的转换 …… 82
3.7 综合自测 …… 83
第4章 Python语言的3种控制结构 …… 85
4.1 控制结构 …… 86
考点1 程序流程图 …… 86
考点2 顺序结构 …… 86
4.2 分支结构 …… 87
考点3 单分支结构 …… 87
考点4 双分支结构 …… 88
考点5 多分支结构 …… 89
4.3 循环结构 …… 91
考点6 遍历循环 …… 91
考点7 无限循环 …… 93
考点8 循环控制 …… 94
4.4 异常处理结构 …… 97
考点9 try - except …… 97
考点10 try - except - else …… 98
考点11 try - except - else - finally …… 98
4.5 综合自测 …… 99
第5章 组合数据类型 …… 102
5.1 列表 …… 103
考点1 列表的基本概念 …… 103
考点2 列表的索引及切片 …… 103
考点3 列表的操作函数 …… 104
考点4 列表的操作方法 …… 105
考点5 列表的特殊操作 …… 108
5.2 元组 …… 109

考点6 元组的基本概念 …… 109
考点7 元组的特殊操作 …… 110
考点8 元组的操作函数 …… 111
5.3 字典 …… 112
考点9 字典的基本概念 …… 112
考点10 字典的操作函数 …… 113
考点11 字典的操作方法 …… 114
5.4 集合 …… 115
考点12 集合的基本概念和运算 …… 115
考点13 集合的基本操作 …… 116
5.5 综合自测 …… 118
第6章 文件 …… 120
6.1 文件的基本概念 …… 121
考点1 文件类型 …… 121
考点2 文件的打开和关闭 …… 121
6.2 文件的读写操作 …… 122
考点3 文件的读取 …… 122
考点4 文件的写入 …… 125
考点5 文件的操作方法 …… 126
6.3 数据维度 …… 127
考点6 一维数据 …… 127
考点7 二维数据 …… 128
考点8 高维数据 …… 129
6.4 综合自测 …… 129
第7章 函数 …… 131
7.1 函数的定义及使用 …… 132
考点1 函数的基本概念 …… 132
考点2 函数的定义及使用 …… 132
7.2 函数参数 …… 133
考点3 位置传参 …… 133
考点4 默认参数 …… 133
考点5 关键字传参 …… 133
考点6 可变参数 …… 134
考点7 星号的使用 …… 135
考点8 函数的返回值 …… 136
7.3 变量的作用域 …… 137
考点9 全局变量 …… 137
考点10 局部变量 …… 138
考点11 global 保留字 …… 138
7.4 匿名函数 …… 139
考点12 匿名函数 …… 139
7.5 Python 的内置函数 …… 140
考点13 Python 的内置函数 …… 140
7.6 综合自测 …… 143
第8章 Python 标准库 …… 146
8.1 turtle 库 …… 147
考点1 turtle 库简介 …… 147
考点2 画笔运动函数 …… 148
考点3 画笔状态函数 …… 150
8.2 random 库 …… 151
考点4 random 库简介 …… 151
考点5 random 库常用函数 …… 152
8.3 time 库 …… 153
考点6 time 库简介 …… 153

考点7 time库常用函数 …… 153
考点8 strftime的格式化参数 …… 154
8.4 综合自测 …… 155
第9章 Python第三方库 …… 157
9.1 第三方库的基本概念 …… 158
考点1 第三方库简介 …… 158
考点2 第三方库的安装及卸载 …… 159
9.2 PyInstaller库 …… 161
考点3 PyInstaller库简介 …… 161
考点4 PyInstaller常用参数 …… 162
9.3 jieba库 …… 162
考点5 jieba库 …… 162
9.4 wordcloud库 …… 164
考点6 wordcloud库的使用 …… 164
考点7 WordCloud类常用参数 …… 164
9.5 其余第三方库 …… 166
考点8 其余第三方库 …… 166
9.6 综合自测 …… 167
第10章 Python语言高频考点精讲 …… 169
10.1 Python语言设计基础 …… 170
考点1 Python语言程序语法 …… 170
考点2 变量的创建 …… 170
考点3 基础数据类型 …… 171
考点4 组合数据类型 …… 172
10.2 Python语言的基本结构 …… 172
考点5 分支结构 …… 172
考点6 循环结构 …… 173
考点7 结构嵌套 …… 173
10.3 文件 …… 174
考点8 文件的读写 …… 174
考点9 CSV文件的操作 …… 174
10.4 函数 …… 175
考点10 函数的参数传递 …… 175
考点11 变量的作用域 …… 176
10.5 Python的库 …… 177
考点12 turtle库 …… 177
考点13 random库 …… 178
考点14 jieba库 …… 178
第11章 新增无纸化考试套卷及其答案解析 …… 179
11.1 新增无纸化考试套卷 …… 180
第1套 新增无纸化考试套卷 …… 180
第2套 新增无纸化考试套卷 …… 187
11.2 新增无纸化考试套卷的答案及解析 …… 195
第1套 答案及解析 …… 195
第2套 答案及解析 …… 200
附录 综合自测参考答案 …… 207

第0章

考试指南

俗话说："知己知彼，百战不殆。"考生在备考之前，如果了解相关的考试信息，然后进行有针对性的复习，方可起到事半功倍的效果。为此，特安排本章，以帮助考生在较短的时间了解实用的信息。本章介绍了上机考试环境及流程。各部分内容具体如下。

考试环境简介：介绍考试环境、考试题型及其分值。

考试流程演示：主要是介绍真实考试的操作过程，以免考生因不了解答题过程而造成失误。

0.1 考试方式简介

1. 考试环境

全国计算机等级考试二级 Python 语言程序设计考试系统所需要的硬件环境如表 0.1 所示，所需要的软件环境如表 0.2 所示。

表 0.1 硬件环境

CPU	主频 3GHz 或以上
内　存	2GB 或以上
显　卡	SVGA 彩显
硬盘空间	10GB 以上可供考试使用的空间

表 0.2 软件环境

操作系统	中文版 Windows 7 及以上版本
应用软件	Python 3.5 至 Python 3.9

小提示

本书配套的智能模考软件在教育部考试中心规定的考试环境下进行了严格的测试，适用于中文版 Windows 7、Windows 8 和Windows 10 操作系统。

2. 题型及分值

全国计算机等级考试二级 Python 语言程序设计考试满分为 100 分，共有 4 种考核题型：单项选择题（40 题，共 40 分）、基本操作题（3 题，共 15 分）、简单应用题（2 题，共 25 分）、综合应用题（1 题，共 20 分）。

3. 考试时间

全国计算机等级考试二级 Python 语言程序设计考试时间为 120 分钟，由系统自动计时，考试时间结束后，考试系统自动将计算机锁定，考生将不能继续进行考试。

0.2 考试流程演示

考生考试过程分为登录、答题、交卷等阶段。

1. 登录

在实际答题之前，考生需要进行考试系统的登录。一方面，这是考生姓名的记录凭据，考试系统要验证考生的“合法”身份；另一方面，考试系统也需要为每一位考生随机抽题，生成一份二级 Python 语言程序设计考试的试题。

（1）启动考试系统。双击桌面上的“NCRE 考试系统”快捷方式，或者从“开始”菜单的“所有程序”中单击“第 ××（××为考次号）次 NCRE”，启动“NCRE 考试系统”。

（2）准考证号验证。在“考生登录”界面中输入准考证号，单击图 0.1 中的“下一步”按钮，可能会出现两种情况。

- 如果输入的准考证号存在，将弹出“考生信息确认”界面，要求考生对准考证号、考生姓名及证件号进行验证，如图 0.2 所示。如果准考证号错误，则单击“重输准考证号”按钮重新输入；如果准考证号正确，则单击“下一步”按钮继续。

图 0.1　输入准考证号

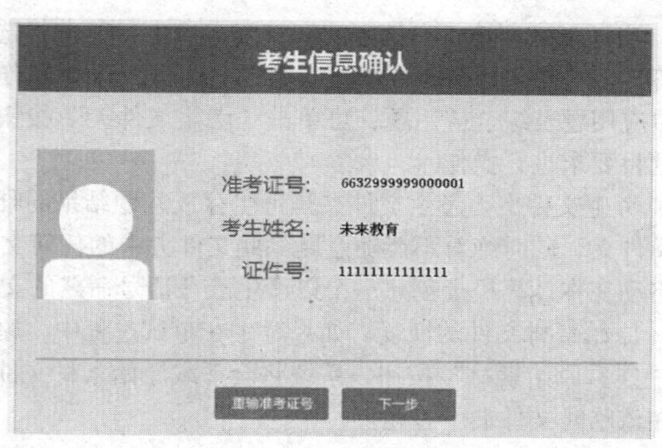

图 0.2　考生信息确认

• 如果输入的准考证号不存在，考试系统会显示图 0.3 所示的提示信息，单击“确定”按钮后可重新输入准考证号。

(3) 登录成功。当考试系统成功抽取试题后，屏幕上会显示二级 Python 语言程序设计的考试须知，考生须选中“已阅读”复选框并单击“开始考试”按钮，开始考试并计时，如图 0.4 所示。

图 0.3　准考证号无效

图 0.4　考试须知

2. 答题

(1) 试题内容查阅窗口。登录成功后，考试系统将自动在屏幕中间弹出试题内容查阅窗口。至此，系统已为考生抽取了一套完整的试题，如图 0.5 所示。单击“选择题”“基本操作”“简单应用”或“综合应用”按钮，可以分别查看各题型的题目要求。

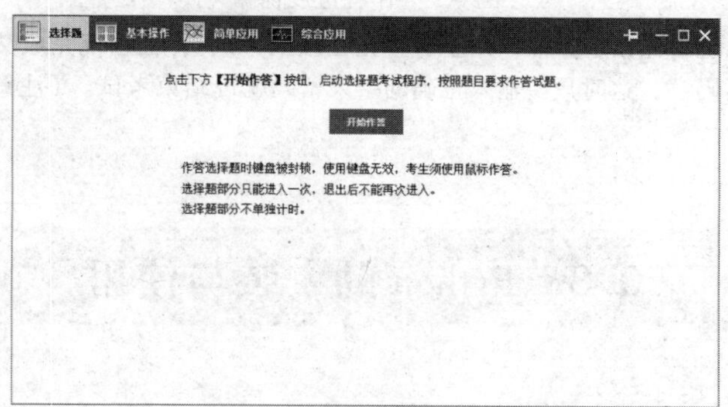

图 0.5　试题内容查阅窗口

当试题内容查阅窗口中显示上下或左右滚动条时，表示该窗口中的试题尚未完全显示，考生可用鼠标拖曳滚动条显示余下的试题内容，防止因漏做试题而影响考试成绩。

(2) 考试状态信息条。屏幕中出现试题内容查阅窗口的同时，屏幕顶部显示考试状态信息条，其中包括：①考生的报考科目、考生姓名、准考证号、考试剩余时间；②可以随时显示或隐藏试题内容查阅窗口的按钮；③收起/固定顶部栏、查看作答进度、查看帮助文件的按钮；④退出考试系统进行交卷的按钮，如图 0.6 所示。

图 0.6　考试状态信息条

（3）启动考试环境。在试题内容查阅窗口中，单击“选择题”按钮，再单击“开始作答”按钮，系统将自动进入选择题作答界面，考生可根据要求进行答题。注意：选择题作答界面只能进入一次，退出后不能再次进入。对于基本操作题、简单应用题及综合应用题，可单击“考生文件夹”按钮，在打开的文件夹中双击相应文件，在启动的Python开发环境中按照题目要求进行操作。

（4）考生文件夹。考生文件夹是考生存放答题结果的唯一位置。考生在考试过程中所操作的文件和文件夹绝对不能脱离考生文件夹，同时绝对不能随意删除此文件夹中的任何文件和文件夹，否则会影响考试成绩。当考生登录成功后，考试系统会自动在本计算机上创建一个以考生准考证号命名的文件夹，如C:\NCRE_KSWJJ\6632999999000001。

（5）原始素材文件的恢复。如果考生在考试过程中，原始素材文件不能复原或被误删除时，可以单击试题内容查阅窗口中的“查看原始素材”按钮，系统将会下载原始素材文件到一个临时文件夹中。考生可以查看或复制原始素材文件，但是请勿在该临时文件夹中答题。

3. 交卷

考试过程中，系统会为考生计算剩余考试时间。在剩余5分钟时，系统会显示一个提示信息，提示考生注意存盘并准备交卷。计时结束，系统自动结束考试，强制交卷。

如果考生要提前结束考试并交卷，则在屏幕顶部考试状态信息条中单击“交卷”按钮，考试系统将弹出图0.7所示的作答进度窗口，其中会显示已作答题量和未作答题量。此时考生如果单击“确定”按钮，系统会再次显示确认对话框，如果仍选择“继续交卷”，则进行交卷处理并退出考试系统；如果单击“取消”按钮，则返回考试界面，继续考试。

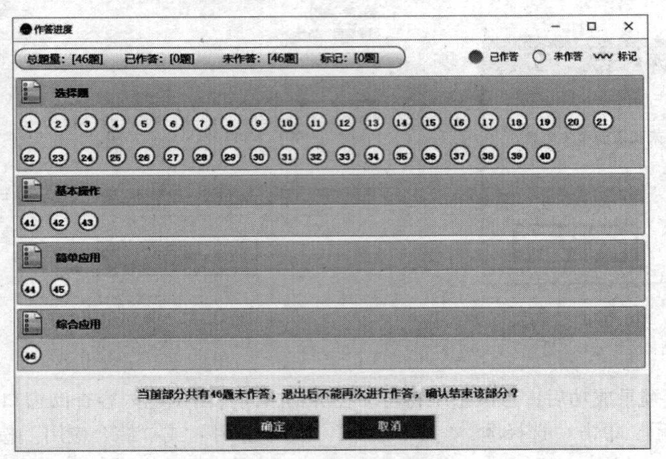

图0.7　作答进度窗口

如果确定进行交卷处理，系统首先锁定屏幕，并显示“正在结束考试”；当系统完成交卷处理时，在屏幕上显示“考试结束，请监考老师输入结束密码:”，这时只要输入正确的结束密码就可结束考试。（注意：只有监考人员才能输入结束密码。）

0.3　Python的安装与使用

1. Python的安装

Python的安装程序可从官网免费下载，如图0.8所示。

操作系统：Python支持Windows、Linux、macOS等不同操作系统，应选择与自己计算机的操作系统相符合的版本安装。

操作系统字长：根据操作系统的字长（32位/64位），选择对应的安装程序。

版本：Python有2.x版本和3.x版本，3.x版本不完全兼容2.x版本。目前推荐3.x版本，而且绝大多数Python编写的库函数都可以在Python 3.x下稳定运行。

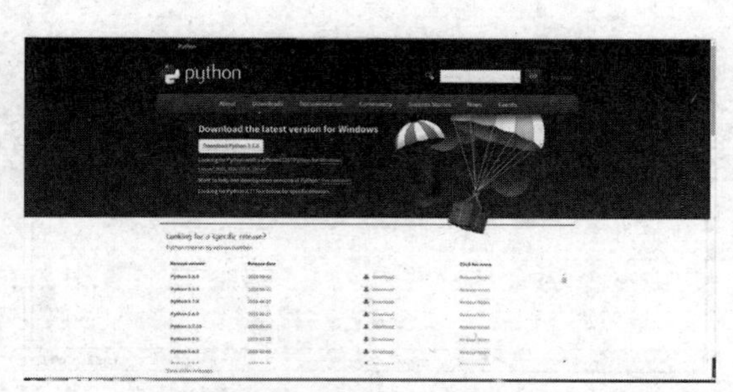

图 0.8 官网下载页面

Python 解释器的安装会启动安装程序引导过程，以 Windows 操作系统为例，引导过程的开始界面如图 0.9 所示。在该界面中，需手动选中“Add Python 3.5 to PATH”复选框。

图 0.9 安装程序引导过程的开始界面

安装成功后，弹出图 0.10 所示的界面。

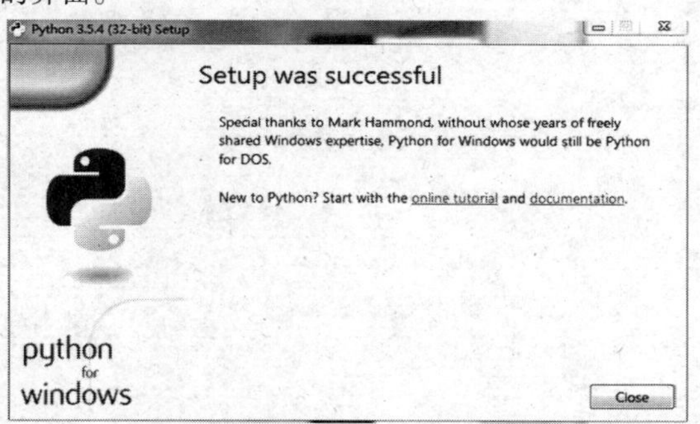

图 0.10 安装程序引导过程的结束界面

2. Python 的使用

（1）启动 Python 自带的运行环境 IDLE，如图 0.11 所示，在“>>>”提示符后输入“exit()”或“quit()”命令，可退出 Python 运行环境。

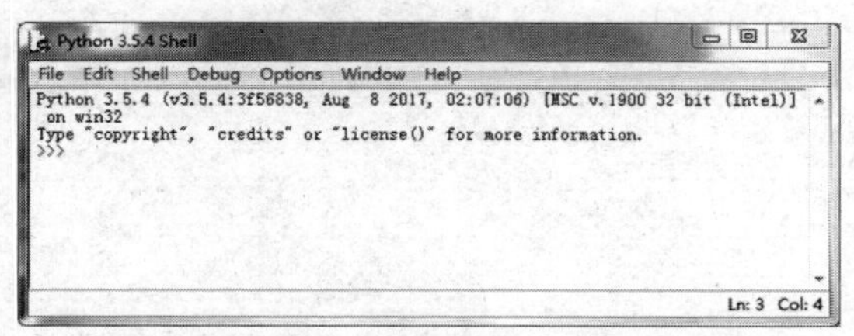

图 0.11 Python 自带的运行环境 IDLE

（2）在“>>>”后面编写简单的程序代码，如果代码量比较大，可以单击“File”→“New File”命令，新建程序编辑器，如图 0.12 所示。

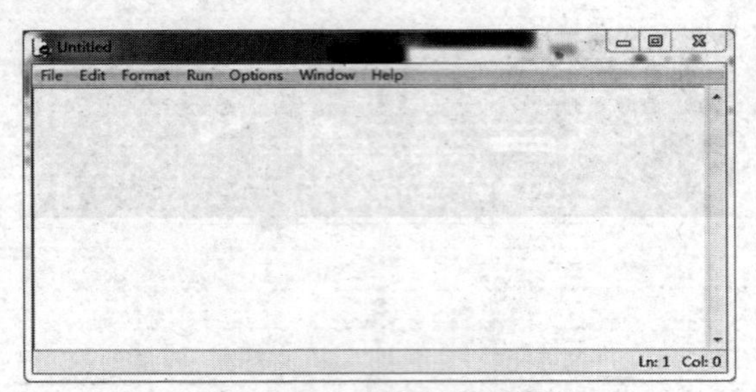

图 0.12 新建的程序编辑器

（3）在程序编辑器中编写完代码之后，按 <F5> 键或者单击菜单栏中的“Run”→“Run Module”命令运行程序。注意：新建的文件在运行时需要先保存。程序编辑器除了具有识别中文字符的功能外，还具有关键字颜色区分、简单的智能提示、自动缩进等辅助功能，如图 0.13 所示。

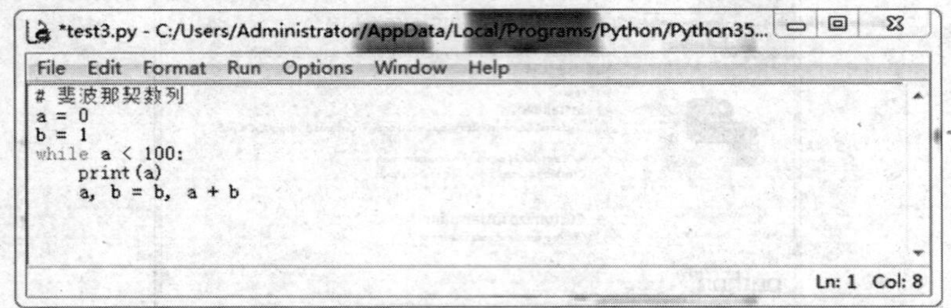

图 0.13 IDLE 的程序编辑器

Python 的源程序以“.py”为扩展名。当运行源程序文件时，系统会自动生成对应的“.pyc”字节编译文件，用于跨平台运行程序并提高程序运行速度。

第1章 公共基础知识

本章内容主要是全国计算机等级考试二级的公共基础知识，主要介绍程序设计的基础知识和面向对象的程序设计基础。本章分为6节，主要内容为计算机系统、数据结构与算法、程序设计基础、软件工程基础、数据库设计基础和综合自测。

考　点	考核概率	难易程度
计算机概述	10%	★
计算机硬件系统	45%	★★★
数据的内部表示	45%	★★★
操作系统	90%	★★★★★
算法	45%	★★★
数据结构的基本概念	45%	★★
线性表及其顺序存储结构	45%	★
栈和队列	90%	★★★
线性链表	35%	★★★
树和二叉树	100%	★★★★★
查找技术	35%	★★
排序技术	25%	★★
程序设计方法与风格	10%	★
结构化程序设计	45%	★★
面向对象的程序设计	65%	★★★★
软件工程的基本概念	75%	★★★
结构化分析方法	85%	★★★
结构化设计方法	65%	★★★
软件测试	75%	★★
程序的调试	30%	★
数据库系统的基本概念	90%	★★
数据模型	90%	★
关系代数	90%	★★
数据库设计与管理	55%	★★★★★

1.1 计算机系统

考点1 计算机概述

1. 计算机的发展历程

目前，公认的第一台电子数字计算机是ENIAC（Electronic Numerical Integrator And Computer），它于1946年在美国宾夕法尼亚大学研制成功。ENIAC的计算速度是每秒可进行5000次加法运算。它的诞生标志着计算机时代的到来，从此，计算机以极高的速度发展。

根据计算机本身采用的物理器件不同，将其发展过程分为4个阶段。

第1阶段是电子管计算机时代，时间为1946年到20世纪50年代后期。

第2阶段是晶体管计算机时代，时间为20世纪50年代后期到20世纪60年代中期。

真考链接

在选择题中，考核概率约为10%。该知识点属于了解性内容，考生只需了解计算机系统的基本组成即可。

第3阶段是中小规模集成电路计算机时代，时间为20世纪60年代中期到20世纪70年代初期。

第4阶段是大规模和超大规模集成电路计算机时代，时间是20世纪70年代初期至今。

2. 计算机体系结构

虽然ENIAC可以大大提高运算速度，但它本身存在两大缺点：一是没有存储器；二是用布线接板进行控制，电路连接烦琐、耗时，这在很大程度上抵消了ENIAC运算速度快带来的便利。因此，以美籍匈牙利数学家冯·诺依曼（John von Neumann）为首的研制小组于1946年提出了“存储程序控制”的思想，并开始研制存储程序控制的计算机EDVAC（Electronic Discrete Variable Automatic Computer）。1951年，EDVAC问世。

EDVAC的主要特点如下。

（1）在计算机内部，程序和数据采用二进制数表示。

（2）程序和数据存放在存储器中，即采用程序存储的概念。计算机执行程序时，无须人工干预，就能自动、连续地执行程序，并得到预期的结果。

（3）计算机硬件由运算器、控制器、存储器、输入设备及输出设备五大基本部件组成。

直到今天，计算机基本结构的设计仍采用冯·诺依曼提出的思想和原理，人们把符合这种设计的计算机称为“冯·诺依曼机”。冯·诺依曼也被誉为“现代电子计算机之父”。

3. 计算机系统基本组成

计算机系统由硬件系统和软件系统两大部分组成，如图1.1所示。

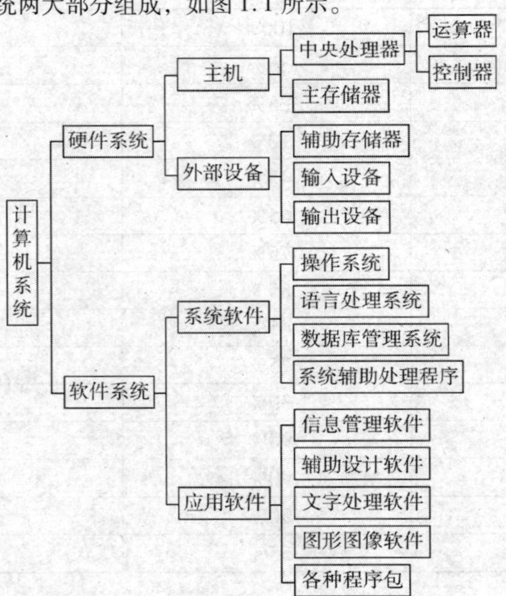

图1.1 计算机系统的组成

真题精选

下列关于冯·诺依曼结构计算机硬件组成方式描述正确的是（ ）。

A. 由运算器和控制器组成

B. 由运算器、存储器和控制器组成

C. 由运算器、寄存器和控制器组成

D. 由运算器、存储器、控制器、输入设备和输出设备组成

【答案】D

【解析】计算机基本结构的设计采用冯·诺依曼提出的思想和原理，人们把符合这种设计的计算机称为冯·诺依曼机。冯·诺依曼思想中指出计算机硬件由运算器、存储器、控制器、输入设备和输出设备五大基本部件组成。本题答案为D选项。

考点2 计算机硬件系统

计算机硬件系统主要包含中央处理器、存储器（包括主存储器、高速缓冲存储器及辅助存储器）及其他外部设备，它们之间通过总线连接在一起。

> **真考链接**
>
> 该知识点属于考试大纲中要求了解的内容，在选择题中的考核概率为45%。考生需要了解计算机硬件系统各部件的结构及功能。

1. 中央处理器

中央处理器（Central Processing Unit，CPU）是计算机的运算和控制核心，是计算机的“大脑”，其功能主要是解释计算机指令和处理软件中的数据。CPU主要包括运算器和控制器两个部件，它们都包含寄存器，并通过总线连接起来。

（1）运算器负责对数据进行加工处理（对数据进行算术运算和逻辑运算）。

（2）控制器负责对程序所规定的指令进行分析，控制并协调输入、输出操作或对主存储器的访问。

（3）寄存器是高速存储区域，用来暂时存放参与运算的数据和运算结果。寄存器的类型较多，包括指令寄存器、地址寄存器、存储寄存器及累加寄存器。根据CPU中寄存器的数量和每个寄存器的大小（多少位）可以确定CPU的性能和速度。例如，64位的CPU是指CPU中的寄存器是64位的。所以，每个CPU指令可以处理64位的数据。

（4）CPU的主要技术性能指标有字长、主频、运算速度等。

- 字长是指CPU一次能处理的二进制数据的位数。在工作频率不变和CPU体系结构相似的前提下，字长越长，CPU的数据处理速度越快。
- 主频是指CPU的时钟频率。计算机的操作在时钟信号的控制下分步执行，每个时钟信号周期完成一步操作。主频越高，CPU的运算速度就越快。
- 运算速度通常是指CPU每秒钟所能执行的加法指令数目，常用百万次/秒（Million Instructions Per Second，MIPS）来表示。这个指标能更直观地反映计算机的运算速度。

2. 存储器

存储器是存储程序和数据的部件，它可以自动完成程序或数据的存取。

（1）存储器的分类。

- 按存储介质分类：半导体存储器、磁表面存储器、磁芯存储器、光盘存储器等。
- 按存取方式分类：随机存储器（Random Access Memory，RAM）、只读存储器（Read-only Memory，ROM）、串行访问存储器、直接存取存储器等。
- 按在计算机中的作用分类：主存储器（又称内存）、高速缓冲存储器（Cache）、辅助存储器（又称外存）等。

（2）主存储器。

存储器中最重要的是主存储器，它一般采用半导体存储器，包括RAM和ROM两种。

①RAM。

RAM具有可读写性，即信息可读、可写，当写入时，原来存储的数据被擦除；RAM具有易失性，即断电后数据会消失，且无法恢复。RAM又分为静态RAM和动态RAM。

- 静态RAM（Static RAM，SRAM）的特点是集成度低，价格高，存储速度快，不需要刷新。
- 动态RAM（Dynamic RAM，DRAM）的特点是集成度高，价格低，存储速度慢，需要刷新。

DRAM目前被各类计算机广泛使用，内存条采用的就是DRAM。

②ROM。

ROM 中信息只能读出不能写入，ROM 具有内容“永久性”，断电后信息不会丢失。根据半导体制造工艺的不同，可将其分为可编程只读存储器（Programmable ROM，PROM）、可擦可编程只读存储器（Erasable PROM，EPROM）、电擦除可编程只读存储器（Electrically EPROM，EEPROM）、掩模型只读存储器（Mask ROM，MROM）等。

（3）高速缓冲存储器。

高速缓冲存储器是介于 CPU 和内存之间的一种小容量、可高速存取信息的芯片，用于解决它们之间速度不匹配的问题。高速缓冲存储器一般用速度高的 SRAM 元件组成，其速度与 CPU 相当，但价格较高。

（4）辅助存储器。

辅助存储器的容量一般都比较大，而且大部分可以移动，便于不同计算机之间进行信息交流。辅助存储器中数据被读入内存后，才能被 CPU 读取，CPU 不能直接访问辅助存储器。

存储器主要有 3 个性能指标：速度、容量和位（bit）价格。一般来说，存储速度越快，价格越高；容量越大，位价格越低，存储速度越慢。

3. 外部设备

（1）外部设备的分类。

计算机中 CPU 和主存储器构成主机，除主机以外，围绕着主机设置的各种硬件装置称为外部设备（外设）。外设的种类很多，应用比较广泛的有输入/输出（Input/Output，I/O）设备、辅助存储器及终端设备。

①输入/输出设备。

• 输入设备。输入设备是指向计算机输入数据和信息的设备，用于向计算机输入原始数据和处理数据的程序。常用的输入设备有键盘、鼠标、摄像头、扫描仪、语音输入设备、触感器等。

• 输出设备。输出设备的功能是将各种计算结果数据或信息以数字、字符、图像、声音等形式表示出来。常见的输出设备有显示器、打印机、绘图仪、投影仪、音箱等。

• 有一些设备同时集成了输入和输出两种功能，如光盘刻录机。

②辅助存储器。

辅助存储器可存放大量的程序和数据，且断电后程序和数据不会丢失。目前常见的辅助存储器有硬盘、闪存（U 盘、SM 卡、SD 卡、记忆棒、TF 卡等）及光盘等。

③终端设备。

终端设备是指经由通信设施向计算机输入程序和数据，或接收计算机的输出处理结果的设备。终端设备分为通用终端设备和专用终端设备两类。通用终端设备泛指具有通信处理控制功能的通用计算机输入/输出设备。专用终端设备是指具有特殊性能、适用于特定业务范围的终端设备。

（2）硬盘。

硬盘是计算机主要的外部存储设备，具有容量大、存取速度快等优点。

①硬盘的分类。

根据磁头是否可移动，硬盘可以分为固定磁头硬盘和活动磁头硬盘两类。磁头和磁臂是硬盘的重要组成部分，磁头安装在磁臂上，负责读/写各磁道上的数据。

• 固定磁头硬盘中，每个磁道对应一个磁头。工作时，磁头无径向移动，其特点是存取速度快，省去了磁头寻找磁道的时间，但造价比较高。

• 活动磁头硬盘中，每个盘面只有一个磁头。在存取数据时，磁头在盘面上做径向移动。由于增加了“寻道”时间，其存取速度比固定磁头硬盘要慢。目前常用的硬盘都是活动磁头的。

②硬盘的信息分布。

• 记录面。硬盘通常由重叠的一组盘片构成，每个盘片的两面都可用作记录面，每个记录面对应一个磁头，所以记录面号就是磁头号。

• 磁道。当盘片旋转时，磁头若保持在一个位置上，则每个磁头都会在记录面上划出一个圆形轨迹，这个圆形轨迹就是磁道。一条条磁道形成一组同心圆，最外圈的磁道为 0 号，往内磁道号逐步增加。

• 圆柱面。在一个硬盘中，各记录面上相同编号的磁道构成一个圆柱面。例如，某硬盘有 8 片（16 面），则 16 个 0 号磁道构成 0 号圆柱面，16 个 1 号磁道构成 1 号圆柱面……硬盘的圆柱面数就等于记录面上的磁道数，圆柱面号就对应磁道号。

• 扇区。通常将一个磁道划分为若干弧段，每个弧段称为一个扇区或扇段，扇区从 1 开始编号。

因此，硬盘寻址用的磁盘地址应该由硬盘号（一台计算机可能有多个硬盘）、记录面（磁头）号、圆柱面（磁道）号、扇区号等字段组成。

磁盘存储器的主要性能指标包括存储密度、存储容量、平均存取时间及数据传输率等。

（3）I/O 接口。

I/O 接口（I/O 控制器）用于主机和外设之间的通信，通过接口可实现主机和外设之间的信息交换。

①I/O 接口的功能。

- 实现主机和外设的通信联络控制。
- 进行地址译码和设备选择。
- 实现数据缓冲以匹配速度。
- 实现信号格式的转换（如电平转换、并串或串并转换、模数或数模转换等）。
- 传输控制命令和状态信息。

②I/O 方式。

I/O 方式包括程序查询方式、程序中断方式、直接存储器访问（Direct Memory Access，DMA）方式及 I/O 通道控制方式等。

- 程序查询方式：一旦某一外设被选中并启动，主机将查询这个外设的某些状态位，看其是否准备就绪。若未准备就绪，主机将再次查询；若外设已准备就绪，则执行一次 I/O 操作。这种方式控制简单，但系统效率低。
- 程序中断方式：在主机启动外设后，无须等待查询，继续执行原来的程序。外设在做好输入/输出准备时，向主机发送中断请求，主机接到请求后就暂时中止原来执行的程序，转去执行中断服务程序对外部请求进行处理，在请求处理完毕后返回原来的程序继续执行。
- DMA 方式：在内存和外设之间开辟直接的数据通道，可以进行基本上不需要 CPU 介入的内存和外设之间的信息传输，这样不仅保证了 CPU 的高效率，也能满足高速外设的需要。
- I/O 通道控制方式：DMA 方式的进一步发展，在系统中设有通道控制部件，每个通道有若干外设。主机执行 I/O 指令启动有关通道，通道执行通道程序，完成输入/输出操作。通道是一种独立于 CPU 的专门管理 I/O 的处理机制，它控制设备与内存直接进行数据交换。通道有自己的通道指令，通道指令由 CPU 启动，并在操作结束时向 CPU 发出中断信号。

4. 总线

总线是一组能被多个部件分时共享的公共信息传输线路。分时是指同一时刻总线上只能传输一个部件发送的信息；共享是指总线上可以挂接多个部件，各个部件之间相互交换的信息都可以通过这组公共线路传输。

（1）总线的分类。

总线按功能层次可以分为 3 类。

- 片内总线：芯片内部的总线，如在 CPU 芯片内部寄存器与寄存器之间、寄存器与算术逻辑部件（Arithmetic and Logic Unit，ALU）之间都由片内总线连接。
- 系统总线：计算机硬件系统内各功能部件（CPU、内存、I/O 接口）之间相互连接的总线。系统总线按传输的信息不同，又分为数据总线（双向传输）、地址总线（单向传输）及控制总线（部分“出”、部分“入”）。
- 通信总线：用于计算机之间或计算机与其他设备（远程通信设备、测试设备）之间信息传输的总线，也称外部总线。依据总线的不同传输方式，通信总线又分为串行通信总线和并行通信总线。

（2）总线的基本结构。

从系统总线的角度来看，总线的基本结构如下。

- 单总线结构：只有一条系统总线，CPU、内存、I/O 设备都挂在该总线上，允许 I/O 设备之间、I/O 设备与 CPU 之间或 I/O 设备与内存之间直接交换信息。
- 双总线结构：将低速 I/O 设备从单总线上分离出来，实现了内存总线与 I/O 总线分离。
- 三总线结构：各部件之间采用 3 条各自独立的总线来构成信息通道。内存总线用于 CPU 和内存之间传输地址、数据及控制信息；I/O 总线用于 CPU 和外设之间通信；直接内存访问总线用于内存和高速外设之间直接传输数据。

（3）总线的性能指标。

- 总线周期：一次总线操作（包括申请阶段、寻址阶段、传输阶段及结束阶段）所需的时间简称总线周期。总线周期通常由若干总线时钟周期构成。
- 总线时钟周期：计算机的时钟周期。
- 总线的工作频率：总线上各种操作的频率，为总线周期的倒数。若总线周期 = $N\times$ 时钟周期，则总线的工作频率 = 时钟频率/N。
- 总线宽度：通常指数据总线的根数，用位表示，如 32 根总线称为 32 位总线。
- 总线带宽：可理解为总线的数据传输率，即单位时间内总线上传输数据的位数，通常用每秒传输信息的字节数来衡量，单位可用兆字节每秒（MB/s）表示。例如，总线工作频率为 33MHz，总线宽度为 32 位（4B），则总线带宽为 $33\times(32\div8)=132(\text{MB/s})$。
- 同步/异步：数据与时钟同步工作的总线称为同步总线，数据与时钟不同步工作的总线称为异步总线。

● 总线复用：一种总线在不同的时间传输不同的信息。

● 信号线数：地址总线、数据总线及控制总线3种总线数的总和。

（4）总线仲裁。

为了保证同一时刻只有一个申请者使用总线，总线控制机构中有总线判优和仲裁控制逻辑，即按照一定的优先次序来决定哪个部件首先使用总线，只有获得总线使用权的部件才能开始数据传输。总线判优按其仲裁控制机构的设置可分为两种。

● 集中式控制：仲裁控制逻辑基本上集中于一个设备（如CPU）中。将所有的总线请求集中起来，利用一个特定的裁决算法进行裁决。

● 分布式控制：不需要中央仲裁器，即仲裁控制逻辑分散在连接于总线上的各个部件或设备中。

（5）总线操作。

在总线上的操作主要有读和写、块传输、写后读或读后写、广播和广集等。

（6）总线标准。

总线标准是国际上公布或推荐的连接各个模块的标准，是把各种不同的模块组成计算机系统时必须遵守的规范。

常见的系统总线标准有工业标准结构（Industry Standard Architecture，ISA）、扩展的ISA（Extended Industry Standard Architecture，EISA）、视频电子标准协会（Video Electronics Standards Association，VESA）、外部设备互连（Peripheral Component Interconnect，PCI）及加速图形接口（Accelerated Graphics Port，AGP）等。

常见的外部总线标准有集成驱动电路（Integrated Drive Electronics，IDE）、小型计算机系统接口（Small Computer System Interface，SCSI）、美国电子工业协会推行的串行通信总线标准（Recommended Standard－232C，RS－232C）及通用串行总线（Universal Serial Bus，USB）等。

5. 计算机的工作原理

计算机在执行程序时须将要执行的相关程序和数据先放入内存中，在执行时CPU根据当前程序指针寄存器的内容取出指令并执行，然后再取出下一条指令并执行，如此循环直到程序结束时才停止执行。其工作过程就是不断地取指令和执行指令，最后将执行的结果放入指令指定的存储器地址中。

（1）计算机指令格式。

指令是指计算机完成某个基本操作的命令。指令能被计算机硬件理解并执行。一条计算机指令是用一串二进制代码表示的，它通常包括两方面的信息：操作码和操作数（地址码），如图1.2所示。

操作码	操作数（地址码）

图1.2 计算机指令

操作码指明指令所要完成操作的性质和功能，即指出进行什么操作。操作码也是二进制代码。对于一种类型的计算机来说，各种指令的操作码互不相同，分别表示不同的操作。因此，指令中操作码的二进制位数决定了该类型计算机最多能具有的指令条数。

操作数指明操作码执行的操作对象。操作数可以是数据本身，也可以是存放数据的内存单元地址或寄存器名称。根据指令中操作数的性质，操作数又可以分为源操作数和目的操作数两类。例如，减法指令中减数和被减数为源操作数，它们的差为目的操作数。

如果指令中的操作码和操作数共占 n 个字节，则称该指令为 n 字节指令。

（2）计算机指令的寻址方式。

寻址方式是指找到当前正在执行指令的数据地址和下一条将要执行指令的地址的方式。

寻址方式被分为两大类：找到下一条将要执行指令的地址，称为指令寻址；找到当前正在执行指令的数据地址，称为数据寻址。

指令寻址分为顺序寻址和跳跃寻址两种。常见的数据寻址有立即寻址、直接寻址、隐含寻址、间接寻址、寄存器寻址、寄存器间接寻址、基址寻址、变址寻址、相对寻址及堆栈寻址等。

（3）计算机指令系统。

一台计算机所能执行的全部指令的集合，称为该计算机的指令系统。不同类型的计算机的指令系统的指令数目与格式也不同。但无论哪种类型的计算机，指令系统都应该具有以下功能指令。

● 数据传输类指令：用来实现数据在内存和CPU之间的传输。

● 运算类指令：用来进行数据的运算。

● 程序控制类指令：用来控制程序中指令的执行顺序。

● 输入/输出指令：用来实现外设与主机之间的数据传输。

● 处理器控制和调试指令：用来实现计算机的硬件管理等。

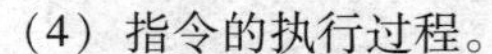

(4) 指令的执行过程。

指令的执行过程可分为取指令、分析指令和执行指令 3 个步骤。

- 取指令：按照程序规定的次序，从内存取出当前执行的指令，并送到控制器的指令寄存器中。
- 分析指令：对所取的指令进行分析，即根据指令中的操作码确定计算机应进行什么操作。由指令中的地址码确定操作码存放的地址。
- 执行指令：根据指令分析结果，由控制器发出完成操作所需的一系列控制电位，以便指挥计算机有关部件完成这一操作，同时，为取下一条指令做好准备。

一般把计算机执行一条指令所花费的时间称为一个指令周期。指令周期越短，指令执行就越快。

真题精选

计算机完成一条指令所花费的时间称为一个(　　)。

A. 执行时序

B. 存取周期

C. 执行速度

D. 指令周期

【答案】D

【解析】一般把计算机执行一条指令所花费的时间称为一个指令周期。指令周期越短，指令执行得就越快。本题答案为 D 选项。

考点 3 数据的内部表示

1. 计算机中的数据及其存储单位

> **真考链接**
>
> 该知识点属于考试大纲中要求掌握的内容，在选择题中的考核的概率是 45%。考生需要掌握数据进制的转换方法。

(1) 计算机中的数据。

计算机内部均使用二进制数表示各种信息，但计算机在与外部沟通过程中会采用人们比较熟悉和方便阅读的形式，如十进制数。其中的转换，主要由计算机系统的硬件和软件来实现。

相对于十进制数而言，二进制数表示不但运算简单、易于物理实现、通用性强，而且所占的空间和所消耗的资源也少得多，可靠性较高。

(2) 计算机中数据的存储单位。

位（bit）是计算机中数据的最小存储单位，二进制数码只有 0 和 1，计算机中采用多个数码表示一个数，每一个数码称为 1 位。

字节（byte，B）是存储容量的基本单位，一个字节由 8 位二进制数码组成。在计算机内部一个字节既可以表示一个数据，也可以表示一个英文的字母或其他特殊字符，两个字节可以表示一个汉字。为了便于衡量存储器的大小，统一以字节为单位。表 1.1 所示为常用的存储单位。

表 1.1　　常用的存储单位

存储单位	名称	换算	说明
KB	千字节	1 KB = 1024 B = 2^{10} B	适用于文件计量
MB	兆字节	1 MB = 1024 KB = 2^{20} B	适用于内存、软盘、光盘计量
GB	吉字节	1 GB = 1024 MB = 2^{30} B	适用于硬盘计量
TB	太字节	1 TB = 1024 GB = 2^{40} B	适用于硬盘计量

随着电子技术的发展，计算机的并行处理能力越来越强，人们通常将计算机一次能够并行处理的二进制数的个数称为字长，也称为计算机的一个“字”。字长是计算机的一个重要指标，可直接反映一台计算机的计算能力和精度。字长越长，表示计算机的数据处理速度越快。计算机的字长通常是字节的整数倍，如 8 位、16 位、32 位。发展到今天，微型机的字长已达到 64 位，大型机的字长已达到 128 位。

2. 进位记数制及其转换

(1) 进位记数制。

数的表示规则称为数制。如果 R 表示任意整数，则进位记数制为“逢 R 进 1”。处于不同位置的数码代表的值不同，

与它所在位置的权值有关。任意一个 R 进制数 D 均可展开为

$$(D)_R = \sum_{i=-m}^{n-1} k_i \times R^i$$

此时，R 为记数的基数，数制中固定的基本符号称为“数码”。i 称为位数，k_i 是第 i 位的数码，为 $0 \sim R-1$ 中的任一个，R^i 称为第 i 位的权，m、n 为最低位和最高位的位序号。例如，十进制数“5820”，基数 R 为 10，数码“8”的位数 $i=2$（位数从 0 开始计），权值为 $R^i=10^2$，此时“8”的值代表：$k_i \times R^i = 8 \times 10^2 = 800$。

常用数制包括二进制、八进制、十进制、十六进制，其中的各个要素如表 1.2 所示。

表 1.2 常用数制的各个要素

数制	基数	数码	权	进位	形式表示
二进制	2	0、1	2^i	逢二进一	B
八进制	8	0、1、2、3、4、5、6、7	8^i	逢八进一	O
十进制	10	0、1、2、3、4、5、6、7、8、9	10^i	逢十进一	D
十六进制	16	0、1、2、3、4、5、6、7、8、9、A、B、C、D、E、F	16^i	逢十六进一	H

通常用圆括号标注进制数，以数制基数作为下标的方式来表示不同的进制数，如二进制数 $(1100)_B$、八进制数 $(3567)_O$、十进制数 $(5820)_D$，也可直接表示为 $(1100)_2$、$(3567)_8$、$(5820)_{10}$。

十六进制除了数码 0 ~ 9 之外，还使用了 6 个英文字母 A、B、C、D、E、F，相当于十进制的 10、11、12、13、14、15。十进制数、二进制数、八进制数、十六进制数的对照如表 1.3 所示。

表 1.3 不同进制数的对照

十进制数	二进制数	八进制数	十六进制数	十进制数	二进制数	八进制数	十六进制数
0	0000	00	0	8	1000	10	8
1	0001	01	1	9	1001	11	9
2	0010	02	2	10	1010	12	A
3	0011	03	3	11	1011	13	B
4	0100	04	4	12	1100	14	C
5	0101	05	5	13	1101	15	D
6	0110	06	6	14	1110	16	E
7	0111	07	7	15	1111	17	F

（2）R 进制数转换为十进制数。

R 进制数转换为十进制数的方法是“按权展开”，如下所示。

二进制数转换为十进制数：$(11010)_2 = 1 \times 2^4 + 1 \times 2^3 + 0 \times 2^2 + 1 \times 2^1 + 0 \times 2^0 = (26)_{10}$

八进制数转换为十进制数：$(140)_8 = 1 \times 8^2 + 4 \times 8^1 + 0 \times 8^0 = (96)_{10}$

十六进制数转换为十进制数：$(A2B)_{16} = 10 \times 16^2 + 2 \times 16^1 + 11 \times 16^0 = (2603)_{10}$

（3）十进制数转换为 R 进制数。

将十进制数转换为 R 进制数时，可将此数分成整数与小数两部分分别转换，然后拼接起来即可。下面以十进制数转换为二进制数为例进行介绍。

十进制整数转换为二进制整数的方法是“除 2 取余法”，具体步骤如下。

步骤 1：把十进制数除以 2 得到商和余数，商再除以 2 又得到商和余数……依次除下去直到商是 0 为止。

步骤 2：以最先除得的余数为最低位，最后除得的余数为最高位，从最高位到最低位依次排列。

将十进制整数 13 转换为二进制整数，具体步骤如表 1.4 所示。

表 1.4 将十进制整数 13 转换为二进制整数的步骤

步骤	1	2	3	4	5
除式	13/2	6/2	3/2	1/2	
商	6	3	1	0	将余数从高位向低位排列，即 $(1101)_2$
余数	1	0	1	1	

十进制小数转换为二进制小数采用“乘2取整法”，具体步骤如下。

步骤1：把小数部分乘以2得到一个新数，然后取整数部分，剩下的小数部分继续乘以2，然后取整数部分，剩下的小数部分再乘以2……一直取到小数部分是0为止。

步骤2：以最先乘得的乘积整数部分为最高位，最后乘得的乘积整数部分为最低位，从高位向低位依次排列。

将十进制小数0.125转换为二进制小数，具体步骤如表1.5所示。

表1.5 将十进制小数0.125转换为二进制小数的步骤

步骤	1	2	3	4
乘式	0.125×2	0.25×2	0.5×2	
乘积	0.25	0.5	1	将整数部分从高位向低位排列，即 $(0.001)_2$
小数部分	0.25	0.5	0	
整数部分	0	0	1	

将十进制数转换为八进制数、十六进制数，均可以采用类似的“除以8取余”“除以16取余”“乘8取整”“乘16取整”的方法来实现转换。

(4) 二进制数、十六进制数、八进制数之间的转换。

①二进制数转换为十六进制数。

将二进制数转换为十六进制数的操作步骤如下。

步骤1：二进制数从小数点开始，整数部分向左、小数部分向右，每4位分成1节。

步骤2：整数部分最高位不足4位或小数部分最低位不足4位时补“0”。

步骤3：将每节4位二进制数依次转换成1位十六进制数，再把这些十六进制数连接起来即可。

将二进制数 $(10111100101.00011001101)_2$ 转换为十六进制数，如表1.6所示。

表1.6 将二进制数 $(10111100101.00011001101)_2$ 转换为十六进制数的步骤

二进制数	0101	1110	0101	.	0001	1001	1010
十六进制数	5	E	5	.	1	9	A
十六进制数按顺序连接，即 $(5E5.19A)_{16}$							

同理，将二进制数转换为八进制数，只要将二进制数按每3位为1节划分，并分别转换为1位八进制数即可。

②十六进制数转换为二进制数。

将十六进制数转换为二进制数，就是对每1位十六进制数，用与其等值的4位二进制数代替。将十六进制数 $(1AC0.6D)_{16}$ 转换为二进制数，如表1.7所示。

表1.7 将十六进制数 $(1AC0.6D)_{16}$ 转换为二进制数的步骤

十六进制数	1	A	C	0	.	6	D
二进制数	0001	1010	1100	0000	.	0110	1101
二进制数按顺序连接，即 $(0001101011000000.01101101)_2$							

同理，将八进制数转换为二进制数，只需分别将每1位八进制数转换为3位二进制数即可。

3. 无符号数和带符号数

在计算机中，采用数字化方式来表示数据，数据有无符号数和带符号数之分。

(1) 无符号数。

无符号数是指整个机器字长的全部二进制位均表示数值位（没有符号位），相当于数的绝对值。字长为 n 的无符号数的表示范围为 $0\sim2^n-1$。若机器字长为8位，则数的表示范围为 $0\sim2^8-1$，即0~255。

(2) 带符号数。

日常生活中，把带有“+”或“-”符号的数称为真值。在机器中，数的“+”“-”是无法识别的，因此需要把符号数字化。通常，约定二进制数的最高位为符号位，0表示正号，1表示负号。这种把符号数字化的数称为机器数。常见的机器数有原码、反码、补码及移码等不同的表示形式。

- 原码。原码是机器数中最简单的一种表示形式，符号位为0表示正数，符号位为1表示负数，数值位即真值的绝对值。用原码实现乘除运算的规则很简单，但实现加减运算的规则很复杂。
- 反码。正数的反码与原码相同；负数的反码是对该数的原码除符号位外的各位取反（将0变为1，将1变为0）。

- 补码。正数的补码与原码相同；负数的补码是在该数的反码的最低位（即最右边一位）加1。
- 移码。一个真值的移码和补码只差一个符号位，若将补码的符号位由0改为1，或由1改为0，即可得该真值的移码。

4. 机器数的定点表示和浮点表示

根据小数点的位置是否固定，可将机器数在计算机中的表示方法，分为两种，即定点表示和浮点表示。定点表示的机器数称为定点数，浮点表示的机器数称为浮点数。

（1）定点表示。

定点表示即约定机器数中的小数点位置是固定不变的，小数点不再使用“.”表示，而是约定它的位置。在计算机中通常采用两种简单的约定：将小数点的位置固定在最高位之前、符号位之后，或固定在最低位之后。一般常称前者为定点小数（纯小数），后者为定点整数（纯整数）。

定点数的运算除了加、减、乘、除外，还有移位运算。移位运算根据操作对象的不同分为算术移位（带符号数的移位）和逻辑移位（无符号数的移位）。

（2）浮点表示。

计算机中处理的数不一定是纯小数或纯整数（如圆周率约为3.1416），而且在运算中常常会遇到非常大（如太阳的质量约为2×10^{33}g）或非常小（如电子的质量约为9×10^{-28}g）的数值，它们用定点表示非常不方便，但可以用浮点表示。

浮点表示是指以适当的形式将比例因子表示在数据中，让小数点的位置根据需要而浮动。例如，$679.32=6.7932\times10^2=6793.2\times10^{-1}=0.67932\times10^3$。

通常，浮点数被表示成

$$N=S\times R^j$$

其中，N为浮点数，S为其尾数，j为其阶码，R是浮点数阶码的底（隐含，在机器数中不出现）。通常$R=2$，j和S都是带符号的定点数。可见，浮点数由阶码和尾数两部分组成，如图1.3所示。

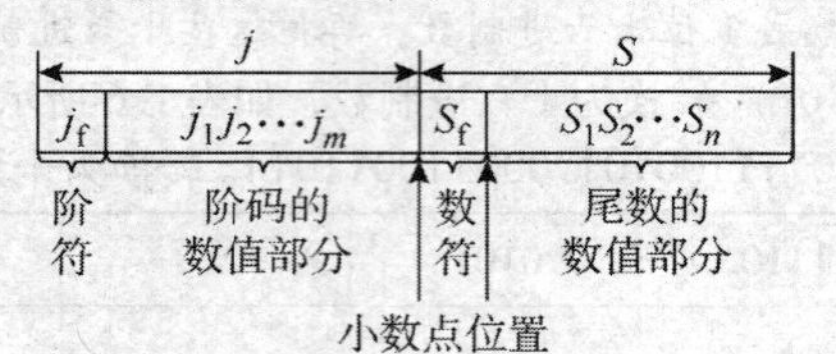

图1.3 浮点数的表示形式

阶码是整数，阶符j_f和阶码的位数m共同反映浮点数的表示范围和小数点的实际位置；数符S_f反映浮点数的正/负；尾数的n位反映浮点数的精度。

为了提高运算的精度，浮点数的尾数必须为规格化数（即尾数的最高位必须是一个有效值）。如果不是规格化数，需要修改阶码并左/右移尾数，使其变成规格化数。将非规格化数转换为规格化数的过程称为规格化操作。例如，二进制数0.0001101可以表示为0.001101×2^{-01}、0.01101×2^{-10}、0.1101×2^{-11}……而其中只有0.1101×2^{-11}是规格化数。

现代计算机中，浮点数一般采用IEEE 754标准。IEEE 754标准浮点数的格式如图1.4所示。

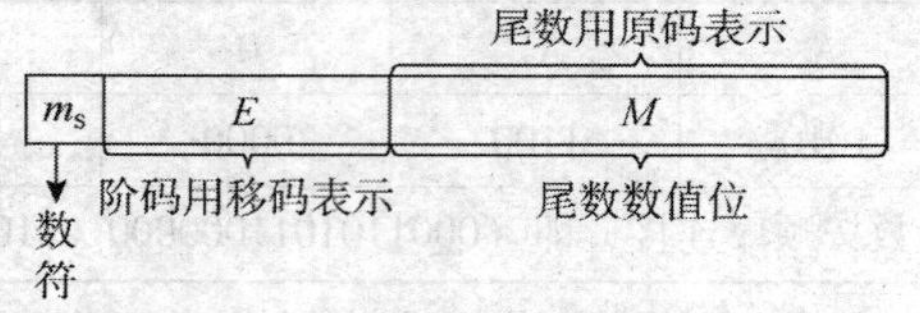

图1.4 IEEE 754标准浮点数的格式

这种标准规定常用的浮点数格式有短浮点数（单精度，即float型）、长浮点数（双精度，即double型）、临时浮点数，如表1.8所示。除临时浮点数外，短浮点数和长浮点数的尾数用隐藏位的原码表示，阶码用移码表示。

表1.8 IEEE 754标准规定的常用浮点数格式

类型	数符	阶码	尾数数值	总位数	偏置值	
					十六进制	十进制
短浮点数	1	8	23	32	7FH	127
长浮点数	1	11	52	64	3FFH	1023
临时浮点数	1	15	64	80	3FFFH	16383

以短浮点数为例，最高位为数符位；其后是8位阶码，以2为底，用移码表示，阶码的偏置值为$2^{8-1}-1=127$；其后23位是用原码表示的尾数数值位。对于规格化的二进制浮点数，数值的最高位总是“1”，为了能使尾数多表示一位有效

位，将这个“1”隐藏，因此尾数数值实际是24位。隐藏的“1”是一位整数。在浮点数格式中表示的23位尾数是纯小数。例如，$(12)_{10}=(1100)_2$，将它规格化后的结果为1.1×2^3，其中整数部分的1将不存储在23位尾数内。

真题精选

关于带符号的定点数，下面描述中正确的是(　　)。

A. 正数的补码与移码相同

B. 正数的原码、反码、补码均相同

C. 正数的原码、反码、补码、移码均相同

D. 正数的原码、反码、补码、移码均互不相同

【答案】B

【解析】带符号的定点数中，正数的原码、反码、补码均相同；负数的反码是对该数的原码除符号位外各位取反，补码是在该数的反码的最后（即最右边）一位上加1；不管是正数还是负数，其补码的符号位取反即移码。本题答案为B选项。

考点4 操作系统

1. 操作系统概述

> **真考链接**
>
> 该知识点属于必考内容，在选择题中的考核的概率是90%。考生需要掌握操作系统的功能及任务，包括处理器管理、存储器管理、设备管理和文件管理。

（1）操作系统的功能与任务。

操作系统是现代计算机系统中最基本和最核心的系统软件之一，所有其他的软件都依赖于操作系统的支持。

操作系统是配置在计算机硬件上的第1层软件，是对硬件系统的首次扩充。其主要作用是管理好硬件设备，提高它们的利用率和系统的吞吐量，并为用户和软件提供一个简单的接口，便于用户使用。

如果把操作系统看成计算机系统资源的管理者，则操作系统的任务及其功能主要有以下5个方面。

- 处理器（CPU）管理：对进程进行管理。其主要功能有创建和撤销进程，对多个进程的运行进行协调，实现进程之间的信息交换，以及按照一定的算法把处理器分配给进程等。
- 存储器管理：为多道程序的运行提供良好的环境，提高存储器的利用率，方便用户使用，并能从逻辑上扩充内存。因此，存储器管理应具有内存分配和回收、内存保护、地址映射及内存扩充等功能。
- 设备管理：完成用户进程提出的I/O请求，为用户进程分配所需的I/O设备，并完成指定的I/O操作；提高CPU和I/O设备的利用率，提高I/O速度，方便用户使用I/O设备。因此，设备管理应具有缓冲管理、设备分配、设备处理以及虚拟设备等功能。
- 文件管理：对用户文件和系统文件进行管理以方便用户使用，并保证文件的安全性。因此，文件管理应具有文件存储空间的管理、目录管理、文件的读/写管理，以及文件的共享与保护等功能。
- 提供用户接口：为了方便用户使用计算机和操作系统，操作系统向用户提供了“用户和操作系统的接口”。

（2）操作系统的发展。

操作系统经历了如下的发展过程：手动操作（无操作系统）、批处理系统、多道程序系统、分时系统、实时操作系统、个人计算机操作系统。

（3）操作系统的分类。

根据使用环境和作业处理方式的不同，操作系统分为多道批处理操作系统、分时操作系统、实时操作系统、网络操作系统、分布式操作系统、嵌入式操作系统等。

2. 进程管理

（1）程序的执行。

程序只有经过执行才能得到结果。程序的执行又分为顺序执行和并发执行。

一个具有独立功能的程序独占处理器直至执行结束的过程称为程序的顺序执行。顺序执行具有顺序性、封闭性及可再现性等特点。

程序顺序执行时，虽然可以给程序员带来方便，但系统资源的利用率很低。为此，在系统中引入了多道程序技术，使程序或程序段间能并发执行。程序的并发执行是指一组在逻辑上互相独立的程序或程序段在执行过程中，其执行时间在客观上互相重叠，即一个程序段的执行尚未结束，另一个程序段的执行已经开始的执行方式。

并发执行具有以下几个特点。

• 失去了封闭性。

• 不可再现性。

• 间断性，即程序之间可以互相制约。

并发程序具有并行性和共享性，而顺序程序则以顺序性和封闭性为基本特征。

（2）进程的基本概念。

进程是指一个具有一定独立功能的程序关于某个数据集合的一次运行活动。简单地说，进程是指可以并发执行的程序的执行过程。

进程与程序有关，但它与程序又有本质的区别，主要反映在以下几个方面。

• 进程是程序在处理器上的一次执行过程，它是动态的概念。程序只是一组指令的有序集合，其本身没有任何运行的含义，是一个静态的概念。

• 进程具有一定的生命周期，它能够动态地产生和消亡。程序可以作为一种软件资源长期保存，它的存在是“永久”的。

• 进程包括程序和数据，还包括记录进程相关信息的“进程控制块”。

• 一个程序可能对应多个进程。

• 一个进程可以包含多个程序。

（3）进程的状态及其转换。

进程从创建、产生、撤销至消亡的整个生命周期，有时占有处理器并运行，有时虽可运行但分不到处理器，有时虽有空闲处理器但因等待某个事件发生而无法运行，这说明进程是活动的且有状态变化。一般来说，一个进程的活动情况至少可以划分为以下5种基本状态。

• 运行状态：进程占有处理器、正在运行的状态。

• 就绪状态：进程具备运行条件、等待系统分配处理器以便运行的状态。

• 等待状态：又称阻塞状态或睡眠状态，指进程不具备运行条件、正在等待某个事件完成的状态。

• 创建状态：进程正在创建过程中、尚不能运行的状态。

• 终止状态：进程运行结束的状态。

处于运行状态的进程个数不能大于处理器个数，处于就绪和等待状态的进程可以有多个。进程的几种基本状态在一定的条件下是可以互相转换的。图1.5所示为进程的5种基本状态在一定条件下的转换。

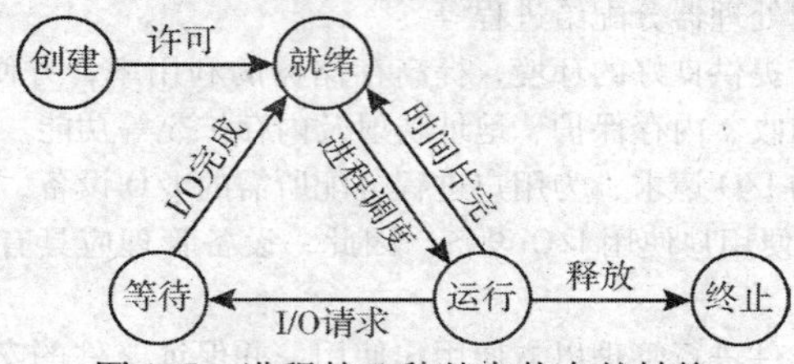

图1.5 进程的5种基本状态的转换

（4）进程控制块。

每个进程有且仅有一个进程控制块（Process Control Block，PCB）。它是进程存在的唯一标识，是操作系统用来记录和刻画进程状态及环境信息的数据结构，是进程动态特征的汇集，也是操作系统掌握进程的唯一资料结构和管理进程的主要依据。PCB包括进程执行时的状况，以及进程让出处理器之后所处的状态、断点等信息。

PCB中通常应包括以下基本信息。

• 进程名：唯一标识对应进程的一个标识符或数字，系统根据该标识符来识别一个进程。

• 特征信息：反映该进程是不是系统进程等信息。

• 执行状态信息：说明对应进程当前的状态。

• 通信信息：反映该进程与其他进程之间的通信关系。

• 调度优先数：用于分配处理器时参考的一种信息，它决定在所有就绪的进程中究竟哪一个进程先得到处理器。

• 现场信息：在对应进程放弃处理器时，将处理器的一些现场信息（如指令计数器值、各寄存器值等）保留在该进程的PCB中，当下次恢复运行时，只要按保存值重新装配即可继续运行。

• 系统栈：主要反映对应进程在执行时的一条嵌套调用路径上的历史。

• 进程映像信息：用以说明该进程的程序和数据存储情况。

• 资源占有信息：指明对应进程所占有的外设种类、设备号等信息。

• 族关系：反映该进程与其他进程间的隶属关系。

除此之外，PCB还包含文件信息、工作单元等信息。

（5）进程的组织。

进程的物理组织方式通常有线性方式、链接方式及索引方式。

• 线性方式：将系统中所有的PCB都组织在一个线性表中，将该表的首地址存放在内存的一个专用区域中。该方式实现简单、开销小，但每次查找时都需要扫描整个表，因此适合进程数目不多的系统。

• 链接方式：把具有相同状态进程的PCB通过PCB中的链接字链接成一个队列，这样可以形成就绪队列、若干个阻塞队列及空白队列等。在就绪队列中，往往按进程的优先级将PCB从高到低进行排列，将优先级高的进程的PCB排在队列的前面。

• 索引方式：系统根据所有进程不同的状态，建立几个索引表，如就绪索引表、阻塞索引表，并把各索引表在内存中的首地址记录在内存的一些专用单元中。在每个索引表的表目中，记录具有相应状态的某个PCB在PCB表中的地址。

（6）进程调度。

进程调度是指按一定策略动态地把CPU分配给处于就绪队列中的某一进程并使之执行的过程。进程调度亦可称为处理器调度或低级调度，相应的进程调度程序可称为分配程序或低级调度程序。进程调度仅负责对CPU进行分配。

进程调度方式有抢占方式和非抢占方式两种。抢占方式指就绪队列中一旦有优先级高于当前正在运行的进程出现时，系统便立即把CPU分配给高优先级的进程，并保存被抢占了CPU的进程的有关状态信息，以便以后恢复。而对于非抢占方式，一旦CPU分给了某进程，即使就绪队列中出现了优先级比它高的进程，高优先级进程也不能抢占现行进程的CPU。

基本的进程调度算法有先来先服务调度算法、时间片轮转调度算法、优先级调度算法等。

（7）其他概念。

• 线程。线程是比进程更小的能独立运行的基本单位，可用它来提高程序的并行程度，减少系统开销，进一步提高系统的吞吐量。

• 死锁。各进程互相独立地动态获得，不断申请和释放系统中的软、硬件资源，这就有可能使系统中若干个进程均因互相"无知地"等待对方所占有的资源而无限地等待。这种状态称为死锁。

3. 存储管理

存储管理是操作系统的重要组成部分，管理的主要对象是内存。操作系统的主要任务之一是尽可能方便用户使用内存和提高内存利用率。此外，有效的存储管理也是多道程序设计技术的关键支撑。

（1）存储管理的功能。

• 地址变换。

• 内存分配。

• 存储共享与保护。

• 存储器扩充。

（2）地址重定位。

地址变换：当用户程序进入内存执行时，必须把用户程序中的所有相对地址（逻辑地址）转换成内存中的实际地址（物理地址）。

地址重定位：在进行地址转换时，必须修改程序中所有与地址有关的项，也就是要对程序中的指令地址及指令中有关地址的部分（有效地址）进行调整。

地址重定位建立用户程序的逻辑地址与物理地址之间的对应关系，实现方式包括静态地址重定位和动态地址重定位。

• 静态地址重定位是在程序执行之前将操作系统的重定位装入程序，程序必须占用连续的内存空间，且一旦装入内存后，程序便不再移动。

• 动态地址重定位则在程序执行期间进行，由专门的硬件机构来完成，通常采用一个重定位寄存器，在每次进行存储访问时，将取出的逻辑地址加上重定位寄存器的内容形成物理地址。

动态地址重定位的优点是不要求程序装入固定的内存空间，在内存中允许程序再次移动位置，而且可以部分地装入程序运行，同时也便于多个作业共享同一程序的副本。动态地址重定位技术被广泛采用。

（3）存储管理技术。

①连续存储管理。

基本特点：内存空间被划分成一个个分区，一个作业占一个分区，即系统和用户作业都以分区为单位享用内存。

在连续存储管理中，地址重定位采用静态地址重定位，分区的存储保护可采用上、下界寄存器保护方式。

分区分配方式分为固定分区和可变分区。固定分区存储管理的优点是简单，要求的硬件支持少；缺点是容易产生内部碎片。可变分区避免了固定分区中每个分区都可能有剩余空间的情况，但由于它的空闲区域仍是离散的，因此会出现外部碎片。

②分页式存储管理。

在分页式存储管理过程中，当作业提出存储分配请求时，系统首先根据存储块大小把作业分成若干页，每一页可存储在内存的任意一个空白块内。这样，只要建立起程序的逻辑页和内存的存储块之间的对应关系，借助动态地址重定位技术，分散在不连续物理存储块中的用户作业就能够正常运行。

分页式存储管理的优点是能有效解决碎片问题，内存利用率高，内存分配与回收算法也比较简单；缺点是采用动态地址变换机构增加了硬件成本，也降低了处理器的运行速度。

③分段式存储管理。

在分段式存储管理过程中，作业的地址空间由若干个逻辑段组成，每一个逻辑段是一组逻辑意义完整的信息集合，并有自己的名字（段名）。每一个逻辑段都是以0开始的、连续的一维地址空间，整个作业则构成了二维地址空间。

分段式存储管理是以段为基本单位分配内存的，且每一个逻辑段必须分配连续的内存空间，但各逻辑段之间不要求连续。由于各逻辑段的长度不一样，因此分配的内存空间大小也不一样。

分段式存储管理较好地解决了程序和数据的共享及程序动态链接等问题。与分页式存储管理一样，分段式存储管理采用动态地址重定位技术来进行地址转换。分页式存储管理的优点体现在内存空间的管理上，而分段式存储管理的优点体现在地址空间的管理上。

④段页式存储管理。

段页式存储管理是分页式和分段式两种存储管理技术的结合，它同时具备两者的优点。

段页式存储管理是目前使用较多的一种存储管理技术，它有如下特点。

- 将作业地址空间分成若干个逻辑段，每个逻辑段都有自己的段名。
- 将每个逻辑段再分成若干大小固定的页，每个逻辑段都从0开始为自己的各页依次编写连续的页号。
- 对内存空间的管理仍然和分页存储管理一样，将其分成若干个与页面大小相同的物理块，对内存空间的分配是以物理块为单位的。
- 作业的逻辑地址包括3个部分：段号、段内页号及页内位移。

⑤虚拟存储器管理。

连续存储管理和分页/分段式存储管理技术必须为作业分配足够的内存空间，装入其全部信息，否则作业将无法运行。把作业的全部信息装入内存后，实际上并非同时使用这些信息，有些部分运行一次，有些部分暂时不用或在某种条件下才使用。让作业的全部信息驻留于内存是对内存资源的极大浪费，会降低内存利用率。

虚拟存储器管理技术的基本思路是把内存扩大到大容量外存上，把外存空间当作内存的一部分，作业运行过程中可以只让当前用到的信息进入内存，其他当前未用的信息留在外存；而当作业进一步运行，需要用到外存中的信息时，再把已经用过但暂时不会用到的信息换到外存，把当前要用的信息换到已空出的内存中，从而给用户提供比实际内存空间大得多的地址空间。这种大容量的地址空间并不是真实的存储空间，而是虚拟的，因此，这样的存储器称为虚拟存储器。

虚拟存储器管理主要采用请求页式存储管理、请求段式存储管理及请求段页式存储管理技术实现。

4. 文件管理

在操作系统中，无论是用户数据，还是计算机系统程序和应用程序，甚至各种外设，都是以文件形式提供给用户的。文件管理就是对用户文件和系统文件进行管理，方便用户使用，并保证文件的安全性，提高外存空间的利用率。

（1）文件与文件系统的概念。

文件是指一组带标识（文件名）的、具有完整逻辑意义的相关信息的集合。用户作业、源程序、目标程序、初始数据、输出结果、汇编程序、编译程序、连接装配程序、编辑程序、调试程序及诊断程序等，都是以文件的形式存在的。

各个操作系统的文件命名规则略有不同，文件名的格式和长度因系统而异。一般来说，文件名由文件名和扩展名两部分组成，前者用于识别文件，后者用于区分文件类型，用“.”分隔开。

操作系统中与管理文件有关的软件和数据称为文件系统。它负责为用户建立、撤销、读/写、修改及复制文件，还负责对文件的按名称存取和存取控制。常用的、具有代表性的文件系统有EXT2/4、NFS、HPFS、FAT、NTFS等。

（2）文件类型。

文件依据不同标准可以划分为多种类型，如表1.9所示。

表1.9 **文件类型**

划分标准	文件类型
按用途划分	系统文件、库文件、用户文件
按性质划分	普通文件、目录文件、特殊文件
按保护级别划分	只读文件、读写文件、可执行文件、不保护文件
按文件数据的形式划分	源文件、目标文件、可执行文件

（3）文件系统模型。

文件系统的传统模型为层次模型，该模型由许多不同的层组成。每一层都会使用下一层的功能来创建新的功能，为上一层服务。层次模型比较适合支持单个文件系统。

（4）文件的组织结构。

①文件的逻辑结构。

文件的逻辑结构是用户可见结构。根据有无逻辑结构，文件可分为记录式文件和流式文件。

在记录式文件中，每个记录都用于描述实体集中的一个实体。各记录有着相同或不同数目的数据项，记录的长度可分为定长和不定长两类。

流式文件内的数据不再组成记录，只是一串有顺序的信息集合（有序字符流）。这种文件的长度以字节为单位。可以把流式文件看作记录式文件的一个特例：一个记录仅有一个字节。

②文件的物理结构。

文件按不同的组织方式在外存上存放，就会得到不同的物理结构。文件的物理结构有时也称为文件的“存储结构”。

文件在外存上有连续存放、链接块存放及索引表存放3种不同的存放方式，其对应的存储结构分别为顺序结构、链接结构及索引结构。

（5）文件目录管理。

①文件目录的概念。

为了能对一个文件进行正确的存取，必须为文件设置用于描述和控制的数据结构，称为文件控制块（File Control Block，FCB）。FCB一般应包括以下信息。

- 有关文件存取控制的信息：文件名、用户名、文件主存取权限、授权者存取权限、文件类型及文件属性等。
- 有关文件结构的信息：记录类型、记录个数、记录长度、文件所在设备名及文件物理结构类型等。
- 有关文件使用的信息：已打开文件的进程数、文件被修改的情况、文件最大长度及文件当前大小等。
- 有关文件管理的信息：文件建立日期、最近修改日期及最后访问日期等。

文件与FCB一一对应，而人们把多个FCB的有序集合称为文件目录，即一个FCB就是一个文件目录项。通常，一个文件目录也被看作一个文件，可称为目录文件。

对文件目录的管理就是对FCB的管理。对文件目录的管理除了要解决存储空间的有效利用问题外，还要解决快速搜索、文件命名冲突，以及文件共享等问题。

②文件目录结构。

文件目录根据不同结构可分为单级目录、二级目录、多层级目录、无环图结构目录及图状结构目录等。

- 单级目录的优点是简单，缺点是查找速度慢，不允许重名，不便于实现文件共享。
- 二级目录提高了检索目录的速度；在不同的用户目录中，可以使用相同的文件名；不同用户还可以使用不同的文件名访问系统中的同一个共享文件。但对同一用户目录，也不能有两个同名的文件存在。
- 多层级目录也叫树结构目录，既可以方便用户查找文件，又可以把不同类型和不同用途的文件分类；允许文件重名，不但不同用户目录可以使用相同名称的文件，同一用户目录也可以使用相同名称的文件；利用多级层次结构关系，可以更方便地设置保护文件的存取权限，有利于文件的保护。其缺点为不能直接支持文件或目录的共享等。
- 为了使文件或目录可以被不同的目录所共享，出现了结构更复杂的无环图结构目录和图状结构目录等。

③存取权限。

存取权限的设置可以通过建立访问控制表和存取权限表来实现。

大型文件系统主要采用两个措施来进行安全性保护：一是对文件和目录进行权限设置，二是对文件和目录进行加密。

（6）文件存储空间管理。

存储空间管理是文件系统的重要任务之一。文件存储空间管理实质上是空闲块管理问题，它包括空闲块的组织、空闲块的分配及空闲块的回收等问题。

空闲块管理方法主要有空闲文件项、空闲区表、空闲块链、位示图、空闲块成组链接法（UNIX操作系统中）等。

5. I/O设备管理

I/O设备类型繁多，差异又非常大，因此I/O设备管理是操作系统中最庞杂和琐碎的部分之一。

（1）I/O软件的层次结构。

I/O软件的设计目标是将I/O软件组织成一种层次结构，每一层次都是利用其下层提供的服务完成I/O功能中的某些子功能，并屏蔽这些功能实现的细节，向上层提供服务。

通常把I/O软件组织成4个层次，如图1.6所示，图中的箭头表示I/O的控制流。各层次功能如下。

- 用户层软件：用于实现与用户交互的接口，用户可直接调用该层所提供的、与I/O操作有关的库函数对设备进行操作。
- 设备独立性软件：用于实现用户程序与设备驱动器的统一接口、设备命名、设备的保护，以及设备的分配与释放等，同时为设备管理和数据传送提供必要的存储空间。
- 设备驱动程序：与硬件直接相关，用于具体实现系统对设备发出的操作指令，驱动I/O设备工作。

• 中断处理程序：用于保持被中断进程的 CPU 环境转入相应的中断处理程序进行处理，处理完毕再恢复被中断进程的现场，并返回到被中断进程。

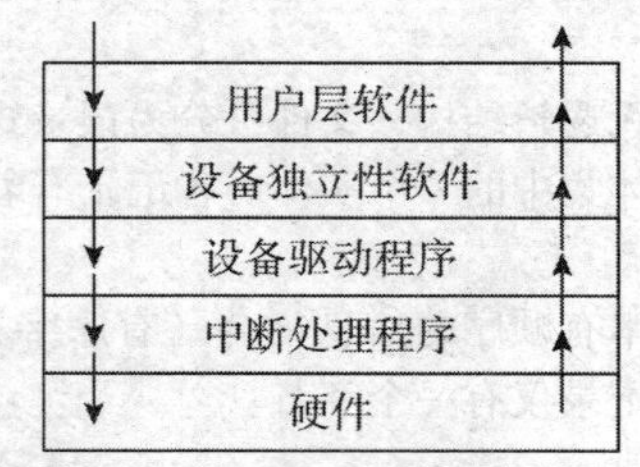

图 1.6 I/O 软件的层次结构

（2）中断处理程序。

当一个进程请求 I/O 操作时，该进程将被“挂起”，直到 I/O 设备完成 I/O 操作后，设备控制器向 CPU 发送一个中断请求，CPU 响应后便转向中断处理程序。中断处理过程如下。

• CPU 检查响应中断的条件是否满足。

• 如果条件满足，CPU 响应中断，则 CPU 关中断，使其进入不可再次响应中断的状态。

• 保存被中断进程的 CPU 环境。

• 分析中断原因，调用中断处理子程序。

• 执行中断处理子程序。

• 退出中断，恢复被中断进程的 CPU 现场或调度新进程占用 CPU。

• 开中断，CPU 继续执行。

I/O 操作完成后，驱动程序必须检查本次 I/O 操作中是否发生了错误，并向上层软件报告，最终向调用者报告本次 I/O 操作的执行情况。

（3）设备驱动程序。

设备驱动程序是驱动物理设备和 DMA 控制器或 I/O 控制器等直接进行 I/O 操作的子程序的集合。它负责启动 I/O 设备进行 I/O 操作，指定操作的类型和数据流向等。设备驱动程序有如下功能。

• 接收由设备独立性软件发来的命令和参数，并将命令中的抽象要求转换为与设备相关的低层次操作序列。

• 检查用户 I/O 请求的合法性，了解 I/O 设备的工作状态，传递与 I/O 设备操作有关的参数，设置 I/O 设备的工作方式。

• 发出 I/O 命令，如果设备空闲，便立即启动 I/O 设备，完成指定的 I/O 操作；如果 I/O 设备忙碌，则将请求者的请求块挂在 I/O 设备队列上等待。

• 及时响应由设备控制器发来的中断请求，并根据其中断类型，调用相应的中断处理程序进行处理。

（4）设备独立性软件。

为了实现设备独立性，必须在设备驱动程序之上设置一层软件，称其为设备独立性软件，或与设备无关的 I/O 软件。其主要功能：①向用户层软件提供统一接口；②设备命名；③设备保护；④提供一个独立于设备的块；⑤缓冲；⑥设备分配和状态跟踪；⑦错误处理和报告，等等。

（5）用户层软件。

用户层软件在层次结构的最上层，它面向用户，负责与用户和设备无关的 I/O 软件通信。当接收到用户的 I/O 指令后，该层会把具体的请求发送到与设备无关的 I/O 软件做进一步处理。它主要包含用于 I/O 操作的库函数和 SPOOLing 系统。此外，用户层软件还会用到缓冲技术。

（6）设备的分配与回收。

由于设备、控制器及通道资源的有限性，因此不是每一个进程都能随时随地得到这些资源。进程必须首先向设备管理程序提出资源申请，然后由设备分配程序根据相应的分配算法为进程分配资源。如果申请进程得不到它所申请的资源，将被放入资源等待队列中等待，直到所需要的资源被释放。如果进程得到了它所需要的资源，就可以使用该资源完成相关的操作，使用完之后通知系统，系统将及时回收这些资源，以便其他进程使用。

真题精选

【例 1】进程具有多种属性，并发性之外的另一重要属性是（　　）。

A. 静态性　　B. 动态性　　C. 易用性　　D. 封闭性

【答案】B

【解析】进程是可以并发执行的程序的执行过程，它具有动态性、共享性、独立性、制约性和并发性 5 种属性。本题答案为 B 选项。

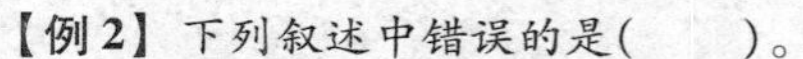

【例2】下列叙述中错误的是(　　)。

A. 虚拟存储器的空间大小就是实际外存的大小

B. 虚拟存储器的空间大小取决于计算机的访存能力

C. 虚拟存储器使存储系统既具有相当于外存的容量又有接近于主存的访问速度

D. 实际物理存储空间可以小于虚拟地址空间

【答案】A

【解析】虚拟存储器是主存的逻辑扩展，虚拟存储器的空间大小取决于计算机的访存能力而不是实际外存的大小。本题答案为A选项。

1.2 数据结构与算法

考点5 算　法

1. 算法的基本概念

算法是指对解题方案准确而完整的描述。

(1) 算法的基本特征。

- 可行性：针对实际问题而设计的算法，执行后能够得到满意的结果，即必须有一个或多个输出。注意：即使某一算法在数学理论上是正确的，但如果在实际的计算工具上不能执行，则该算法也是不具有可行性的。
- 确定性：算法中每一步骤都必须是有明确定义的。
- 有穷性：算法必须能在有限的时间内执行完。
- 拥有足够的情报：一个算法是否有效，还取决于为算法所提供的情报是否足够。

> **真考链接**
>
> 该知识点属于考试大纲中要求熟记的内容，在选择题中的考核概率为45%。考生需熟记算法的概念，以及时间复杂度和空间复杂度的概念。

(2) 算法的基本要素。

算法一般由两种基本要素构成：对数据对象的运算和操作；算法的控制结构，即运算和操作之间的执行顺序。

①算法中对数据对象的运算和操作：算法就是按解题要求从指令系统中选择合适的指令组成的指令序列。计算机算法就是由计算机能执行的操作所组成的指令序列。不同的计算机系统，其指令系统是有差异的，但一般的计算机系统中都包括的运算和操作有4类，即算术运算、逻辑运算、关系运算和数据传输。

②算法的控制结构：算法的功能不仅取决于所选用的操作，还与各操作之间的执行顺序有关。基本的控制结构包括顺序结构、选择结构和循环结构。

(3) 算法设计的基本方法。

算法设计的基本方法有列举法、归纳法、递推法、递归法、减半递推法和回溯法。

2. 算法的复杂度

算法的复杂度主要包括时间复杂度和空间复杂度。

(1) 算法的时间复杂度。

所谓算法的时间复杂度，是指执行算法所需要的计算工作量。

一般情况下，算法的工作量用算法所执行的基本运算次数来度量，而算法所执行的基本运算次数是问题规模的函数，即

$$\text{算法的工作量} = f(n)$$

其中，n表示问题的规模。这个表达式表示随着问题规模n的增大，算法执行时间的增长率和$f(n)$的增长率相同。

在同一个问题规模下，如果算法执行所需的基本运算次数取决于某一特定输入，可以用两种方法来分析算法的工作量：平均性态分析和最坏情况分析。

(2) 算法的空间复杂度。

一个算法的空间复杂度，一般是指执行这个算法所需要的存储空间。算法执行期间所需要的存储空间包括3个部分。

- 算法程序所占的空间。

- 输入的初始数据所占的存储空间。
- 算法执行过程中所需要的额外空间。

在许多实际问题中，为了减少算法所占的存储空间，通常采用压缩存储技术。

考点 6　数据结构的基本概念

1. 数据结构的定义

数据结构是指相互有关联的数据元素的集合，即数据的组织形式。

（1）数据的逻辑结构。

所谓数据的逻辑结构，是指反映数据元素之间逻辑关系（即前、后件关系）的数据结构。它包括数据元素的集合和数据元素之间的关系。

（2）数据的存储结构。

数据的逻辑结构在计算机存储空间中的存放形式称为数据的存储结构（也称为数据的物理结构）。数据结构的存储方式有顺序存储方法、链式存储方法、索引存储方法和散列存储方法。采用不同的存储结构，数据处理的效率是不同的。因此，在进行数据处理时，选择合适的存储结构是很重要的。

> **真考链接**
>
> 该知识点属于考试大纲中要求熟记的内容，在选择题中的考核概率为45%。考生需熟记数据结构的定义、分类，能区分线性结构与非线性结构。

数据结构研究的内容主要包括3个方面：

- 数据集合中各数据元素之间的逻辑关系，即数据的逻辑结构；
- 在对数据进行处理时，各数据元素在计算机中的存储关系，即数据的存储结构；
- 对各种数据结构进行的运算。

2. 数据结构的图形表示

数据元素之间最基本的关系是前、后件关系（或者直接前驱与直接后继关系）。前、后件关系指每一个二元组都可以用图形来表示相互关系。用中间标有元素值的方框表示数据元素，一般称为数据节点，简称为节点。对于每一个二元组，用一条有向线段从前件指向后件。

用图形表示数据结构具有直观易懂的特点，在不引起歧义的情况下，前件节点到后件节点连线上的箭头可以省去。例如，树形结构中，通常是用无向线段来表示前、后件关系的。

3. 线性结构与非线性结构

根据数据结构中各数据元素之间前、后件关系的复杂程度，一般将数据结构分为两大类型，即线性结构和非线性结构。

如果一个非空的数据结构有且只有一个根节点，并且每个节点最多有一个直接前件或直接后件，则称该数据结构为线性结构，又称线性表。不满足上述条件的数据结构称为非线性结构。

> **小提示**
>
> 需要注意的是，在线性结构中插入或删除任何一个节点后，它还应该是线性结构，否则不能称之为线性结构。

真题精选

下列叙述中正确的是(　　)。

A. 程序执行的效率与数据的存储结构密切相关

B. 程序执行的效率只取决于程序的控制结构

C. 程序执行的效率只取决于所处理的数据量

D. 以上3种说法都不对

【答案】A

【解析】在计算机中，数据的存储结构对数据的执行效率有较大影响，如在有序存储的表中查找某个数值的效率就比在无序存储的表中查找的效率高很多。

考点7 线性表及其顺序存储结构

1. 线性表的基本概念

在数据结构中，线性结构也称为线性表，线性表是最简单也是最常用的一种数据结构。

线性表是由 n（$n \geqslant 0$）个数据元素 a_1，a_2，…，a_n 组成的一个有限序列，除表中的第一个元素外，其他元素有且只有一个前件；除了最后一个元素外，其他元素有且只有一个后件。

线性表要么是个空表，要么可以表示为

$(a_1, a_2, \cdots, a_n)$

其中，$a_i(i=1,2,\cdots,n)$ 是线性表的数据元素，也称为线性表的一个节点。

> **真考链接**
>
> 该知识点属于考试大纲中要求了解的内容，在选择题中的考核概率为45%。考生需了解线性表的基本概念。

每个数据元素的具体含义，在不同情况下各不相同，它可以是一个数或一个字符，也可以是一个具体的事物，甚至可以是其他更复杂的信息。但是需要注意的是，同一线性表中的数据元素必定具有相同的特性，即属于同一数据对象。

> **小提示**
>
> 非空线性表具有以下一些结构特征。
>
> - 有且只有一个根节点，即头节点，它无前件；
> - 有且只有一个终节点，即尾节点，它无后件；
> - 除头节点与尾节点外，其他所有节点有且只有一个前件，也有且只有一个后件。节点个数 n 称为线性表的长度，当 $n=0$ 时，线性表称为空表。

2. 线性表的顺序存储结构

将线性表中的元素一个接一个地存储在相邻的存储区域中，这种顺序表示的线性表也称为顺序表。

线性表的顺序存储结构具有以下两个基本特点：

- 元素所占的存储空间必须是连续的；
- 元素在存储空间中是按逻辑顺序存放的。

从这两个特点也可以看出，线性表用元素在计算机内物理位置上的相邻关系来表示元素之间逻辑上的相邻关系。只要确定了首地址，线性表内任意元素的地址都可以方便地计算出来。

3. 线性表的插入运算

线性表的插入运算是指在表的第 $i(1 \leqslant i \leqslant n+1)$ 个位置上，插入一个新元素，使长度为 n 的线性表变成长度为 $n+1$ 的线性表。若在第 i 个元素之前插入一个新元素的操作主要有以下3个步骤：

（1）把原来第 n 个节点至第 i 个节点依次往后移动一个元素位置；

（2）把新节点放在第 i 个位置上；

（3）修正线性表的节点个数。

> **小提示**
>
> 一般会为线性表开辟一个大于线性表长度的存储空间，经过多次插入运算，可能出现存储空间已满的情况，如果此时仍继续做插入运算，将会产生错误，此类错误称为“上溢”。

如果需要在线性表末尾进行插入运算，则只需要在表的末尾增加一个元素即可，不需要移动线性表中的元素。

如果在第一个位置插入新的元素，则需要移动表中的所有元素。

4. 线性表的删除运算

在一个长度为 n 的线性表中，若删除第 i 个元素，则要将第 $i+1$ 个元素到第 n 个元素共 $n-i$ 个元素依次向前移一个元素位置。完成删除运算主要有以下几个步骤：

（1）把第 i 个元素（不包括第 i 个元素）之后的 $n-i$ 个元素依次前移一个元素位置；

（2）修正线性表的节点个数。

显然，如果删除运算在线性表的末尾进行，即删除第 n 个元素，则不需要移动线性表中的元素。

如果要删除第1个元素，则需要移动表中的所有元素。

小提示

由线性表的以上性质可以看出，线性表的顺序存储结构适合用于小线性表或者建立之后其中元素不常变动的线性表，而不适用于需要经常进行插入和删除运算的线性表和长度较大的线性表。

真题精选

【例 1】下列有关顺序存储结构的叙述，不正确的是（　　）。

A. 存储密度大

B. 逻辑上相邻的节点物理上不必邻接

C. 可以通过计算机直接确定第 i 个节点的存储地址

D. 插入、删除操作不方便

【答案】B

【解析】顺序存储结构要求逻辑上相邻的元素物理上也相邻，所以只有选项 B 叙述错误。

【例 2】在一个长度为 n 的顺序表中，向第 i（$1 \leqslant i \leqslant n+1$）个元素位置插入一个新元素时，需要从后向前依次移动（　　）个元素。

A. $n-i$　　B. i　　C. $n-i-1$　　D. $n-i+1$

【答案】D

【解析】根据顺序表的插入运算的定义，在第 i 个元素位置上插入新元素，从 a_i 到 a_n 都要向后移动一个元素位置，共需要移动 $n-i+1$ 个元素。

考点 8　栈和队列

1. 栈及其基本运算

（1）栈的基本概念。

真考链接

该知识点在选择题中的考核概率为 90%。该知识点较为基础，考生只需理解栈和队列的概念和特点，掌握栈和队列的运算方法。

栈实际上也是线性表，只不过是一种特殊的线性表。在这种特殊的线性表中，插入与删除运算都只在线性表的一端进行。

在栈中，允许插入与删除的一端称为栈顶（top），另一端称为栈底（bottom）。当栈中没有元素时称为空栈。栈也被称为“先进后出”表，或“后进先出”表。

（2）栈的特点。

根据栈的上述定义，可知栈具有以下特点：

- 栈顶元素总是最后被插入的元素，也是最先被删除的元素；
- 栈底元素总是最先被插入的元素，也是最后才能被删除的元素；
- 栈具有记忆功能；
- 在顺序存储结构下，栈的插入和删除运算都不需要移动表中其他数据元素；
- 栈顶指针 top 动态反映了栈中元素的变化情况。

（3）栈的状态及其运算。

栈的状态如图 1.7 所示。

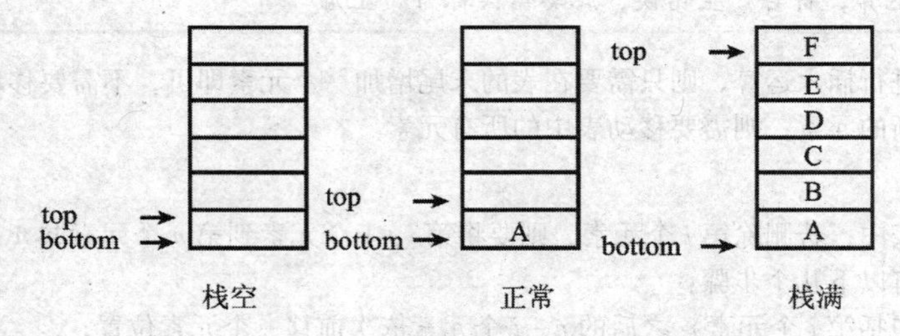

图 1.7　栈的状态

根据栈的状态，可以得知栈的基本运算有 3 种。

- 入栈运算：在栈顶位置插入一个新元素。

- 退栈运算：取出栈顶元素并赋给一个指定的变量。
- 读栈顶元素：将栈顶元素赋给一个指定的变量。

2. 队列及其基本运算

（1）队列的基本概念。

队列是指允许在一端进行插入，而在另一端进行删除的线性表。允许插入的一端称为队尾，通常用一个称为尾指针（rear）的指针指向尾元素；允许删除的一端称为队头，通常用一个头指针（front）指向头元素的前一个位置。

因此，队列又称为“先进先出”（First In First Out，FIFO）的线性表。插入元素称为入队运算，删除元素称为退队运算。队列的基本结构如图 1.8 所示。

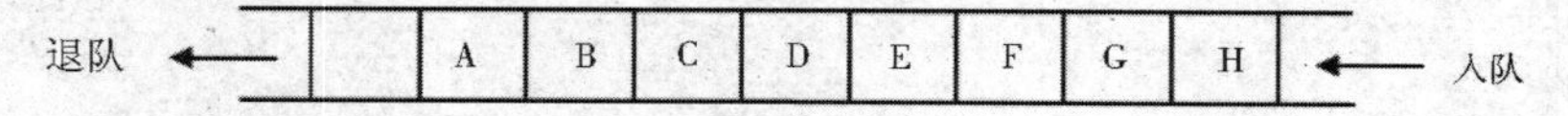

图 1.8　队列

（2）循环队列及其运算。

所谓循环队列，就是将队列存储空间的最后一个位置绕到第一个位置，形成逻辑上的环状空间，供队列循环使用。

在循环队列中，用尾指针指向队列的尾元素，用头指针指向头元素的前一个位置，因此，从头指针指向的后一个位置直到尾指针指向的位置之间所有的元素均为队列中的元素。循环队列的初始状态为空，即 rear = front。

循环队列的基本运算主要有两种：入队运算与退队运算。

- 入队运算是指在循环队列的队尾加入一个新的元素。
- 退队运算是指在循环队列的队头位置删除一个元素，并赋给指定的变量。

小提示

栈按照“先进后出”或“后进先出”的原则组织数据，而队列按照“先进先出”或“后进后出”的原则组织数据。这就是栈和队列的不同点。

真题精选

【例 1】下列对队列的叙述，正确的是（　　）。

A. 队列属于非线性表　　B. 队列按“先进后出”原则组织数据

C. 队列在队尾删除数据　　D. 队列按“先进先出”原则组织数据

【答案】D

【解析】队列是一种特殊的线性表，它只能在一端进行插入，在另一端进行删除。允许插入的一端称为队尾，允许删除的一端称为队头。队列又称为“先进先出”或“后进后出”的线性表，体现了“先到先服务”的原则。

【例 2】下列关于栈的描述，正确的是（　　）。

A. 在栈中只能插入元素而不能删除元素

B. 在栈中只能删除元素而不能插入元素

C. 栈是特殊的线性表，只能在一端插入或删除元素

D. 栈是特殊的线性表，只能一端插入元素，而在另一端删除元素

【答案】C

【解析】栈是一种特殊的线性表。在这种特殊的线性表中，其插入和删除操作只在线性表的一端进行。

考点 9　线性链表

1. 线性链表的基本概念

线性表的链式存储结构称为线性链表。

为了存储线性链表中的每一个元素，一方面要存储数据元素的值，另一方面要存储各数据元素之间的前、后件关系。因此，在链式存储结构中，每个节点由两部分组成：一部分称为数据域，用于存放数据元素的值；另一部分称为指针域，用于存放下一个数据元素的存储序号，即指向后件节点。链式存储结构既可以表示线性结构，也可以表示非线性结构。

真考链接

该知识点属于考试大纲中要求熟记的内容，在选择题中的考核概率为 35%。考生需熟记线性链表的概念和特点，以及顺序表和链表的优缺点等。

线性表链式存储结构的特点：用一组不连续的存储单元存储线性表中的各个元素。因为存储单元不连续，数据元素之间的逻辑关系就不能依靠数据元素的存储单元之间的物理关系来表示。

2. 线性链表的基本运算

线性链表主要包括以下几种运算：

- 在线性链表中包含指定元素的节点之前插入一个新元素；
- 在线性链表中删除包含指定元素的节点；
- 将两个线性链表按要求合并成一个线性链表；
- 将一个线性链表按要求进行分解；
- 逆转线性链表；
- 复制线性链表；
- 线性链表的排序；
- 线性链表的查找。

3. 循环链表及其基本运算

（1）循环链表的定义。

在单链表的第一个节点前增加一个表头节点，表头指针指向表头节点，将最后一个节点的指针域的值由 NULL 改为指向表头节点，这样的链表称为循环链表。在循环链表中，所有节点的指针构成了一个环状链。

（2）循环链表与单链表的比较。

对单链表的访问是一种顺序访问，从其中某一个节点出发，只能找到它的直接后件，但无法找到它的直接前件，而且对于空表和第一个节点的处理必须单独考虑，空表与非空表的操作不统一。

在循环链表中，只要指出表中任何一个节点的位置，就可以从它出发访问到表中其他所有的节点。并且，由于表头节点是循环链表所固有的节点，因此，即使在表中没有数据元素的情况下，表中也至少有一个节点存在，从而使空表和非空表的操作统一。

 真题精选

下列叙述中，正确的是(　　)。

A. 线性链表是线性表的链式存储结构

B. 栈与队列是非线性结构

C. 双向链表是非线性结构

D. 只有根节点的二叉树是线性结构

【答案】A

【解析】根据数据结构中各数据元素之间前、后件关系的复杂程度，可将数据结构分为两大类型：线性结构与非线性结构。如果一个非空的数据结构满足下列两个条件：①有且只有一个根节点；②每个节点最多有一个前件，也最多有一个后件。则称该数据结构为线性结构，也叫作线性表。若不满足上述条件，则称之为非线性结构。线性表、栈、队列和线性链表都是线性结构，而二叉树是非线性结构。

考点10 树和二叉树

1. 树的基本概念

树是一种简单的非线性结构，直观地来看，树是以分支关系定义的层次结构。树是由 n（$n \geqslant 0$）个节点构成的有限集合，$n = 0$ 的树称为空树；当 $n \neq 0$ 时，树中的节点应该满足以下两个条件：

- 有且仅有一个没有前件的节点称之为根；
- 其余节点分成 m（$m > 0$）个互不相交的有限集合 T_1，T_2，…，T_m，其中每一个集合又都是一棵树，称 T_1，T_2，…，T_m 为根节点的子树。

在树的结构中主要涉及下面几个概念。

- 每一个节点只有一个前件，称为父节点。没有前件的节点只有一个，称为树的根节点，简称树的根。
- 每一个节点可以有多个后件，称为该节点的子节点。没有后件的节点称为叶子节点。
- 一个节点所拥有的后件个数称为该节点的度。
- 所有节点最大的度称为树的度。

> **真考链接**
>
> 该知识点的考核概率为 100%，属于必考知识点，特别是关于二叉树的遍历。考生需熟记二叉树的概念及其相关术语，掌握二叉树的性质以及二叉树的 3 种遍历方法。

- 树的最大层次称为树的深度。

2. 二叉树及其基本性质

（1）二叉树的定义。

二叉树是一种非线性结构，是一个有限的节点集合，该集合或者为空，或者由一个根节点及其两棵互不相交的左、右二叉子树所组成。当集合为空时，称该二叉树为空二叉树。

二叉树具有以下特点：

- 二叉树可以为空，空的二叉树没有节点，非空二叉树有且只有一个根节点；
- 每一个节点最多有两棵子树，且分别称为该节点的左子树与右子树。

（2）满二叉树和完全二叉树。

满二叉树：除最后一层外，每一层上的所有节点都有两个子节点，即在满二叉树的第 k 层上有 2^{k-1} 个节点，且深度为 m 的满二叉树中有 2^m-1 个节点。

完全二叉树：除最后一层外，每一层上的节点数都达到最大值；在最后一层上只缺少右边的若干节点。

满二叉树与完全二叉树的关系：满二叉树一定是完全二叉树，但完全二叉树不一定是满二叉树。

（3）二叉树的主要性质。

- 一棵非空二叉树的第 k 层上最多有 2^{k-1} 个节点（$k \geq 1$）。
- 深度为 m 的满二叉树中有 2^m-1 个节点。
- 对任何一棵二叉树，度为 0 的节点（即叶子节点）总是比度为 2 的节点多一个。
- 具有 n 个节点的完全二叉树的深度 k 为 $\lfloor \log_2 n \rfloor + 1$（此处 $\lfloor\ \rfloor$ 表示向下取整）。

3. 二叉树的存储结构

在计算机中，二叉树通常采用链式存储结构。用于存储二叉树中各元素的存储节点由数据域和指针域组成。由于每一个元素可以有两个后件（即两个子节点），所以用于存储二叉树的存储节点的指针域有两个：一个指向该节点的左子节点的存储地址，称为左指针域；另一个指向该节点的右子节点的存储地址，称为右指针域。因此，二叉树的链式存储结构也称为二叉链表。

对于满二叉树与完全二叉树可以按层次进行顺序存储。

4. 二叉树的遍历

二叉树的遍历是指不重复地访问二叉树中的所有节点。二叉树的遍历主要是针对非空二叉树的，对于空二叉树，则结束遍历并返回。

二叉树的遍历分为前序遍历、中序遍历和后序遍历。

（1）前序遍历（DLR）。

首先访问根节点，然后遍历左子树，最后遍历右子树。

（2）中序遍历（LDR）。

首先遍历左子树，然后访问根节点，最后遍历右子树。

（3）后序遍历（LRD）。

首先遍历左子树，然后遍历右子树，最后访问根节点。

小提示

已知一棵二叉树的前序遍历序列和中序遍历序列，可以唯一地确定这棵二叉树。已知一棵二叉树的后序遍历序列和中序遍历序列，也可以唯一地确定这棵二叉树。已知一棵二叉树的前序遍历序列和后序遍历序列，不能唯一地确定这棵二叉树。

常见问题

为什么只有二叉树的前序遍历和后序遍历不能唯一确定一棵二叉树？

在二叉树遍历的前序遍历和后序遍历中都可以确定根节点，但中序遍历是由左至根及右的顺序，所以知道前序遍历（或后序遍历）和中序遍历肯定能唯一确定二叉树；在前序遍历和后序遍历中只能确定根节点，而对于左、右子树的节点元素没办法正确选取，所以很难确定一棵二叉树。由此可见，确定一棵二叉树的基础是必须得知道中序遍历。

真题精选

对图 1.9 所示的二叉树进行后序遍历的结果为(　　)。

A. ABCDEF　　B. DBEAFC

C. ABDECF　　D. DEBFCA

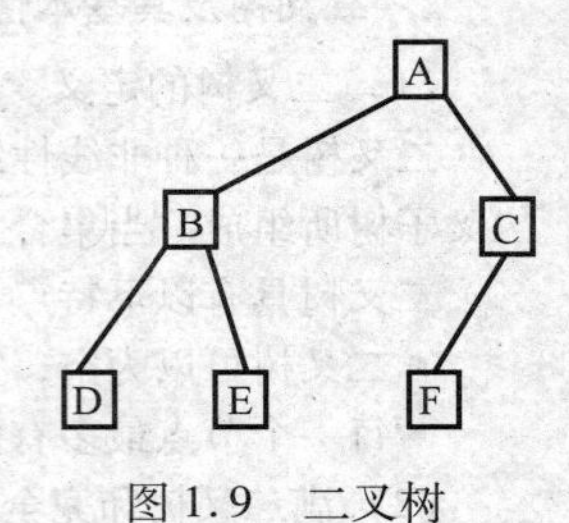

图 1.9　二叉树

【答案】D

【解析】执行后序遍历，依次执行以下操作：

①按照后序遍历的顺序遍历根节点的左子树；

②按照后序遍历的顺序遍历根节点的右子树；

③访问根节点。

考点 11　查找技术

1. 顺序查找

顺序查找一般是指在线性表中查找指定的元素。其基本思路：从表中的第一个元素开始，依次将线性表中的元素与被查找元素进行比较，直到两者相符为止；否则，表中没有要找的元素，查找不成功。

真考链接

该知识点属于考试大纲中要求理解的内容，在选择题中的考核概率为35%。考生要理解顺序查找与二分查找的概念以及常用的查找方法。

在最好的情况下，第一个元素就是要查找的元素，则比较次数为1。

在最坏的情况下，顺序查找需要比较 n 次。

在平均情况下，需要比较 $n/2$ 次。因此，查找算法的时间复杂度为 $O(n)$。

在下列两种情况下只能够采取顺序查找：

- 如果线性表中元素的排列是无序的，则无论是顺序存储结构还是链式存储结构，都只能采用顺序查找；
- 即便是有序线性表，若采用链式存储结构，也只能进行顺序查找。

2. 二分查找

使用二分查找的线性表必须满足两个条件：

- 采用顺序存储结构；
- 线性表是有序表。

所谓有序表，是指线性表中的元素按值非递减排列（即从小到大，但允许相邻元素值相等）。

对于长度为 n 的有序线性表，利用二分查找元素 x 的过程如下。

(1) 将 x 与线性表的中间项进行比较；

(2) 若中间项的值等于 x，则查找成功，结束查找；

(3) 若 x 小于中间项的值，则在线性表的前半部分继续进行二分查找；

(4) 若 x 大于中间项的值，则在线性表的后半部分继续进行二分查找。

这样反复进行查找，直到查找成功或子表长度为0（说明线性表中没有这个元素）为止。

当有序线性表采用顺序存储时，采用二分查找的效率要比顺序查找高得多。对于长度为 n 的有序线性表，在最坏的情况下，二分查找只需要比较 $\log_2 n$ 次，而顺序查找需要比较 n 次。

真题精选

下列数据结构中，能进行二分查找的是(　　)。

A. 顺序存储的有序线性表　　B. 线性链表

C. 二叉链表　　D. 有序线性链表

【答案】A

【解析】二分查找只适用于顺序存储的有序表。所谓有序表，是指线性表中的元素按值非递减排列（即从小到大，但允许相邻元素值相等）。

考点12 排序技术

1. 交换类排序法

> **真考链接**
>
> 该知识点属于考试大纲中要求掌握的内容，在选择题中的考核概率为25%。考生需掌握各种排序方法的概念、基本思想及其复杂度。

交换类排序法是指借助数据元素的“交换”来进行排序的一种方法。这里介绍的冒泡排序法和快速排序法就属于交换类排序法。

（1）冒泡排序法。

冒泡排序的思想如下。

在线性表中依次查找相邻的数据元素，将表中最大的元素不断往后移动，反复操作直到消除所有逆序，此时，该表已经排序结束。

冒泡排序的基本过程如下。

①从表头开始往后查找线性表，在查找过程中逐次比较相邻两个元素的大小。若在相邻两个元素中，前面的元素大于后面的元素，则将它们交换。

②从后向前查找剩下的线性表（除去最后一个元素），同样，在查找过程中逐次比较相邻两个元素的大小。若在相邻两个元素中，后面的元素小于前面的元素，则将它们交换。

③对剩下的线性表重复上述过程，直到剩下的线性表变空为止，线性表排序完成。

假设线性表的长度为n，则在最坏的情况下，冒泡排序需要经过$n/2$遍的从前往后扫描和$n/2$遍的从后往前扫描，需要比较$n(n-1)/2$次，其数量级为n^2。

（2）快速排序法。

快速排序法的基本思想如下。

在线性表中逐个选取元素，将线性表进行分割，直到所有元素全部选取完毕，此时线性表已经排序结束。

快速排序法的基本过程如下。

①从线性表中选取一个元素，设为T，将线性表中小于T的元素移到前面，而将大于T的元素移到后面。这样就将线性表分成了两部分（称为前、后两个子表），T就处于分界线的位置，且前面子表中的所有元素均不大于T，而后面的子表中的所有元素均不小于T，此过程称为线性表的分割。

②对分割后的子表再按上述原则进行反复分割，直到所有子表为空为止，则此时的线性表就变成有序表。

假设线性表的长度为n，则在最坏的情况下，快速排序需要进行$n(n-1)/2$次比较，但实际的排序效率要比冒泡排序高得多。

2. 插入类排序法

插入类排序是指将无序序列中的各元素依次插入有序的线性表中。这里主要介绍简单插入排序法和希尔排序法。

（1）简单插入排序法。

简单插入排序是把n个待排序的元素看成一个有序表和一个无序表，开始时，有序表只包含一个元素，而无序表包含$n-1$个元素，每次取无序表中的第一个元素插入有序表中的正确位置，使之成为增加一个元素的新的有序表。插入元素时，插入位置及其后的记录依次向后移动。最后有序表的长度为n，而无序表为空，此时排序完成。

在简单插入排序中，每一次比较后最多移掉一个逆序，因此，该排序方法的效率与冒泡排序法相同。在最坏的情况下，简单插入排序需要$n(n-1)/2$次比较。

（2）希尔排序法。

希尔排序法的基本思想：将整个无序序列分割成若干个小的子序列并分别进行插入排序。

分割方法如下：

①将相隔某个增量h的元素构成一个子序列；

②在排序过程中，逐次减少这个增量，直到h减少到1，即所有记录在一组为止。

希尔排序的效率与所选取的增量序列有关。

3. 选择类排序法

选择类排序的基本思想是通过从待排序序列中选出值最小的元素，按顺序放在已排好序的有序子表的后面，直到全部序列满足排序要求为止。下面就介绍选择类排序法中的简单选择排序法和堆排序法。

（1）简单选择排序法。

简单选择排序法的基本思想：首先从所有n个待排序的数据元素中选择最小的元素，将该元素与第一个元素交换，再从剩下的$n-1$个元素中选出最小的元素与第二个元素交换。重复这样的操作直到所有的元素有序。

简单选择排序在最坏的情况下需要比较$n(n-1)/2$次。

（2）堆排序法。

堆排序的基本过程如下：

①将一个无序序列建成堆；

②将堆顶元素与堆中最后一个元素交换。忽略已经交换到最后的那个元素，考虑前 $n-1$ 个元素构成的子序列，只有左、右子树是堆，才可以将该子树调整为堆。这样重复去做第二步，直到剩下的子序列为空。

在最坏的情况下，堆排序需要比较的次数为 $n\log_2 n$。

真题精选

对于长度为 n 的线性表，在最坏的情况下，下列各排序法所对应的比较次数中正确的是（ ）。

A. 冒泡排序为 $n/2$　　B. 冒泡排序为 n

C. 快速排序为 n　　D. 快速排序为 $n(n-1)/2$

【答案】D

【解析】假设线性表的长度为 n，则在最坏的情况下，冒泡排序需要经过 $n/2$ 遍的从前往后扫描和 $n/2$ 遍的从后往前扫描，需要比较的次数为 $n(n-1)/2$。快速排序法在最坏的情况下，比较次数也是 $n(n-1)/2$。

1.3 程序设计基础

考点13 程序设计方法与风格

1. 程序设计方法

程序设计是指设计、编制、调试程序的方法和过程。

程序设计方法是研究问题，求解如何进行系统构造的软件方法。常用的程序设计方法有结构化程序设计方法、软件工程方法和面向对象方法。

真考链接

该知识点属于考试大纲中要求熟记的内容，在选择题中的考核概率为10%。考生需熟记程序设计的相关概念。

2. 程序设计风格

程序的质量主要受到程序设计的方法、技术和风格等因素的影响。“清晰第一，效率第二”是当今主导的程序设计风格，即首先要保证程序的清晰易读，其次再考虑提高程序的执行速度、节省系统资源。

程序设计风格是指编写程序时所表现出的特点、习惯和逻辑思路。良好的程序设计风格可以使程序结构清晰合理，程序代码便于维护，因此，程序设计风格深深地影响着软件的质量和维护。要形成良好的程序设计风格，主要应注意和考虑的因素有以下几点。

- 源程序文档化。
- 数据的说明方法。在编写程序时，要注意数据的说明方法，包括：①数据说明的次序要规范化；②说明语句中的变量安排要有序化；③语句的结构应简单直接，不应该为提高效率而把语句复杂化，避免滥用 goto 语句；④模块设计要保证低耦合、高内聚。
- 语句的结构。
- 输入和输出。

真题精选

【例1】下列叙述中，不属于良好程序设计风格要求的是（ ）。

A. 程序的效率第一，清晰第二　　B. 程序的可读性好

C. 程序中要有必要的注释　　D. 输入数据前要有提示信息

【答案】A

【解析】著名的“清晰第一，效率第二”的论点已经成为主导的程序设计风格，所以选项 A 不属于良好程序设计风格的要求，其余选项都是良好程序设计风格的要求。

【例2】下列选项中不符合良好程序设计风格的是（　　）。

A. 源程序要文档化　　　　B. 数据说明的次序要规范化

C. 避免滥用 goto 语句　　　　D. 模块设计要保证高耦合、高内聚

【答案】D

【解析】良好的程序设计风格使程序结构清晰、合理，程序代码便于理解和维护。实现良好的程序设计风格主要应注意和考虑的因素有：①源程序要文档化；②数据说明的次序要规范化；③说明语句中的变量安排有序化；④语句的结构应简单直接，不应该为提高效率而把语句复杂化，避免滥用 goto 语句；⑤模块设计要保证低耦合、高内聚。

考点 14　结构化程序设计

1. 结构化程序设计的原则

结构化程序设计方法的主要原则可以概括为自顶向下、逐步求精、模块化及限制使用 goto 语句。

（1）自顶向下：设计程序时，应先考虑总体，后考虑细节；先考虑全局目标，后考虑具体问题。

（2）逐步求精：将复杂问题细化，细分为多个小问题再依次求解。

（3）模块化：把程序要解决的总目标分解为若干目标，再进一步分解为具体的小目标，把每个小目标称为一个模块。

（4）限制使用 goto 语句。

真考链接

该知识点属于考试大纲中要求熟记的内容，在选择题中的考核概率为45%。考生需熟记结构化程序设计的4个原则，以及结构化程序设计的3种基本结构。

2. 结构化程序设计的基本结构

结构化程序设计有3种基本结构，即顺序结构、选择结构和循环结构，其基本形式如图1.10所示。

A
B
(a)顺序结构

真　假
A　B
(b)选择结构

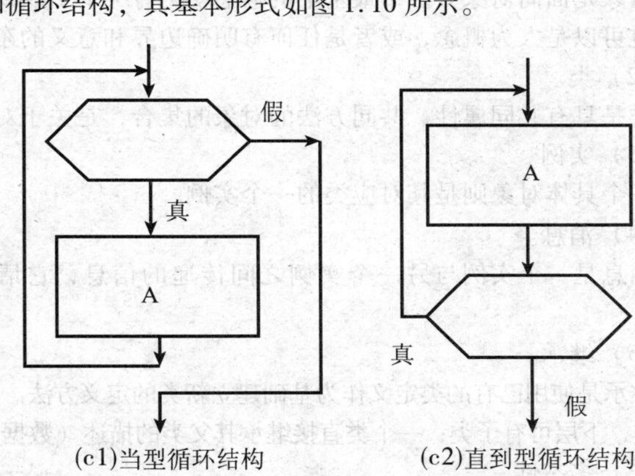

(c1)当型循环结构　　(c2)直到型循环结构

图1.10　结构化程序设计的基本结构

3. 结构化程序设计的原则和方法的应用

结构化程序设计是一种面向过程的程序设计方法。在结构化程序设计的具体实施中，需要注意以下问题：

- 使用程序设计语言的顺序、选择、循环等有限的控制结构表示程序的控制逻辑；
- 选用的控制结构只准许有一个入口和一个出口；
- 程序语句组成容易识别的块，每块只有一个入口和一个出口；
- 复杂结构应该应用嵌套的基本控制结构进行组合嵌套来实现；
- 语言中所没有的控制结构，应该采用前后一致的方法来模拟；
- 严格控制 goto 语句的使用。

真题精选

下列选项中不属于结构化程序设计原则的是（　　）。

A. 自顶向下　　　　B. 逐步求精　　　　C. 模块化　　　　D. 可复用

【答案】D

【解析】20世纪70年代以来，提出了许多软件设计原则，主要包括：①逐步求精，对复杂的问题，应设计一些子目标作为过渡，逐步细化。②自顶向下，程序设计时，应先考虑总体，后考虑细节；先考虑全局目标，后考虑局

部目标。一开始不要过多追求细节，先从最上层总目标开始设计，逐步使问题具体化。③模块化，一个复杂问题，通常是由若干相对简单的问题构成的。模块化是把程序要解决的总目标分解为分目标，再进一步分解为具体的小目标，把每个小目标称为一个模块。而可复用是面向对象程序设计的一个优点，不是结构化程序设计原则。

考点15 面向对象的程序设计

1. 面向对象方法的本质

面向对象方法的本质就是主张从客观世界固有的事物出发来构造系统，提倡用人类在现实生活中常用的思维方法来认识、理解和描述客观事物，强调最终建立的系统能够映射问题域。

真考链接

该知识点属于考试大纲中要求熟记的内容，在选择题中的考核概率为65%。考生需熟记对象、类、实例、消息、继承、多态性的概念。

2. 面向对象方法的优点

面向对象方法有以下优点：

- 与人类习惯的思维方法一致；
- 稳定性好；
- 可重用性好；
- 易于开发大型软件产品；
- 可维护性好。

3. 面向对象方法的基本概念

（1）对象。

对象是面向对象方法中最基本的概念。对象可以用来表示客观世界中的任何实体，它既可以是具体的物理实体的抽象，也可以是人为概念，或者是任何有明确边界和意义的东西。

（2）类。

类是具有共同属性、共同方法的对象的集合，是关于对象的抽象描述，能反映属于该对象类型的所有对象的性质。

（3）实例。

一个具体对象则是其对应类的一个实例。

（4）消息。

消息是一个实例与另一个实例之间传递的信息，它请求对象执行某一处理或回答某一要求，它统一了数据流和控制流。

（5）继承。

继承是使用已有的类定义作为基础建立新类的定义方法。在面向对象方法中，类组成具有层次结构的系统：一个类的上层可有父类，下层可有子类；一个类直接继承其父类的描述（数据和操作）或特性，子类自动地共享基类中定义的数据和方法。

（6）多态性。

对象根据所接收的信息而做出动作，同样的消息被不同的对象接收时可以有完全不同的行动，该现象称为多态性。

小提示

当使用“对象”这个术语时，既可以指一个具体的对象，也可以泛指一般的对象。但是当使用“实例”这个术语时，则是指一个具体的对象。

真题精选

在面向对象方法中，实现信息隐蔽是依靠(　　)。

A. 对象的继承　　B. 对象的多态　　C. 对象的封装　　D. 对象的分类

【答案】C

【解析】对象是由数据和操作组成的封装体，与客观实体有直接的对应关系。对象之间通过传递消息互相联系，以模拟现实世界中不同事物彼此之间的关系。面向对象方法的3个重要特性：封装性、继承性和多态性。

常见问题

对象是面向对象方法中最基本的概念，请问对象有哪些特点？

对象的特点有：①标识唯一性，指对象是可区分的，并且由对象的内在本质来区分；②分类性，指可以将具有共同属性和方法的对象抽象成类；③多态性，指同一个操作可以是不同对象的行为；④封装性，从外面不能直接使用对象的处理能力，也不能直接修改其内部状态，对象的内部状态只能由其自身改变；⑤独立性，模块的独立性好。

1.4 软件工程基础

考点16 软件工程的基本概念

真考链接

该知识点属于考试大纲中要求熟记的内容，在选择题中的考核概率为75%。考生需熟记软件的定义与特点、软件工程的目标与原则、软件开发工具与软件开发环境等内容，理解软件工程过程与软件生命周期。

1. 软件定义与软件特点

（1）软件的定义。

软件（software）是与计算机系统的操作有关的计算机程序、规程、规则，以及可能有的文件、文档及数据。

计算机软件由两部分组成：一是计算机可执行的程序和数据；二是计算机不可执行的，与软件开发、运行、维护、使用等有关的文档。

（2）软件的特点：

软件主要包括以下几个特点：

- 软件是一种逻辑实体，具有抽象性；
- 软件的生产与硬件不同，它没有明显的制作过程；
- 软件在运行、使用期间，不存在磨损、老化问题；
- 软件的开发、运行对计算机系统具有依赖性，受计算机系统的限制，这导致了软件移植的问题；
- 软件复杂度高、成本昂贵；
- 软件开发涉及诸多的社会因素。

2. 软件危机与软件工程

（1）软件危机。

软件危机泛指在计算机软件的开发和维护中所遇到的一系列严重问题。具体地说，在软件开发和维护过程中，软件危机主要表现在以下几个方面：

- 软件需求的增长得不到满足；
- 软件的开发成本和进度无法控制；
- 软件质量难以保证；
- 软件不可维护或维护程度非常低；
- 软件的成本不断提高；
- 软件开发生产率的提高赶不上硬件的发展和应用需求的增长。

总之，可以将软件危机归结为成本、质量、生产率等问题。

（2）软件工程。

软件工程是应用于计算机软件的定义、开发和维护的一整套方法、工具、文档、实践标准和工序。

软件工程包括两方面内容：软件开发技术和软件工程管理。软件工程包括3个要素，即方法、工具和过程。软件工程的核心思想是把软件产品看作是一个工程产品来处理。

3. 软件工程过程与软件生命周期

（1）软件工程过程。

软件工程过程是把输入转化为输出的一组彼此相关的资源和活动。

（2）软件生命周期。

通常，将软件产品从提出、实现、使用维护到停止使用的过程称为软件生命周期。

软件生命周期主要包括软件定义、软件开发及软件运行维护3个阶段。其中，软件生命周期的主要活动阶段包括可行性研究与计划制订、需求分析、软件设计、软件实现、软件测试和运行维护。

4. 软件工程的目标与原则

（1）软件工程的目标。

软件工程需达到的目标：在给定成本、进度的前提下，开发出具有有效性、可靠性、可理解性、可维护性、可重用性、可适应性、可移植性、可追踪性和可互操作性且满足用户需求的产品。

（2）软件工程的原则。

为了实现上述的软件工程目标，在软件开发过程中，必须遵循软件工程的基本原则。这些原则适用于所有的软件项目，包括抽象、信息隐蔽、模块化、局部化、确定性、一致性、完备性和可验证性。

5. 软件开发工具与软件开发环境

软件开发工具与软件开发环境的使用，提高了软件的开发效率、维护效率和质量。

（1）软件开发工具。

软件开发工具的产生、发展和完善促进了软件的开发效率和质量的提高。软件开发工具从初期的单项工具逐步向集成工具发展。与此同时，软件开发的各种方法也必须得到相应的软件工具的支持，否则方法就很难有效地实施。

（2）软件开发环境。

软件开发环境是全面支持软件开发过程的软件工具集合。这些软件工具按照一定的方法或模式组合起来，支持软件生命周期的各个阶段和各项任务的完成。

计算机辅助软件工程（Computer Aided Software Engineering，CASE）是当前软件开发环境中富有特色的研究工作和发展方向。CASE将各种软件工具、开发计算机和一个存放过程信息的中心数据库组合起来，形成软件工程环境。一个良好的软件工程环境将最大限度地降低软件开发的技术难度并使软件开发的质量得到保证。

真题精选

下列描述中，正确的是(　　)。

A. 程序就是软件

B. 软件开发不受计算机系统的限制

C. 软件既是逻辑实体，又是物理实体

D. 软件是程序、数据与相关文档的集合

【答案】D

【解析】计算机软件是计算机系统中与硬件相互依存的另一部分，是程序、数据及相关文档的完整集合。软件具有以下特点：①软件是一种逻辑实体，而不是物理实体，具有抽象性；②软件的生产过程与硬件不同，没有明显的制作过程；③软件在运行、使用期间不存在磨损、老化问题；④软件的开发、运行对计算机系统具有不同程度的依赖性，这导致软件移植的问题；⑤软件复杂度高，成本昂贵；⑥软件开发涉及诸多的社会因素。

考点17 结构化分析方法

1. 需求分析和需求分析方法

（1）需求分析。

软件需求是指用户对目标软件系统在功能、行为、性能、设计约束等方面的期望。

需求分析的任务是发现需求、求精、建模和定义需求。需求分析将创建所需的数据模型、功能模型和控制模型。

需求分析阶段的工作，可以概括为4个方面：需求获取、需求分析、编写需求规格说明书、需求评审。

（2）需求分析方法。

常用的需求分析方法有结构化分析方法和面向对象分析方法。

> **真考链接**
>
> 该知识点属于考试大纲中要求熟记的内容，在选择题中的考核概率为85%。考生需熟记需求分析的定义及其工作、2种需求分析方法，理解结构化分析方法常用的工具。

2. 结构化分析方法

（1）结构化分析方法的概念。

结构化分析方法是结构化程序设计理论在软件需求分析阶段的应用。

结构化分析方法的实质是着眼于数据流，自顶向下，逐层分解，建立系统的处理流程，以数据流图和数据字典为主要工具，建立系统的逻辑模型。

（2）结构化分析方法的常用工具。

常用工具包括数据流图、数据字典、判断树、判断表。下面主要介绍数据流图和数据字典。

数据流图（Data Flow Diagram，DFD）是描述数据处理的工具，是需求理解的逻辑模型的图形表示，它直接支持系统的功能建模。

数据流图从数据传递和加工的角度来刻画数据流从输入到输出的移动变换过程，其主要图形元素及说明如表1.10所示。

表1.10 数据流图中主要图形元素及说明

图形元素	说 明
○	加工（转换）：输入数据经加工产生输出
→	数据流：沿箭头方向传送数据，一般在旁边标注数据流名
═	存储文件：表示处理过程中存放各种数据的文件
□	数据的源点/终点：表示系统和环境的接口，属系统之外的实体

数据字典（Data Dictionary，DD）是结构化分析方法的核心，是所有与系统相关的数据元素的一个有组织的列表，以及明确的、严格的定义，使得用户和系统分析员对于输入、输出、存储成分和中间计算结果有共同的理解。数据字典通常包含的信息有名称、别名、何处使用/如何使用、内容描述、补充信息等。数据字典中有4种类型的条目：数据流、数据项、数据存储和数据加工。

小提示

数据流图与程序流程图中用带箭头的线段表示的控制流有本质的不同，千万不要混淆。此外，数据存储和数据流都是数据，仅仅是所处的状态不同。数据存储是处于静止状态的数据，数据流是处于运动状态的数据。

3. 软件需求规格说明书

软件需求规格说明书是需求分析阶段的最后结果，是软件开发中的重要文档之一。

软件需求规格说明书的标准主要有正确性、无歧义性、完整性、可验证性、一致性、可理解性、可修改性和可追踪性。

考点18 结构化设计方法

1. 软件设计的基本概念及方法

（1）软件设计的基础。

软件设计是软件工程的重要阶段，是一个把软件需求转换为软件表示的过程。软件设计的基本目标是用比较抽象概括的方式确定目标系统如何完成预定的任务，即软件设计是确定系统的物理模型。

（2）软件设计的基本原理。

软件设计遵循软件工程的基本目标和原则，形成了适用于在软件设计过程中应该遵循的基本原理和与软件设计有关的概念，主要包括抽象、模块化、信息隐蔽及模块的独立性。下面主要介绍模块独立性的一些度量标准。

真考链接

该知识点属于考试大纲中要求熟记的内容，在选择题中的考核概率为65%。考生需熟记概要设计的基本任务、准则，理解软件设计的基本原理、面向数据流的设计方法、详细设计的工具。

模块的独立程度是设计的重要度量标准。软件的模块独立性的定性度量标准是耦合性和内聚性。

耦合性是模块间互相连接的紧密程度的度量。内聚性是模块内部各个元素间彼此结合的紧密程度的度量。通常较优秀的软件设计，应尽量做到低耦合、高内聚。

（3）结构化设计方法。

结构化设计就是采用最佳的可能方法，设计系统的各个组成部分及各成分之间的内部联系的技术。也就是说，结构化设计是这样一个过程，它决定用哪些方法把哪些部分联系起来，才能解决好某个有清楚定义的具体问题。

结构化设计方法的基本思想是将软件设计成由相对独立、功能单一的模块组成的结构。

小提示

一般来说，要求模块之间的耦合程度尽可能低，即模块尽可能独立，且要求模块的内聚程度尽可能高。内聚性和耦合性是一个问题的两个方面，耦合程度低的模块，其内聚程度通常较高。

2. 概要设计

（1）概要设计的任务。

- 设计软件系统结构。
- 数据结构及数据库设计。
- 编写概要设计文档。
- 概要设计文档评审。

（2）面向数据流的设计方法。

在需求分析设计阶段，产生了数据流图。面向数据流的设计方法定义了一些不同的映射方法，利用这些映射方法可以把数据流图变换成结构图表示的软件结构。数据流图从系统的输入数据流到系统的输出数据流的一连串连续加工形成了一条信息流。数据流图的信息流可分为两种：变换流和事务流。相应地，数据流图有两种典型的结构形式：变换型和事务型。

面向数据流的结构化设计过程：

- 确认数据流图的类型（是事务型还是变换型）；
- 说明数据流的边界；
- 把数据流图映射为程序结构；
- 根据设计准则对产生的结构进行优化。

（3）结构化设计的准则。

大量的实践表明，可以借鉴以下的设计准则作为设计的指导和对软件结构图进行优化的条件：

- 提高模块独立性；
- 模块规模应该适中；
- 深度、宽度、扇入和扇出都应适当；
- 模块的作用域应该在控制域之内；
- 降低模块之间接口的复杂程度；
- 设计单入口、单出口的模块；
- 模块功能应该可以预测。

小提示

扇出过大意味着模块过分复杂，需要控制和协调过多的下级模块；扇出过小时可以把下级模块进一步分解成若干个子功能模块，或者将其合并到它的上级模块中去。扇入越大则共享该模块的上级模块数目越多，这是有好处的，但是，不能牺牲模块的独立性单纯追求大扇入。大量实践表明，设计得很好的软件结构通常顶层扇出比较大，中层扇出较小，底层模块有大扇入。

3. 详细设计

（1）详细设计的任务。

详细设计的任务是为软件结构图中的每一个模块确定实现算法和局部数据结构，用某种选定的表达工具表示算法和数据结构的细节。

（2）详细设计的工具。

- 图形工具：程序流程图、N－S、PAD 及 HIPO。
- 表格工具：判定表。
- 语言工具：PDL（伪码）。

真题精选

从工程管理角度，软件设计一般分为两步完成，它们是(　　)。

A. 概要设计与详细设计　　B. 数据设计与接口设计

C. 软件结构设计与数据设计　　D. 过程设计与数据设计

【答案】A

【解析】从工程管理角度看，软件设计分两步完成：概要设计与详细设计。概要设计将软件需求转化为软件体系结构、确定系统级接口、全局数据结构或数据库模式；详细设计确定每个模块的实现算法和局部数据结构，用适当方法表示算法和数据结构的细节。

考点19 软件测试

软件测试是保证软件质量的重要手段，其主要过程涵盖了整个软件生命周期的过程，包括需求定义阶段的需求测试、编码阶段的单元测试、集成测试，以及其后的确认测试、系统测试，验证软件是否合格、能否交付用户使用等。

> **真考链接**
>
> 该知识点属于考试大纲中要求熟记的内容，在选择题中的考核概率为75%。考生需熟记软件测试的目的和准则，理解白盒测试与黑盒测试及其测试用例设计。

1. 软件测试的目的及准则

(1) 软件测试的目的。

软件测试是为了发现错误而执行程序的过程。

一个好的测试用例是指很可能找到迄今为止尚未发现的错误的用例；

一个成功的测试是指发现了至今尚未发现的错误的测试。

(2) 软件测试的准则。

鉴于软件测试的重要性，要做好软件测试，除了需要设计出有效的测试方案和好的测试用例，软件测试人员还需要充分理解和运用软件测试的一些基本准则：

- 所有测试都应追溯到用户需求；
- 严格执行测试计划，排除测试的随意性；
- 充分注意测试中的群集现象；
- 程序员应避免检查自己的程序；
- 穷举测试不可能实施；
- 妥善保存测试计划、测试用例、出错统计和最终分析报告，为软件维护提供方便。

2. 软件测试方法综述

软件测试的方法是多种多样的，对于软件测试的方法，可以从不同角度加以分类。

若从是否需要运行被测软件的角度划分，软件测试的方法可以分为静态测试和动态测试；若按照功能划分，软件测试的方法可以分为白盒测试和黑盒测试。

(1) 静态测试与动态测试。

静态测试不实际运行软件，主要通过人工进行分析，包括代码检查、静态结构分析、代码质量度量等。其中，代码检查分为代码审查、代码走查、桌面检查、静态分析等具体形式。

动态测试是基于计算机的测试，是为了发现错误而执行程序的过程。设计高效、合理的测试用例是做好动态测试的关键。

测试用例就是为测试设计的数据，由测试输入数据和预期的输出结果两部分组成。测试用例的设计方法一般分为两种：白盒测试方法和黑盒测试方法。

(2) 白盒测试方法与测试用例设计。

白盒测试也称为结构测试或逻辑驱动测试，它根据程序的内部逻辑来设计测试用例，检查程序中的逻辑通路是否都按预定的要求正确地工作。

白盒测试的主要方法有逻辑覆盖测试、基本路径测试等。

(3) 黑盒测试方法与测试用例设计。

黑盒测试也称为功能测试或数据驱动测试，它根据规格说明书的功能来设计测试用例，检查程序的功能是否符合规格说明书的要求。

黑盒测试的主要诊断方法有等价类划分法、边界值分析法、错误推测法、因果图法等，主要用于软件确认测试。

3. 软件测试的实施

软件测试的实施过程主要有4个步骤：单元测试、集成测试、确认测试（验收测试）和系统测试。

（1）单元测试。

单元测试也称模块测试，模块是软件设计的最小单位，单元测试是对模块进行正确性的检验，以期尽早发现各模块内部可能存在的各种错误，通常在编码阶段进行。

（2）集成测试。

集成测试也称组装测试，它是对各模块按照设计要求组装成的程序进行的测试，其主要目的是发现与接口有关的错误。

（3）确认测试。

确认测试的任务是用户根据合同确定系统功能和性能是否可接受。确认测试需要用户积极参与，或者以用户为主进行测试。

（4）系统测试。

系统测试是将软件系统与硬件、外设或其他元素结合在一起，对整个软件系统进行的测试。

系统测试的内容包括功能测试、操作测试、配置测试、性能测试、安全测试和外部接口测试等。

真题精选

下列叙述中，正确的是(　　)。

A. 软件测试应该由程序开发者来完成　　B. 程序经调试后一般不需要再测试

C. 软件维护只包括对程序代码的维护　　D. 以上3种说法都不对

【答案】D

【解析】程序调试的任务是诊断和改正程序中的错误。它与软件测试不同，软件测试是尽可能多地发现软件中的错误。先要发现软件的错误，然后借助于一定的调试工具去找出软件错误的具体位置。软件测试贯穿整个软件生命周期，调试主要在开发阶段。为了实现更好的测试效果，应该由独立的第三方来构造测试。软件的运行和维护是指将已交付的软件投入运行，并在运行使用中不断地维护，根据新提出的需求进行必要而且可能的扩充和删改。

考点20 程序调试

在对程序进行了成功的测试之后，将进行程序调试。程序调试的任务是诊断和更正程序中的错误。

本节主要讲解程序调试的概念及调试的方法。

> **真考链接**
>
> 该知识点属于考试大纲中要求熟记的内容，在选择题中的考核概率为30%。考生需熟记程序调试的任务及调试方法。

1. 程序调试的基本概念

调试是成功测试之后的步骤，也就是说，调试是在测试发现错误之后排除错误的过程。软件测试贯穿整个软件生命周期，而调试主要在开发阶段。

程序调试活动由两部分组成：

- 根据错误的迹象确定程序中错误的确切性质、原因和位置；
- 对程序进行修改，排除这个错误。

（1）调试的基本步骤。

①错误定位。

②修改设计和代码，以排除错误。

③进行回归测试，防止引入新的错误。

（2）调试的原则。

调试活动由对程序中错误的定性/定位和排错两部分组成，因此调试原则也从这两个方面考虑：

①确定错误的性质和位置的原则；

②修改错误的原则。

2. 程序调试方法

调试的关键在于推断程序内部的错误位置及原因。从是否跟踪和执行程序的角度，程序调试类似于软件测试，分为静态调试和动态调试。静态调试主要是指通过人的思维来分析源程序代码和排错，是主要的调试手段，而动态调试是辅助静态调试的。

主要的软件调试方法有强行排错法、回溯法和原因排除法。其中，强行排错法是传统的调试方法；回溯法适合于小规模程序的排错；原因排除法是通过演绎和归纳及二分法来实现的。

真题精选

软件调试的目的是(　　)。

A. 发现错误　　B. 更正错误　　C. 改善软件性能　　D. 验证软件的正确性

【答案】B

【解析】软件调试的目的是诊断和更正程序中的错误，更正以后还需要进行测试。

常见问题

软件设计的重要性有哪些？

软件开发阶段（设计、编码、测试）占据软件项目开发总成本的绝大部分，是软件质量形成的关键环节；软件设计是开发阶段最重要的步骤，是将需求准确地转化为完整的软件产品或系统的唯一途径；软件设计做出的决策，会最终影响软件实现的成败；软件设计是软件工程和软件维护的基础。

1.5　数据库设计基础

考点21　数据库系统的基本概念

1. 数据、数据库、数据库管理系统、数据库系统

（1）数据。

数据（data）是描述事物的符号记录。

（2）数据库。

数据库（database，DB）是指长期存储在计算机内的、有组织的、可共享的数据集合。

（3）数据库管理系统。

数据库管理系统（Database Management System，DBMS）是数据库的机构，它是一个系统软件，负责数据库中数据的组织、操纵、维护、控制、保护和数据服务等。

数据库管理系统的主要类型有4种：文件管理系统、层次数据库系统、网状数据库系统和关系数据库系统，其中，关系数据库系统的应用最广泛。

（4）数据库系统。

数据库系统（Database System，DBS）是指引进数据库技术后的整个计算机系统，能实现有组织地、动态地存储大量相关数据，提供数据处理和信息资源共享的便利手段。

真考链接

该知识点属于考试大纲中要求熟记的内容，在选择题中的考核概率为90%。考生需熟记数据、数据库的概念，数据库管理系统的6个功能，数据库技术发展经历的3个阶段，数据库系统的4个基本特点，特别是数据独立性，数据库系统的3级模式及2级映射；理解数据库、数据库系统、数据库管理系统之间的关系。

小提示

在数据库系统、数据库管理系统和数据库三者之间，数据库管理系统是数据库系统的组成部分，数据库又是数据库管理系统的管理对象，因此，可以说数据库系统包括数据库管理系统，数据库管理系统又包括数据库。

2. 数据库系统的发展

数据库系统发展至今已经经历了3个阶段：人工管理阶段、文件系统阶段和数据库系统阶段。

一般认为，未来的数据库系统应支持数据管理、对象管理和知识管理，应该具有面向对象的基本特征。在关于数据库的诸多新技术中，有3种是比较重要的，它们是面向对象数据库系统、知识库系统、关系数据库系统的扩充。

（1）面向对象数据库系统。

用面向对象方法构筑面向对象数据库模型，使模型具有比关系数据库系统更为通用的能力。

（2）知识库系统。

用人工智能相关的方法，特别是用逻辑知识表示方法构筑数据模型，使模型具有特别通用的能力。

（3）关系数据库系统的扩充。

利用关系数据库作进一步扩展，使其在模型的表达能力与功能上有进一步的加强，如与网络技术相结合的Web数据库、数据仓库及嵌入式数据库等。

3. 数据库系统的基本特点

数据库系统具有以下特点：数据的集成性、数据的高共享性与低冗余性、数据独立性、数据统一管理与控制。

4. 数据库系统的内部结构体系

数据模式是数据库系统中数据结构的一种表示形式，具有不同的层次与结构方式。

数据库系统在其内部具有3级模式及2级映射，3级模式分别是概念模式、内模式与外模式；2级映射分别是外模式/概念模式的映射和概念模式/内模式的映射。3级模式与2级映射构成了数据库系统内部的抽象结构体系。

模式的3个级别层次反映了模式的3个不同环境及其不同要求，其中，内模式处于最里层，它反映了数据在计算机物理结构中的实际存储形式；概念模式位于中层，它反映了设计者的数据全局逻辑要求；而外模式位于最外层，它反映了用户对数据的要求。

小提示

一个数据库只有一个概念模式和一个内模式，有多个外模式。

真题精选

【例1】下列叙述中，正确的是(　　)。

A. 数据库系统是一个独立的系统，不需要操作系统的支持

B. 数据库技术的根本目标是要解决数据的共享问题

C. 数据库管理系统就是数据库系统

D. 以上3种说法都不对

【答案】B

【解析】数据库系统由数据库（数据）、数据库管理系统（软件）、计算机硬件、操作系统及数据库管理员组成。作为处理数据的系统，数据库技术的根本目标就是解决数据的共享问题。

【例2】在数据库系统中，用户所见的数据模式为(　　)。

A. 概念模式　　B. 外模式　　C. 内模式　　D. 物理模式

【答案】B

【解析】概念模式是数据库系统中对全局数据逻辑结构的描述，是全体用户（应用）公共数据视图，它主要描述数据的记录类型及数据间关系，还包括数据间的语义关系等。数据库系统的3级模式结构由外模式、概念模式、内模式组成。外模式也叫作用户级数据库，是用户所看到和理解的数据库，是从概念模式导出的子模式，用户可以通过子模式描述语言来描述用户级数据库的记录，还可以利用数据语言对这些记录进行操作。内模式（或存储模式、物理模式）是指数据在数据库系统内的存储介质上的表示，是对数据的物理结构和存取方式的描述。

考点22　数据模型

1. 数据模型的基本概念

数据是现实世界符号的抽象，而数据模型是数据特征的抽象。数据模型从抽象层次上描述了系统的静态特征、动态行为和约束条件，为数据库系统的信息表示与操作提供一个抽象的框架。数据模型所描述的内容有3个部分，它们是数据结构、数据操作及数据约束。

数据模型按不同的应用层次分为3种类型，它们是概念数据模型、逻辑数据模型和物理数据模型。

目前，逻辑数据模型也有很多种，较为成熟并先后被人们大量使用过的有E-R模型、层次模型、网状模型、关系模型、面向对象模型等。

真考链接

该知识点属于考试大纲中要求熟记的内容，在选择题中的考核概率为90%。考生需熟记数据模型的类型、数据模型所描述的内容，还要熟记E-R模型的相关概念、联系的类型，理解E-R模型3个概念之间的连接关系、E-R图，以及关系模型中常用的术语和完整性约束。

2. E-R模型

E-R模型（实体－联系模型）将现实世界的要求转化成实体、联系、属性等几个基本概念，它们之间的两种基本连接关系，可以用E-R图非常直观地表示出来。

E-R图提供了表示实体、属性和联系的方法。

- 实体：客观存在并且可以相互区别的事物，用矩形表示，矩形框内写明实体名。
- 属性：描述实体的特性，用椭圆形表示，并用无向边将其与相应的实体连接起来。
- 联系：实体之间的对应关系，它反映现实世界事物之间的相互联系，用菱形表示，菱形框内写明联系名。

在现实世界中，实体之间的联系可分为3种："一对一"的联系（简记为1∶1）、"一对多"的联系（简记为$1:n$）、"多对多"的联系（简记为$M:N$或$m:n$）。

3. 层次模型

层次模型是用树形结构表示实体及其联系的模型。在层次模型中，节点是实体，树枝是联系，从上到下是一对多的关系。

层次模型的基本结构是树形结构，自顶向下，层次分明。其缺点是，受文件系统影响大，模型受限制多，物理成分复杂，操作与使用均不理想，且不适用于表示非层次性的联系。

4. 网状模型

网状模型是用网状结构表示实体及其联系的模型。可以说，网状模型是层次模型的扩展，可以表示多个从属关系，并呈现一种交叉关系。

网状模型是以记录型为节点的网络，它能反映现实世界中较为复杂的事物间的联系。

网状模型结构如图1.11所示。

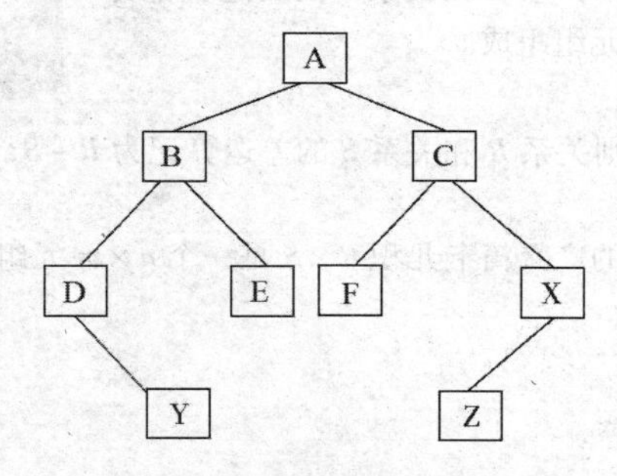

图1.11　网状模型结构示意图

5. 关系模型

（1）关系的数据结构。

关系模型采用二维表来表示，简称表。二维表由表框架及表的元组组成。表框架由n个命名的属性组成，n称为属性元素。每个属性都有一个取值范围（称为值域）。表框架对应了关系的模式，即类型的概念。在表框架中可以按行存放数据，每行数据称为元组。

在二维表中唯一能标识元组的最小属性集称为该表的键（或码）。二维表中可能有若干个键，它们称为该表的候选键（或候选码）。从二维表的候选键中选取一个作为用户使用的键，称其为主键（或主码）。如表A中的某属性集是某表B的键，则称该属性集为A的外键（或外码）。

关系是由若干个不同的元组所组成的，因此关系可视为元组的集合。

（2）关系的操纵。

关系模型的数据操纵即是建立在关系上的数据操纵，一般有数据查询、增加、删除及修改4种操作。

（3）关系中的数据约束。

关系模型允许定义3类数据约束，它们是实体完整性约束、参照完整性约束和用户定义的完整性约束，其中，前2种完整性约束由关系数据库系统自动支持。对于用户定义的完整性约束，关系数据库系统提供完整性约束语言，用户利用该语言写出约束条件，运行时由系统自动检查。

真题精选

【例1】 下列说法中，正确的是(　　)。

A. 为了建立一个关系，首先要构造数据的逻辑关系

B. 表示关系的二维表中各元组的每个分量还可以分成若干个数据项

C. 一个关系的属性名称为关系模式

D. 一个关系可以包含多个二维表

【答案】A

【解析】元组已经是数据的最小单位，不可再分；关系的框架称为关系模式；关系框架与关系元组一起构成了关系，即一个关系对应一张二维表。选项 A 中，在建立关系前，需要先构造数据的逻辑关系是正确的。

【例 2】用树形结构表示实体之间联系的模型是(　　)。

A. 关系模型　　B. 网状模型　　C. 层次模型　　D. 以上 3 个都是

【答案】C

【解析】数据模型是指反映实体及实体间联系的数据组织的结构和形式，有关系模型、网状模型和层次模型等。其中，层次模型实际上是以记录型为节点构成的树，它把客观问题抽象为一个严格的、自上而下的层次关系，所以，它的基本结构是树形结构。

考点 23 关系代数

真考链接

该知识点属于考试大纲中要求掌握的内容，在选择题中的考核概率为 90%。考生需掌握投影、选择、笛卡儿积运算，以及并、交、差等一些基本运算，这些都是常考内容。

1. 传统的集合运算

(1) 关系并运算。

若关系 R 和关系 S 具有相同的结构，则关系 R 和关系 S 的并运算记为 $R \cup S$，表示由属于 R 的元组或属于 S 的元组组成。

(2) 关系交运算。

若关系 R 和关系 S 具有相同的结构，则关系 R 和关系 S 的交运算记为 $R \cap S$，表示由既属于 R 的元组又属于 S 的元组组成。

(3) 关系差运算。

若关系 R 和关系 S 具有相同的结构，则关系 R 和关系 S 的差运算记为 $R-S$，表示由属于 R 且不属于 S 的元组组成。

(4) 广义笛卡儿积。

分别为 n 元和 m 元的两个关系 R 和 S 的广义笛卡儿积 $R \times S$ 是一个 $n \times m$ 元组的集合。其中的两个运算对象 R 和 S 的关系可以是同类型的，也可以是不同类型的。

2. 专门的关系运算

专门的关系运算有选择、投影、连接等。

(1) 选择。

从关系中找出满足给定条件元组的操作称为选择。选择的条件以逻辑表达式给出，使得逻辑表达式为真的元组将被选取。选择又称为限制。在关系 R 中选择满足给定选择条件 F 的诸元组，记作：

$$\sigma_F(R) = \{t \mid t \in R \wedge F(t) = '真'\}$$

其中，选择条件 F 是一个逻辑表达式，取逻辑值“真”或“假”。

(2) 投影。

从关系模式中指定若干个属性列组成新的关系称为投影。

关系 R 上的投影是从关系 R 中选择出若干属性列组成新的关系，记作：

$$\pi_A(R) = \{t[A] \mid t \in R\}$$

其中，A 为 R 中的属性列。

(3) 连接。

连接也称为 θ 连接，它是从两个关系的笛卡儿积中选取满足条件的元组，记作：

$$R \underset{A\theta B}{|\times|} = \{t_r t_s \mid t_r \in R \wedge t_s \in S \wedge t_r[A] \theta t_s[B]\}$$

其中，A 和 B 分别为关系 R 和 S 上度数相等且可比的属性组。连接运算是从广义笛卡儿积 $R \times S$ 中，选取关系 R 在 A 属性组上的值与关系 S 在 B 属性组上的值满足 θ 关系的元组。

连接运算中有两种最为重要且常用的连接：一种是等值连接；另一种是自然连接。

θ 为“=”的连接运算称为等值连接，它是从关系 R 与关系 S 的广义笛卡儿积中选取 A、B 属性值相等的元组，可记作：

$$R \underset{A=B}{|\times|} S = \{t_r t_s \mid t_r \in R \wedge t_s \in S \wedge t_r[A] = t_s[B]\}$$

自然连接（natural join）是一种特殊的等值连接，它要求两个关系中进行比较的分量必须是相同的属性组，并且在结果中去掉重复的属性列，可记作：

$$R |\times| S = \{t_r t_s \mid t_r \in R \wedge t_s \in S \wedge t_r[B] = t_s[B]\}$$

 真题精选

【例1】设有以下3个关系表，如表1.11～表1.13所示。

表1.11 关系表1

R		
A	B	C
1	1	2
2	2	3

表1.12 关系表2

S		
A	B	C
3	1	3

表1.13 关系表3

T		
A	B	C
1	1	2
2	2	3
3	1	3

下列关系运算中正确的是(　　)。

A. $T=R\cap S$　　B. $T=R\cup S$　　C. $T=R\times S$　　D. $T=R/S$

【答案】C

【解析】集合的并、交、差、广义笛卡儿积：设有两个关系为R和S，它们具有相同的结构，R和S的并由属于R和S，或者同时属于R和S的所有元组组成，记作$R\cup S$；R和S的交由既属于R又属于S的所有元组组成，记作$R\cap S$；R和S的差由属于R但不属于S的所有元组组成，记作$R-S$；元组的前n个分量是R的一个元组，后m个分量是S的一个元组，若R有K_1个元组，S有K_2个元组，则$R\times S$有$K_1\times K_2$个元组，记为$R\times S$。由表1.13可知，关系T是关系R和关系S的简单扩充，而扩充的符号为“×”，故答案为$T=R\times S$。

【例2】在下列关系运算中，不改变关系表中的属性个数但能减少元组个数的是(　　)。

A. 并　　B. 交　　C. 投影　　D. 笛卡儿积

【答案】B

【解析】关系的基本运算有两类：传统的集合运算（并、交、差）和专门的关系运算（选择、投影、连接）。集合的并、交、差：设有两个关系分别为R和S，它们具有相同的结构，R和S的并由属于R或S，或同时属于R和S的所有元组组成，记作$R\cup S$；R和S的交由既属于R又属于S的所有元组组成，记作$R\cap S$；R和S的差由属于R但不属于S的所有元组组成，记作$R-S$。因此，在关系运算中，不改变关系表中的属性个数但能减少元组（关系）个数的只能是集合的交。

考点24 数据库设计与管理

数据库设计是数据库应用的核心。

1. 数据库设计概述

数据库设计的基本任务是根据用户对象的信息需求、处理需求和数据库的支持环境设计出数据模型。

数据库设计的基本思想是过程迭代和逐步求精。数据库设计的根本目标是解决数据共享问题。

数据库设计有两种方法：

- 面向数据的方法，是以信息需求为主，兼顾处理需求；
- 面向过程的方法，是以处理需求为主，兼顾信息需求。

其中，面向数据的方法是主流的设计方法。

> **真考链接**
>
> 该知识点属于考试大纲中要求熟记的内容，在选择题中的考核概率为55%。考生需熟记数据库设计的方法和步骤，理解概念设计和逻辑设计。

目前，数据库设计一般采用生命周期法，即将整个数据库应用系统的开发分解成目标独立的若干阶段，分别是需求分析阶段、概念设计阶段、逻辑设计阶段、物理设计阶段、编码阶段、测试阶段、运行阶段和进一步修改阶段。在数据库设计中采用上述阶段中的前4个阶段，并且主要以数据结构与模型的设计为主线。

2. 数据库设计的需求分析

需求分析是数据库设计的第一阶段，这一阶段收集到的基础数据和绘制的数据流图是设计概念结构的基础。需求分析的主要工作有绘制数据流图、数据分析、功能分析、确定功能处理模块和数据之间的关系。

需求分析和表达经常采用的方法有结构化分析方法和面向对象方法。结构化分析方法用自顶向下、逐层分解的方式分析系统。数据流图表达了数据和处理过程的关系，数据字典对系统中数据的详尽描述，是各类数据属性的清单。

数据字典是各类数据描述的集合，它通常包括5个部分：数据项，它是数据的最小单位；数据结构，它是若干数据项

有意义的集合；数据流，它可以是数据项，也可以是数据结构，表示某一处理过程的输入和输出；数据存储，它是处理过程中存取的数据，常常是手工凭证、手工文档或计算机文件；处理过程。

数据字典是在需求分析阶段建立，在数据库设计过程中不断修改、充实和完善。

3. 数据库的概念设计

（1）数据库概念设计。

数据库概念设计的目的是分析数据间内在的语义关联，在此基础上建立数据的抽象模型。

数据库概念设计的方法主要有两种：集中式模式设计法和视图集成设计法。

（2）数据库概念设计的过程。

使用E-R模型与视图集成法进行设计时，需要按以下步骤进行：

①选择局部应用；

②视图设计；

③视图集成。

4. 数据库的逻辑设计

（1）从E-R图向关系模式转换。

从E-R图向关系模式的转换是比较直接的，实体与联系都可以表示成关系。在E-R图中，属性也可转换成关系的属性，实体集也可转换成关系。E-R模型与关系的转换如表1.14所示。

表1.14 **E-R模型与关系的转换**

E-R模型	关　系	E-R模型	关　系
属性	属性	实体集	关系
实体	元组	联系	关系

如联系类型为1∶1，则每个实体的码均是该关系的候选码。

如联系类型为1∶*N*，则关系的码为*N*端实体的码。

如联系类型为*M*∶*N*，则关系的码为诸实体的组合，具有相同码的关系模式可合并。

（2）逻辑模式规范化。

在关系数据库设计中，存在的问题有数据冗余、插入异常、删除异常和更新异常。

数据库规范化的目的在于消除数据冗余和插入/删除/更新异常。规范化理论有4种范式，从第一范式到第四范式的规范化程度逐渐升高。

（3）关系视图设计。

关系视图是在关系模式的基础上所设计的直接面向操作用户的视图，它可以根据用户需求随时创建。

5. 数据库的物理设计

（1）数据库物理设计的概念。

数据库在物理设备上的存储结构与存取方法称为数据库的物理结构，它依赖于给定的计算机系统。为一个给定的逻辑模式选取一个最适合应用要求的物理结构的过程，就是数据库物理设计。

（2）数据库物理设计的主要目标。

数据库物理设计的主要目标是对数据库内部物理结构进行调整并选择合理的存取路径，以提高数据库访问速度及有效利用存储空间。

6. 数据库管理

数据库是一种共享资源，它需要维护与管理，这种工作称为数据库管理，而实施此项管理的人称为数据库管理员（Database Administrator，DBA）。

数据库管理包括数据库的建立、数据库的调整、数据库的重组、数据库安全性与完整性的控制、数据库故障恢复和数据库监控。

真题精选

在E-R图中，用来表示实体之间联系的图形是（　　）。

A. 矩形　　B. 椭圆形　　C. 菱形　　D. 平行四边形

【答案】C

【解析】E-R图中规定：用矩形表示实体，椭圆形表示实体属性，菱形表示实体关系。

常见问题

联系有哪3种类型？它们的区别是什么？

一对一：A中的每一个实体只与B中的一个实体相联系，反之亦然；一对多：A中的每一个实体，在B中都有多个实体与之对应，B中的每一个实体，在A中只有一个实体与之相对应；多对多：A中的每一个实体，在B中都有多个实体与之对应，反之亦然。

1.6 综合自测

. 选择题

1. 对图1.12中的二叉树进行中序遍历的结果是(　　)。

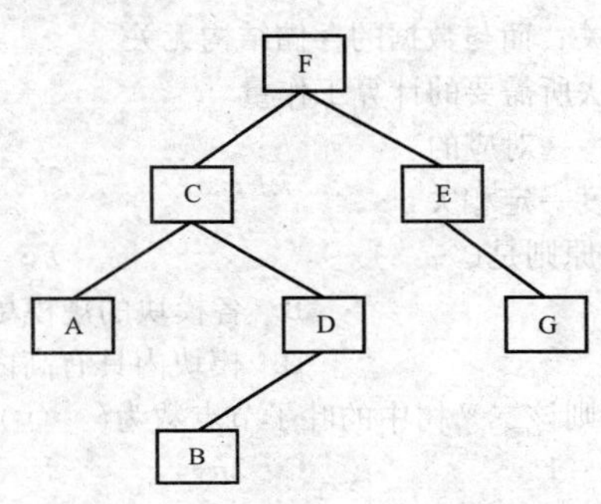

图1.12 二叉树

A. ACBDFEG　　B. ACBDFGE　　C. ABDCGEF　　D. FCADBEG

2. 按照“后进先出”原则组织数据的数据结构是(　　)。

A. 队列　　B. 栈　　C. 双向链表　　D. 二叉树

3. 下列叙述中，正确的是(　　)。

A. 一个逻辑数据结构只能有一种存储结构

B. 数据的逻辑结构属于线性结构，存储结构属于非线性结构

C. 一个逻辑数据结构可以有多种存储结构，且各种存储结构不影响数据处理的效率

D. 一个逻辑数据结构可以有多种存储结构，且各种存储结构影响数据处理的效率

4. 下面选项中，不属于面向对象程序设计特征的是(　　)。

A. 继承性　　B. 多态性　　C. 类比性　　D. 封装性

5. 下列叙述中，正确的是(　　)。

A. 软件交付使用后还需要进行维护

B. 软件一旦交付使用就不需要再进行维护

C. 软件交付使用后其生命周期就结束

D. 软件维护是指修复程序中被破坏的指令

6. 下列描述中，正确的是(　　)。

A. 软件工程只是解决软件项目的管理问题

B. 软件工程主要解决软件产品的生产率问题

C. 软件工程的主要思想是强调在软件开发过程中需要应用工程化原则

D. 软件工程只是解决软件开发中的技术问题

7. 在软件设计中，不属于过程设计工具的是(　　)。

A. PDL（过程设计语言）　　B. PAD图

C. N-S图　　D. DFD图

8. 数据库设计的4个阶段是需求分析、概念设计、逻辑设计和(　　)。

A. 编码设计　　B. 测试阶段　　C. 运行阶段　　D. 物理设计

9. 数据库技术的根本目标是要解决数据的(　　)。

A. 存储问题　　B. 共享问题　　C. 安全问题　　D. 保护问题

10. 数据独立性是数据库技术的重要特点之一。所谓数据独立性是指(　　)。

A. 数据与程序独立存放

B. 不同的数据被存放在不同的文件中

C. 不同的数据只能被对应的应用程序所使用

D. 以上3种说法都不对

11. 下列关于栈的叙述，正确的是(　　)。

A. 栈是非线性结构　　B. 栈是一种树状结构

C. 栈具有“先进先出”的特征　　D. 栈具有“后进先出”的特征

12. 结构化程序设计所规定的3种基本控制结构是(　　)。

A. 输入、处理、输出　　B. 树形、网形、环形

C. 顺序、选择、循环　　D. 主程序、子程序、函数

13. 下列叙述中，正确的是(　　)。

A. 算法的效率只与问题的规模有关，而与数据的存储结构无关

B. 算法的时间复杂度是指执行算法所需要的计算工作量

C. 数据的逻辑结构与存储结构是一一对应的

D. 算法的时间复杂度与空间复杂度一定相关

14. 在结构化程序设计中，模块划分的原则是(　　)。

A. 各模块应包括尽量多的功能　　B. 各模块的规模尽量大

C. 各模块之间的联系应尽量紧密　　D. 模块内具有高内聚度、模块间具有低耦合度

15. 某二叉树中有n个度为2的节点，则该二叉树中的叶子节点数为(　　)。

A. $n+1$　　B. $n-1$　　C. $2n$　　D. $n/2$

16. I/O方式中的程序中断方式是指(　　)。

A. 当出现异常情况时，CPU将终止当前程序的运行

B. 当出现异常情况时，CPU暂时停止当前程序的运行，转向执行相应的服务程序

C. 当出现异常情况时，计算机将启动I/O设备

D. 当出现异常情况时，计算机将停机

17. 设栈与队列初始状态为空。将元素A，B，C，D，E，F，G，H依次轮流入队和入栈，然后依次轮流退队和出栈，则输出序列为(　　)。

A. A，B，C，D，H，G，F，E　　B. G，E，C，A，B，D，F，H

C. D，C，B，A，E，F，G，H　　D. A，H，C，F，E，D，G，B

18. 下列叙述中错误的是(　　)。

A. 地址重定位要求程序必须装入固定的内存空间

B. 地址重定位是指建立用户程序的逻辑地址与物理地址之间的对应关系

C. 地址重定位需要对指令和指令中相应的逻辑地址部分进行修改

D. 地址重定位方式包括静态地址重定位和动态地址重定位

19. 进程是指(　　)。

A. 存放在内存中的程序　　B. 与程序等效的概念

C. 一个系统软件　　D. 程序的执行过程

20. 通常所说的计算机主机包括(　　)。

A. 中央处理器和主存储器　　B. 中央处理器、主存储器和外存

C. 中央处理器、存储器和外围设备　　D. 中央处理器、存储器和终端设备

21. 整数在计算机中存储和运算通常采用的格式是(　　)。

A. 原码　　B. 补码　　C. 反码　　D. 偏移码

第2章

Python语言概述

选择题分析明细表

考　点	考核概率	难易程度
程序设计语言分类	30%	★
程序设计方法	10%	★
IPO 程序	10%	★
Python 编辑器的使用	10%	★★
缩进	100%	★★★★★
注释	30%	★★
变量	90%	★★★★★
保留字	70%	★★★
表达式	70%	★★★
赋值语句	70%	★★★
导入函数库	30%	★★★
Python 的标准编码规范	30%	★★★★
input( ) 函数	70%	★★★★★
eval( ) 函数	70%	★★★★★
print( ) 函数	100%	★★★★★

操作题分析明细表

考　点	考核概率	难易程度
Python 编辑器的使用	100%	★★
缩进	70%	★★★★★
变量	70%	★★★★★
赋值语句	70%	★★★
导入函数库	90%	★★★
Python 的标准编码规范	100%	★★★★
input( ) 函数	30%	★★★★★
eval( ) 函数	30%	★★★★★
print( ) 函数	100%	★★★★★

2.1 程序语言基础知识

考点1 程序设计语言分类

真考链接

此考点属于考试大纲中要求了解的内容，在选择题中的考核概率为30%。

程序设计语言就是一门语言，它类似于汉语、英语。只不过汉语、英语是人与人之间沟通的桥梁，而程序设计语言是人与机器之间沟通的桥梁。它是用来编写计算机程序的语言。

程序设计是用计算机解决一个实际应用问题时的整个处理过程，包括提出问题、确定数据结构、确定算法、编写程序、调试程序及编写使用说明文档等一系列过程。

①提出问题：提出需要解决的问题，形成一个需求任务书。

②确定数据结构：根据需求任务书提出的需求，指定输入数据和输出结果，确定存放数据的数据结构。

③确定算法：针对存放数据的数据结构确定解决问题、实现目标的步骤。

④编写程序：根据指定的数据结构和算法，使用某种计算机语言编写程序代码，输入计算机中并保存，简称编程。

⑤调试程序：消除由于疏忽而引起的语法错误、单词错误或逻辑错误；用各种可能的输入数据进行测试，使之对各种合理的数据都能得到正确的结果，对一些不合理的数据都能进行适当的处理。

⑥编写使用说明文档：整理并写出使用说明文档。

程序设计语言从诞生至今经历了3个阶段：机器语言、汇编语言和高级语言，并且这3个阶段的语言也都在使用中。

机器语言是由0和1组成的机器能直接识别的二进制程序语言或指令代码，不需要经过翻译，直接操作计算机硬件。它的执行速度极快。

汇编语言是用于微处理器、微控制器或其他的编程器件的低级语言，也被称为符号语言。在汇编语言中，它用字母、单词（如英文的缩写等）来代替一个特定的机器语言指令。它的执行速度快。

高级语言不依赖计算机的硬件系统及指令系统，更贴近自然语言。因此，易理解，易编写，但它的执行速度相对较慢。目前，使用广泛的高级语言有Python语言、C语言、Java语言和C++语言等。

高级语言根据计算机执行机制的不同可以分为：静态语言和脚本语言两类。静态语言，如C语言、Java语言等，使用编译方式执行；脚本语言，如Python语言、PHP语言等，使用解释方式执行。

编译是将源代码转换成目标代码的过程。一般来说，源代码都是高级语言代码，目标代码都是机器语言代码。

解释是将源代码逐条转换成目标代码并同时逐条运行的过程。程序的解释和执行过程中，源代码和数据同时输入给解释器，最后输出运行结果。

编译与解释的区别在于编译是将程序整体进行编译，编译完成，再一次性执行。一旦编译完成，就不再需要源代码和编译器。而解释则是解释一句，执行一句，每一次执行程序都需要源代码和解释器。

Python是以解释方式执行的语言，属于脚本语言。但是Python的解释器也保留了部分编译器的功能，随着程序执行，解释器最终也会生成一个完整的目标代码。应用这种将编译器和解释器结合起来的新解释器的目的是提高计算的性能。

小提示

编译方式执行的语言和解释方式执行的语言统一指的是高级语言。

真题精选

以下关于语言类型的描述中，正确的是（　　）。

A. 静态语言采用解释方式执行，脚本语言采用编译方式执行

B. C语言是静态编译语言，Python语言是脚本语言

C. 编译是将目标代码转换成源代码的过程

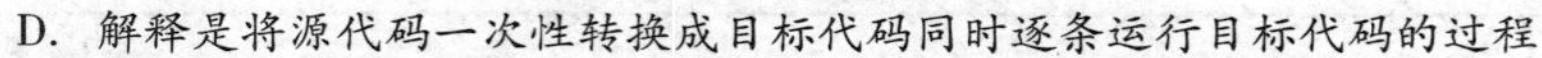

D. 解释是将源代码一次性转换成目标代码同时逐条运行目标代码的过程

【答案】B

【解析】高级语言根据计算机执行机制的不同可分为两类：静态语言和动态语言。静态语言采用编译方式执行，脚本语言采用解释方式执行。例如，C 语言是静态语言，Python 是脚本语言。编译是将源代码转换成目标代码的过程。解释是将源代码逐条转换成目标代码同时逐条运行目标代码的过程。本题选择 B 选项。

考点2 程序设计方法

> **真考链接**
>
> 此考点属于考试大纲中要求掌握的内容，在选择题中的考核概率为 10%。

自顶向下设计是一个解决问题的有效方法，其基本思想就是将一个问题细分为多个小问题。就像是一个树状图，从一个核心问题，逐步分解多个小问题。初始问题过于复杂不容易解决，但是将它细分，解决每个小问题就容易得多。最后只要将所有解决问题的方法组合起来，就可以解决初始的问题。

自底向上执行是一个测试答案的有效方法，其基本思想和自顶向下设计的基本相同，其核心都是将问题细分。测试程序的时候，最好的方法就是将程序细分为多个小模块，逐个测试，逐个执行，最后整个程序运行完毕，这样在出现问题的时候，编写人员能快速确认问题出现的范围。

在编写程序的过程中使用这两种方法，更容易让编写人员理解程序、维护程序。这在程序设计里面体现的是一种模块化分布设计的思想。

考点3 IPO 程序

> **真考链接**
>
> 此考点属于考试大纲中要求了解的内容，在选择题中的考核概率为 10%。

计算机程序是用来解决一个特定的或者一类相似的计算问题。大型程序的功能更加丰富一些，一般都是由若干个小型程序或程序片段组成的。但是无论程序规模如何，每个程序都有统一的运算模式：输入数据、处理数据和输出数据。这种模式构成了程序的基本编写方法：IPO（input，process，output）方法。

输入（input）是一个程序的开始。程序的输入包括文件输入、网络输入、用户手工输入、随机数据输入、程序内部参数输入等。

处理（process）是指程序对输入进行处理。处理的方法也叫算法，是程序最重要的部分。通常来说，算法是一个程序的核心内容。

输出（output）是一个程序展示数据经过运算的结果。程序的输出包括屏幕显示输出、文件输出、网络输出、操作系统内部变量输出等。

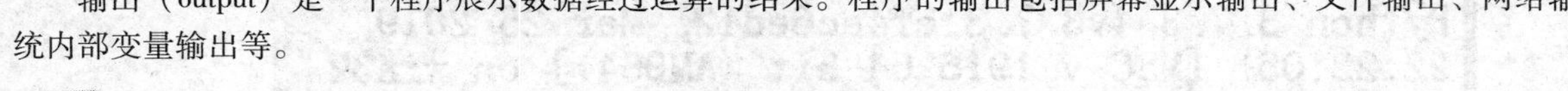

真题精选

在 Python 语言中，IPO 模式不包括(　　)。

A. Program（程序）

B. Input（输入）

C. Process（处理）

D. Output（输出）

【答案】A

【解析】在 IPO 模式中，I、P、O 所包含的功能如下。

I：Input 输入，程序的输入。程序的输入包括：文件输入、网络输入、用户手工输入、随机数据输入、程序内部参数输入等。输入是一个程序的开始。

P：Process 处理，程序的主要逻辑。程序对输入进行处理，输出产生结果。处理的方法也叫算法，是程序最重要的部分。可以说，算法是一个程序的主要灵魂。

O：Output 输出，程序的输出。程序的输出包括：屏幕显示输出、文件输出、网络输出、操作系统内部变量输出等。输出是一个程序展示运算成果的方式。

考点4 Python 编辑器的使用

Python 的代码编辑器有很多，这里推荐大家使用 Python 安装包中自带的集成开发环境（Integrated Development and Learning Environment，IDLE）来进行程序编写。全国计算机二级考试也是以 IDLE 进行考核。

在“开始”菜单栏中搜索“IDLE”或者“Python”，找到 IDLE 的快捷方式，启动后会显示一个交互式的 Python 运行环境，如图 2.1 所示。

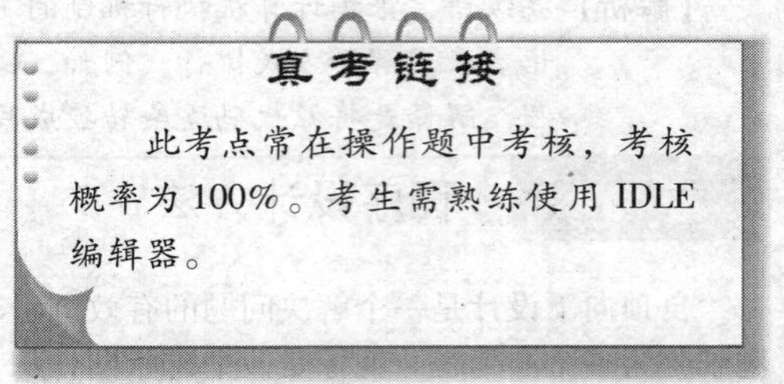

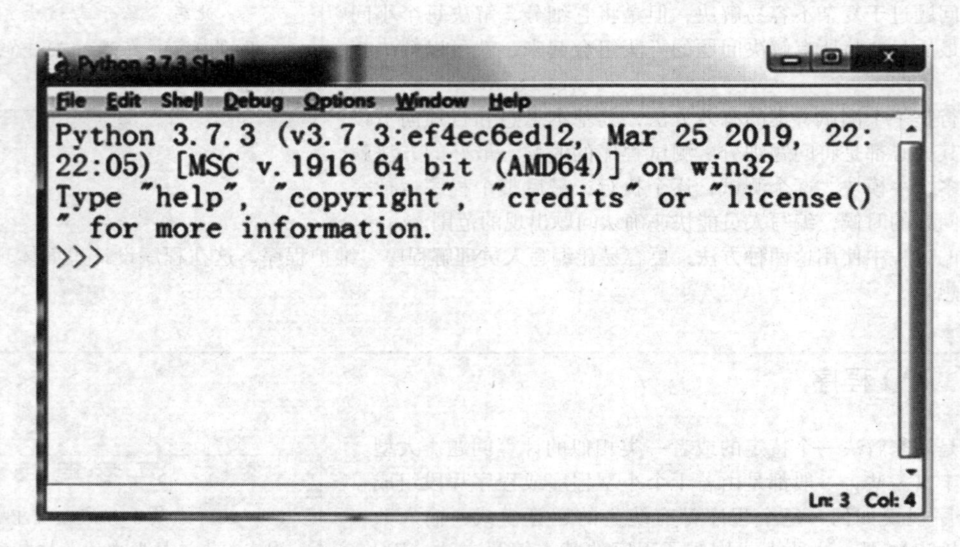

图 2.1 通过 IDLE 启动交互式的 Python 运行环境

在此窗口中可以输入一些简单的 Python 代码，然后按 <Enter> 键运行。例如，在窗口中输入“print('Hello World')”这条语句，然后按 <Enter> 键运行，将打印输出“Hello World”，如图 2.2 所示。

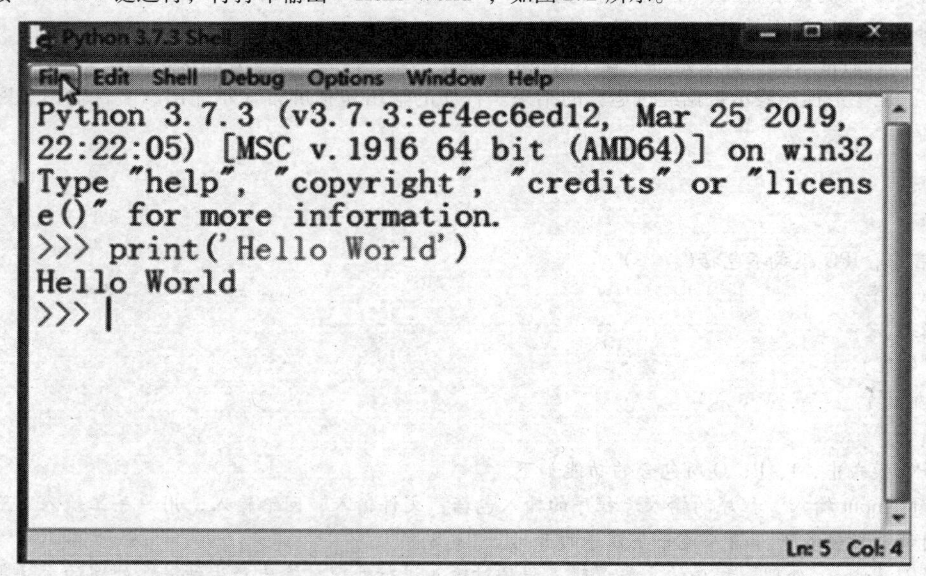

图 2.2 打印输出“Hello World”

IDLE 的常用快捷键如表 2.1 所示，在编写程序的过程中，应用这些快捷键，可以减少一些复杂的操作。

表 2.1 IDLE 的常用快捷键

快捷键	功能
Ctrl + N	在 IDLE 交互窗口启动编辑器
Ctrl + [	减少缩进代码
Ctrl +]	增加缩进代码
Alt + 3	注释代码行
Alt + 4	取消注释代码行
Alt + /	单词完成，只要文中出现过，就可以帮助用户自动补齐
Alt + Q	在 IDLE 编辑器内对 Python 代码进行格式化布局
F5	在 IDLE 编辑器内运行 Python 程序

此外，也可以新建 Python 程序，在“File”菜单，选择“New File”命令，即可打开一个新窗口。在此窗口中输入程序代码，然后单击“File”菜单，选择“Save”或“Save As”命令将编写的代码保存。此时也可通过“Run”菜单下的“Run Module F5”命令来运行程序。

小提示

全国计算机等级考试二级 Python 科目操作题将全部使用 IDLE 编辑器编辑并运行。

2.2 Python 程序的基本语法

考点 5 缩进

Python 有着严格的书写格式，Python 中用缩进连接语句之间的逻辑关系，这种设计有助于提高代码的可读性和可维护性。

真考链接

此考点属于选择题和操作题中的必考内容，常搭配循环结构或分支结构知识点进行考核，考生需要重点掌握。

缩进指每一行代码前面的留白部分，用来表示代码之间的层次关系。不需要有层次关系的代码顶行编写，不留空白。当表示分支、循环、函数、类等程序含义时，在 if、while、for、def、class 等保留字所在完整语句后通过英文冒号（:）结尾并在之后进行缩进。例如：

```
for i in range(1,10):
    for j in range(1,i+1):
        print("{}*{}={:2}".format(j,i,i*j),end="\t")
    print("\n")
```

一般一行代码不超过 80 个字符。若实际代码超过 80 个字符，可以使用反斜杠（\）延续行。

```
s1 = "Everybody in this world should learn how to program a computer,\
because it teaches you how to think."
print(len(s1))
```

缩进表达了所属关系。单层缩进属于之前最相邻的一行非缩进代码，多层缩进代码根据缩进关系决定所属范围。在编写大量的代码时，需要留意层级之间的缩进。

小提示

一般来说，每一个冒号的下一行都需要增加一层缩进。

真题精选

以下关于 Python 缩进的描述中，错误的是(　　)。

A. 缩进表达了所属关系和代码块的所属范围

B. 缩进是可以嵌套的，从而形成多层缩进

C. 判断、循环、函数等都能够通过缩进包含一批代码

D. Python 用严格的缩进表示程序的格式框架，所有代码都需要在行前至少加一个空格

【答案】D

【解析】缩进是指在逻辑行首的空白（空格和制表符）用来决定逻辑行的缩进层次，从而用来决定语句的分组。这意味着同一层次的语句必须有相同的缩进，不是同一层次的语句不需要缩进。所以不是所有代码行前都要加空格。本题选择 D 选项。

考点 6　注释

代码中的辅助性文字被称为注释，在程序运行时会被编译器或解释器略去，一般表示程序员对代码的解释说明。Python 中采用“#”表示一行注释的开始，多行注释即在需要注释的内容首尾加上三引号（“'''”或“"""”）。

注释可以位于一行中的任意一个位置，“#”后面的内容作为注释不被执行，前面的内容仍是 Python 程序的一部分。

Python 程序中的非注释语句将按编写的逻辑顺序逐句执行，注释语句会被解释器过滤掉，不被执行。注释一般用于表明作者和版权信息，或解释该部分代码的原理或用途，或作为标记辅助程序调试等。例如：

```
#这个函数将接受的字符串变为 Python 语句
value = eval(input("请输入一个整数:"))
```

真考链接

此考点属于考试大纲中要求了解的内容，在选择题中的考核概率为 30%。

小提示

多行注释也可以利用“#”实现，在多行的行首处写上“#”即可。

真题精选

【例 1】以下可以替代“#”来当作 Python 语言注释的语法元素是(　　)。

A. 字符串类型　　B. print( )函数　　C. input( )函数　　D. eval( )函数

【答案】A

【解析】在 Python 语言中常用的助释方法有两种：“#”注释和三引号注释。其中，三引号注释就是将注释内容修饰为字符串类型。

【例 2】下列关于 Python 程序格式的描述中，错误的是(　　)。

A. 缩进表达了所属关系和代码块的所属范围

B. 注释可以在一行中的任意位置开始，这一行都会作为注释不被执行

C. 进行赋值操作时，在运算符两边各加上一个空格可以使代码更加清晰明了

D. 文档注释的开始和结尾使用三重单引号“'''”或三重双引号“"""”

【答案】B

【解析】注释可以在一行中的任意位置开始，但只有在“#”后面的内容才会被作为注释不被执行。

考点 7　变量

程序中用于保存和表示数据的语法元素称为变量，是一种常见的占位符号。变量采用标识符来表示，由数字、汉字、下划线、大小写字母等字符组合而成，如 TempStr，Python_ big，Python3 学习方法等。

变量可以通过赋值符号（“ = ”为赋值符号，还有一些特殊的赋值符号，如“ += ”）进行赋值或修改。

```
>>>Text_s = "123"    #将“123”赋值给变量 Text_s
```

真考链接

此考点在选择题中的考核概率为 90%，在操作题中的考核概率为 70%，考生需重点掌握。

```
>>>Text_s = "456"    #将"456"赋值给变量 Text_s
>>>Text_s = 1000     #将 1000 赋值给变量 Text_s
```

与其他程序设计语言不同的是，在 Python 中使用变量时，不需要事先声明变量名及其类型，直接赋值即可创建各种数据类型的变量对象。但是在对变量进行命名时需要注意以下几点。

（1）不能使用保留字作为变量名，如 if、for、while 均为保留字。

```
>>>if = 100
SyntaxError: invalid syntax
```

（2）变量名的首字符不能是数字，如 123python 是不合法的。

```
>>>123python = 100
SyntaxError: invalid syntax
```

（3）变量名对英文字母的大小写敏感，如 Student 和 student 是不同变量。

```
>>>Student = 100
>>>student
Traceback(most recent call last):
File"<pyshell#3>",line 1,in<module>
student
NameError: name'student' is not defined
```

（4）变量名中除了下划线“_”不能有任何特殊字符。

```
>>>o? w = 100
SyntaxError: invalid syntax
>>>o_w = 100
>>>o_w
100
```

小提示

在 Python 语言中可以使用中文字符命名，但出于兼容性方面的考虑，一般不建议采用中文字符对变量命名。

真题精选

下列不属于 Python 合法的标识符的是(　　)。

A. use_time　　B. int32　　C. _selfname　　D. 180xl

【答案】D

【解析】Python 中合法的标识符可以采用大写字母、小写字母、数字、下划线和汉字等字符及其组合进行命名，但首字母不能为数字。

考点 8 保留字

每种程序设计语言都有一套保留字，也称为关键字（keyword），是由设计者或维护者预先创建并保留使用的标识符。一般用来构成程序整体框架、表达关键值和具有结构性的复杂语义等。

Python 3. x 版本中的保留字共 35 个，如表 2.2 所示。

真考链接

此考点属于考试大纲中要求掌握的内容，在选择题中的考核概率为 70%。考生需重点记忆 35 个保留字的大小写及拼写方法。

表 2.2　　Python 的 35 个保留字列表

and	as	assert	break	class	continue	def
del	elif	else	except	False	finally	for
from	global	if	import	in	is	lambda
None	nonlocal	not	or	pass	raise	return
True	try	while	with	yield	async	await

二级 Python 语言程序设计考试中涉及的保留字共 27 个，如表 2.3 所示。

表 2.3　　二级 Python 语言程序设计考试中涉及的 27 个保留字

False	True	and	as	break	continue	def
del	elif	else	except	for	from	global
if	import	in	not	or	return	try
while	None	finally	lambda	pass	with	

小提示

（1）编写程序时，不能命名与保留字相同的标识符。

（2）保留字的拼写必须与表 2.2 中所描述的完全一致。

（3）Python 对保留字大小写敏感。例如，True 是保留字，但 true 不是保留字，可以当作变量使用。

```
>>>true =100
>>>true
100
```

真题精选

【例 1】以下不属于 Python 语言保留字的是(　　)。

A. class　　B. pass　　C. sub　　D. def

【答案】C

【解析】保留字，也称关键字，是指被编程语言内部定义并保留使用的标识符。Python 3. x 版本中有 35 个保留字，分别为：and、as、assert、async、await、break、class、continue、def、del、elif、else、except、False、finally、for、from、global、if、import、in、is、lambda、None、nonlocal、not、or、pass、raise、return、True、try、while、with、yield。本题选择 C 选项。

【例 2】以下的选项中，全部都是 Python 3 关键字的是(　　)。

A. raise、is、with　　B. True、and、define

C. false、break、lambda　　D. Global、as、list

【答案】A

【解析】Python 3. x 版本中有 35 个关键字，分别是 and、as、assert、async、await、break、class、continue、def、del、elif、else、except、False、finally、for、from、global、if、import、in、is、lambda、None、nonlocal、not、or、pass、raise、return、True、try、while、with、yield。选项 A 正确。

2.3　Python 的程序语句

考点 9　表达式

表达式是变量和运算符的组合，单独的值是一个表达式，单独的变量也是一个表达式。运算符和操作数一起构成表达式，这点与数学上的计算公式类似，能够表达单一功能并产生运算结果，运算结果的类型由运算符决定。

```
>>>2/4                          #两个整数做除法
0.5
>>>'abcd'+'1234'                #连接两个字符串
'abcd1234'
```

真考链接

此考点属于考试大纲中要求重点掌握的内容，在选择题中的考核概率为 70%。

```
>>>a=1                                  #赋值a等于1
>>>print(a)                             #打印输出a
1
```

小提示

在 Python 中，表达式有时候也可作为单独的程序语句。

考点 10　赋值语句

赋值语句是用来赋给某变量一个具体值的语句，由“=”来表示“赋值”，即把等号右侧表达式的值计算出来，然后给等号左侧变量赋予新的数据值。赋值语句右侧的数据类型同时作用于左侧的变量，即赋予变量新的数据类型。赋值语句的基本语法格式如下。

真考链接

此考点属于考试大纲中要求掌握的内容，在选择题和操作题中经常被考核，考核概率达到 70%。

<变量>=<表达式>

```
>>>TempStr=input("请输入一个整数:")  #此行为赋值语句
请输入一个整数:2
>>>print(TempStr)
2
```

还有一种元组赋值语句，可以同时给多个变量赋值，即同时计算等号右侧所有表达式值，并一次性给等号左侧对应变量赋值。基本语法格式如下。

<变量1>,…,<变量 *N*>=<表达式1>,…,<表达式 *N*>

说明：表达式 1 的值赋给变量 1，…，表达式 *N* 的值赋给变量 *N*。

```
>>>n=1
>>>x,y,z=n+1,n+2,n+3
>>>x
2
>>>y
3
>>>z
4
```

上述赋值方式也可转化为带有括号的赋值，原理是相同的。例如：

```
>>>n=1
>>>(x,y,z)=(n+1,n+2,n+3)
>>>x
2
>>>y
3
>>>z
4
```

赋值语句将左边的变量和右边的对象关联起来，即变量与对象一一对应。

此外，多目标赋值语句可以将等号右侧的表达式的值同时赋值给等号左侧的多个变量，即一个数据由多个变量共享。基本语法格式如下。

<变量1>=<变量2>=…=<变量 *N*>=<表达式>

说明：表达式的值分别赋给变量 1，变量 2，…，变量 *N*。

```
>>>n=1
>>>x=y=z=n+1
>>>x
2
```

```
>>>y
2
>>>z
2
```

小提示

赋值语句能否实现数据的互换?

如果x=1, y=2, 要求将x、y的值互换, 即x=2, y=1。在其他一些高级语言中, 需要引入另外一个变量z作为中间变量, 通过z才可以实现数值互换。例如:

```
x=1
y=2
z=x
x=y
y=z
```

在Python语言中, 可以利用元组赋值语句实现, 无须中间变量z。例如:

```
>>>x=1
>>>y=2
>>>x,y=y,x
>>>x
2
>>>y
1
```

真题精选

下列哪个语句在Python中是非法的? ( )

A. x=y=z=1　　B. x=(y=z+1)　　C. x,y=y,x　　D. x+=y

【答案】B

【解析】赋值运算的一般形式: 变量=表达式, 左边只能是变量。选项A是连续赋值, 选项C是序列赋值, 选项D可以写为x=x+y。

考点11 导入函数库

在Python中具有相关功能模块(包)的集合称为库。例如, numpy库是为了解决向量数值计算相关问题。Python语言的特色之一是具有强大的标准库、第三方库以及自定义模块。Python程序经常用到各种各样的功能函数, 就需要提前导入包含这些函数的库。只有导入了函数库, 才可以引用该函数库的任何公共的函数。Python语言使用import保留字导入函数库, 导入的方式有以下3种。

真考链接

此考点属于考试大纲中要求掌握的内容, 在选择题中的考核概率是30%, 在操作题中的考核概率是90%。

第1种: import <函数库名称>。此种情况下, 以"<函数库名称>.<函数名>()"这种形式调用<函数库名称>库中的函数。

第2种: from <函数库名称> import *。此种情况下, 无须"<函数库名称>."作为前导, 可直接采用"<函数名>()"的形式调用<函数库名称>库中的函数。

第3种: import <函数库名称> as m。此种方法与第一种方法类似, 对<函数库名称>库中的函数调用将采用更为简洁的"m.<函数名>()"形式, 即"m"为<函数库名称>的别名。注意: 此处的"m"也可以替换为其他任意别名。

使用import保留字, 可以将程序的一个或多个函数, 导入另一个Python程序中, 从而实现代码的复用。原则上, 导入函数库语句可以出现在程序的任何位置, 但建议将其放在程序的开头。

```
#调用math函数库进行三角形边长计算
>>>import math
>>>x=input('输入两边长及夹角(度):')
```

```
输入两边长及夹角（度）：63 60
>>>a,b,theta = map(float,x.split())
>>>c = math.sqrt(a**2 + b**2 - 2*a*b*math.cos(theta*math.pi/180))
>>>print('c =',c)
c = 5.196152422706631
```

小提示

将导入函数库语句放在程序的开头，导入函数库中所有已有的函数，以便后面的程序调用。

真题精选

【例1】下面关于Python中模块导入的说法错误的是(　　)。

A. Python中，可以使用import语句将一个源代码文件作为模块导入

B. 在系统导入模块时，会创建一个名为源代码的文件的对象，该对象引用模块的名字空间，即可通过这个对象访问模块中的函数和变量

C. import语句可在程序的任何位置使用，可以在程序中多次导入同一模块，每次导入该模块时都会将该模块中的代码执行一次

D. 模块导入时可以使用as关键字来改变模块的引用对象名字

【答案】C

【解析】import语句确实可以在程序的任何位置使用，但是当在程序中多次导入同一个模块时，该模块中的代码仅仅在该模块被首次导入时执行，所以C项错误。

【例2】现在假设有一个包含一个函数的程序放在一个文件中，在主程序文件中使用下面各种方法来导入它，哪一种方法是错误的(　　)。

A. import module　　　　B. from module as f import function

C. import module as m　　　　D. from module import *

【答案】B

【解析】A选项直接导入整个模块，再利用“模块名.函数名”这样的方式来运行该模块中的函数；C选项只是在导入该模块时给该模块起了一个别名，本质和A选项一样；D选项用于导入模块中所有的函数，从而直接调用该模块中的函数；B选项正确的写法应该是from module import function as f，所以B选项错误。

考点12　Python的标准编码规范

真考链接

此考点在选择题中的考核概率一般为30%，但在操作题中的考核概率为100%。要求考生编写的代码要尽量符合编码的规范。

Python非常重视代码的可读性，对代码的布局和排版有严格要求，开发者只有严格遵守统一的规范，在开发和维护的过程才能做到事半功倍。下面介绍一些Python的标准编码规范。

(1) 每一级缩进使用4个空格或1个Tab键。空格是首选的缩进方式，不能混合使用空格和Tab键。

①续行时，可以使用花括号、方括号和圆括号内的隐式行连接来垂直对齐，也可以使用挂行缩进对齐。当使用挂行缩进时，建议第一行不包含参数。

例如：

```
#与左括号对齐
foo = long_function_name(var_one,var_two,
                         var_three,var_four)
#用更多的缩进来与其他行区分
def long_function_name(
        var_one,var_two,var_three,
        var_four):
    print(var_one)
#挂行缩进应该再换一行
```

```
foo = long_function_name(
          var_one,var_two,
          var_three,var_four)
```

②当一些语句的条件需要换行书写时，可以在保留字之后、紧跟的字符之前增加1个空格和1个左括号来创造4个空格缩进的多行条件。

例如：

```
#没有额外的缩进
if(this_is_one_thing and
      that_is_another_thing):
    do_something()
#在条件判断的语句中添加额外的缩进
if(this_is_one_thing
      and that_is_another_thing):
    do_something()
```

③在多行结构中，右括号可以单独起一行作为最后一行，或与内容对齐，或与第一行第一个字符对齐。

例如：

```
my_list =[
1,2,3,
4,5,6,
]
my_list =[
1,2,3,
4,5,6,
]
```

（2）每行最大长度为79，较长的代码行优先使用花括号、方括号和圆括号中的隐式续行方式，也可以使用反斜杠换行。

（3）模块内容的顺序：首先是模块说明和文档字符串，接着是导入库部分，然后是全局变量和常量的定义，最后为其他定义。其中，导入部分又按标准库、第三方库和自定义模块的顺序依次排放，它们之间空一行。

（4）不要在一个import语句中导入多个库，如不建议“import os，sys”。

（5）采用from - import导入库时，可以省略函数名，但是可能出现命名冲突，这时就要采用“import 模块名”这种方式导入库。

（6）顶层函数和类的定义之间用两个空行隔开，类中的方法定义之间空一行，函数中逻辑无关的段落之间用一个空行隔开，其他地方尽量不要有空行。

（7）避免不必要的空格，如右括号、逗号、冒号、分号前不要加空格；函数、序列的左括号前不要加空格；操作符左右各加一个空格，不要为了对齐增加空格；函数默认参数使用的“=”左右可省略空格。

（8）注释是完整的句子，最好使用英文，首字母大写（除非是标识符），句后要有结束符，两个空格后开始下一句。如果是短语，则可以省略结束符。

（9）要为所有的公共模块、函数、类、方法编写文档字符串，非公共的模块应该有一个描述具体作用的注释（在“def”之后）。

（10）新编代码可以按下面风格进行命名。但如果已有库采用了其他的风格，建议保持内部统一性。

①不要使用字母“l”“O”，或者“I”作为单字符变量名。因为这些字符在显示时可能无法与数字0和1区分。

②模块和包命名的长度尽量短小，并且采用全部小写的方式，不同的是模块命名可以使用“_”，而包命名不建议使用“_”。

③类的命名采用“CapWords”的方式，模块内部使用的类采用“_CapWords”的方式，异常命名采用“CapWords + Error”后缀的方式。

④全局变量尽量只在模块内有效。通过“__all__”机制或前缀一条“_”实现。

⑤函数命名采用英文字母全部小写的方式，可以使用“_”。

⑥常量命名采用英文字母全部大写的方式，可以使用“_”。

2.4 Python 语言的基本输入与输出

考点 13 input( )函数

input( )函数的基本语法格式如下。

input(<提示性信息>)

input( )函数用来接收用户的键盘输入。如果存在提示性信息，则将其写入 input( )函数，会将此信息标准输出。然后，函数从输入中读取数据。不论用户输入的是字符还是数字，input( )函数的返回结果都是字符串，后续需要将其转换为相应类型的数据再处理。

为了在后续能够操作用户输入的信息，需要指定一个变量，以字符串类型保存用户输入的信息。

```
>>>s = input('-- >')
-- >Welcome to Python!
>>>s
"Welcome to Python!"
```

真考链接

不论是在选择题中还是在操作题中，此考点都会被考核，在选择题中的考核概率为 70%，在操作题中的考核概率为 30%。考生需熟练掌握 input( )函数的使用方法。

小提示

input( )函数的提示性信息是可选的，程序可以直接使用 input( )获取输入而不设置提示性信息。

```
>>>x = input('请输入:')
请输入：Welcome
>>>x
'Welcome'
>>>x = input('请输入:')
请输入：'Welcome'
>>>x
"'Welcome'"
>>>x = input('请输入:')
请输入：[1, 2, 3]
>>>x
'[1, 2, 3]'
```

真题精选

获取用户输入的数据，使用的函数是(　　)。

A. input('请输入数据')　　B. get('请输入数据')

C. input'请输入数据'　　D. input"请输入数据"

【答案】A

【解析】在 Python 语言中，获取输入的是 input( )函数，在括号内加上提示用户的字符串，所以本题选择 A 选项。

考点 14 eval( )函数

eval( )函数的基本语法格式如下。

eval(<字符串>)

eval( )函数的功能是将字符串转换为有效的表达式，参与求值运算并返回计算结果，可以理解成去掉字符串最外两侧的引号，并按照语句要求去掉引号的表达式内容。

比如，a = eval("1 + 2")，去掉了字符串""1 + 2""最外两侧的引号，把"1 + 2"内容当作语句进行运算，结果为3，并保存在变量a中。eval( )函数常见的用法有以下两种方式。

> **真考链接**
>
> 不论是在选择题中还是在操作题中，此考点都会被考核，在选择题中的考核概率为70%，在操作题中的考核概率为30%。考生需熟练掌握eval( )函数的使用方法。

(1) 对字符串中有效的表达式进行计算，并返回结果。

```
>>> eval('pow(2,2)')      #pow是一个计算数字幂的函数
4
>>> eval('2 + 2')
4
>>> n = 1
>>> eval("n + 4")
5
```

(2) 将字符串去除引号并转换成相应的对象（如list、tuple、dict和string之间的转换）。

```
>>> a = "[1,2,3,4]"
>>> b = eval(a)
>>> b
[1,2,3,4]
>>> a = "{1:'xx',2:'yy'}"
>>> c = eval(a)
>>> c
{1:'xx',2:'yy'}
>>> a = "(1,2,3,4)"
>>> d = eval(a)
>>> d
(1,2,3,4)
```

eval( )函数经常和input( )函数一起使用，用来获取用户输入的数字，基本语法格式如下。

<变量> = eval (input (<提示性信息>))

此时，input( )函数将用户输入的数字解析为字符串，再由eval( )函数去掉引号，字符串将被解析为数字保存到变量中。

```
>>> number = eval(input("请输入一个数:"))
请输入一个数：3
>>> print(number ** 3)    #**代表幂运算
27
#上面的代码等效于:
>>> a = input("请输入一个数:")
请输入一个数:3
>>> number = eval(a)
>>> print(number ** 3)
27
```

使用eval( )函数时要注意安全性，因为eval( )函数可以将字符串转换成表达式并执行，就有可能执行系统命令，导致删除文件等误操作。

真题精选

【例1】表达式eval("print(1 + 2)")的结果是(　　)。

A. 3　　B. "print(1 + 2)"　　C. print(1 + 2)　　D. 1 + 2

【答案】A

【解析】eval()函数将字符串最外层引号内的内容当做表达式执行，题目中引号内的内容是print(1+2)，所以相当于执行输出语句print(1+2)，最后输出3。

【例2】以下代码的执行结果是(　　)。

a='100'
print(eval(a+"1+2"))

A. 103　　B. 1003　　C. 100+1+2　　D. 执行出错

【答案】B

【解析】eval()函数内部先执行字符串的拼接，然后再用eval()函数去掉字符串的引号，首先字符串'100'+"1+2"='1001+2'，然后将字符串'1001+2'通过eval()函数转化得到1001+2=1003。本题选择B选项。

考点15 print()函数

根据输出内容的不同，print()函数有不同的用法。

真考链接

不论是在选择题中还是在操作题中，此考点都是必考内容。考生需熟练掌握print()函数的使用方法。

1. print(<待输出字符串或变量>)

此处仅用于字符串或单个变量的输出，输出结果是可打印字符。

```
>>>print("Welcome to Python!")
Welcome to Python!
>>>print(123)
123
>>>print([1,2,3])
[1,2,3]
```

2. print(<变量1>,<变量2>,…,<变量*N*>)

此处仅用于一个或多个变量的输出，输出后用一个空格分隔各变量值。

print()函数输出文本时默认使用空格分隔各变量值，如果希望采用其他符号进行分隔，可以对print()函数的sep参数进行赋值，基本语法格式如下。

print(<待输出内容>,sep="<分隔符号>")

```
>>>print(1,3,5)
1 3 5
>>>print(1,3,5,sep='.')    #指定分隔符
1.3.5
>>>print(1,3,5,sep=':')
1:3:5
```

3. print(<输出字符串模板>.format(<变量1>,<变量2>,…,<变量*N*>))

此处用于混合输出字符串与变量值。其中，<输出字符串模板>中采用花括号{}表示一个槽位置，每个槽位置对应".format()"中的一个变量。

```
>>>x,y=10.0,5.0
>>>print("{}除以{}的商是{}".format(x,y,x/y))
10.0 除以5.0 的商是2.0
```

"{}除以{}的商是{}"是<输出字符串模板>，其中，3个"{}"按顺序对应.format()中的"x，y，x/y"3个变量，变量依次填充"{}"，即得到输出的可打印字符。

print()函数默认会在输出文本后增加一个换行，如果不希望增加换行，或者希望增加其他内容，可以对print()函数的end参数进行赋值，基本语法格式如下。

print(<待输出内容>,end="<增加的输出结尾>")

```
>>>a="Welcome to Python"
>>>print(a,end='!')
Welcome to Python!
>>>print(a,end='.')
Welcome to Python.
```

真题精选

在屏幕上打印输出 Hello World，使用的 Python 语句是(　　)。

A. printf('Hello World')　　B. print(Hello World)

C. print("Hello World")　　D. printf("Hello World")

【答案】C

【解析】在 Python 语言中，打印输出是 print()函数，"Hello World"是字符串类型，需要加单引号或双引号。

2.5 综合自测

一、选择题

1. 在 Python 语言中，不能作为变量名的是(　　)。
   A. student　　B. _bmg　　C. 5sp　　D. Teacher
2. 以下对 Python 语言定位的表述正确的是(　　)。
   A. 数据分析专用语言　　B. 编译型语言　　C. 解释型脚本语言　　D. 机器语言
3. 以下不属于 Python 语言保留字的是(　　)。
   A. class　　B. pass　　C. sub　　D. def
4. 下列关于 Python 程序格式的描述中正确的是(　　)。
   A. 注释可以在一行中的任意位置开始，这一行都会作为注释不被执行
   B. 缩进是指每行代码前的留白部分，用来表示层次关系，使代码更加整洁利于阅读，所有代码都需要在行前至少加一个空格
   C. Python 语言不允许在一行的末尾加分号，这会导致语法错误
   D. 一行代码的长度如果过长，可以使用"\"（反斜杠）续行
5. 下列关于 Python 缩进的描述中，错误的是(　　)。
   A. Python 语言中采用严格的"缩进"来表明程序格式不可嵌套
   B. 判断、循环、函数等语法形式能够通过缩进包含一批 Python 代码，进而表达对应的语义
   C. Python 单层缩进代码属于之前最邻近的一行非缩进代码，多层缩进代码根据缩进关系决定所属范围
   D. 缩进指每一行代码前面的留白部分，用来表示代码之间的层次关系
6. 以下符合 Python 语言变量命名规则的是(　　)。
   A. !i　　B. turtle　　C. 5_2　　D. (ABC)
7. Python 语言中用来表示代码块所属关系的语法是(　　)。
   A. 花括号　　B. 括号　　C. 缩进　　D. 冒号
8. 下面哪一种导入方式是错误的？(　　)
   A. import numpy　　B. import ndarray from numpy
   C. from numpy import *　　D. import numpy as np
9. 下面关于 Python 中模块导入的说法错误的是(　　)。
   A. Python 可以导入一个模块中的特定函数
   B. 通过用逗号分隔函数名，可根据需要从模块中导入任意数量的函数
   C. 使用井号（#）运算符可以导入模块中的所有函数
   D. Python 中可以给模块指定别名，通过给模块指定简短的别名，可更轻松地调用模块中的函数

二、操作题

1. 编写程序，分两次获取用户输入的数字，将两个数字计算出和，并将结果输出在屏幕上。
   例如
   输入：9
   输入：10
   输出：19
2. 编写程序，获取用户输入的一个数学表达式，计算出结果，并将结果输出在屏幕上。
   例如
   输入：9 * 7
   输出：63

第3章

Python的基本数据类型

选择题分析明细表

考　点	考核概率	难易程度
整数类型	70%	★★
浮点数类型	70%	★★
复数类型	30%	★★
数字类型运算符	70%	★★★
数字类型运算函数	70%	★★★★
字符串类型简介	100%	★★
字符串的索引	100%	★★★★
字符串的切片	100%	★★★★★
format()方法的基本使用	70%	★★★
format()方法的格式控制	100%	★★★★★
字符串的操作符	70%	★★★
字符串处理方法	80%	★★★★★
数据类型的判断	50%	★★
数据类型的转换	50%	★★

操作题分析明细表

考　点	考核概率	难易程度
字符串的索引	70%	★★★★
字符串的切片	100%	★★★★★
format()方法的格式控制	100%	★★★★★
字符串处理方法	70%	★★★★★
数据类型的转换	70%	★★

3.1 数字类型

考点1 整数类型

整数类型与数学中的整数相对应，一般认为可以在正整数和负整数范围内任意取值。整数类型可以表示为二进制、八进制、十进制（默认采用）、十六进制等多种进制形式。进制形式需要增加引导符号以示区别，如表3.1所示。

真考链接

此考点属于应用型内容，常与其他考点综合考核，在选择题中的考核概率为70%。

表3.1 整数类型的4种进制形式

进制形式	引导符号	描述
二进制	0b或0B	由0和1构成
八进制	0o或0O	由0~7构成
十进制	无	由0~9构成
十六进制	0x或0X	由0~9、a~f或A~F构成（字母a~f表示10~15）

进制形式是整数数值的不同显示方式，同一个整数的不同进制形式在数值上是没有区别的，程序可以直接对不同进制的整数进行运算或比较。无论采用何种进制形式表示数据，运算结果均默认以十进制方式显示。

```
>>>0b001111101000
1000
>>>0o1750
1000
>>>0x3e8
1000
```

其中，0b001111101000、0o1750、0x3e8都表示十进制数1000，分别对应着二进制形式、八进制形式、十六进制形式。在Python中会将其自动转化为十进制数字输出。如果想让Python输出一个数字的二进制、八进制、十六进制形式，可以借助bin()、oct()、hex()函数。

```
>>>bin(100)    #将整数转换成二进制数字,且为字符串形式
'0b1100100'
>>>oct(100)    #将整数转换成八进制数字,且为字符串形式
'0o144'
>>>hex(100)    #将整数转换成十六进制数字,且为字符串形式
'0x64'
```

此时转换输出的数字均为字符串形式。

小提示

Python语言没有限制整数类型的大小，但实际上由于计算机内存有限，整数类型不可能无限大或无限小。

```
>>>a =9999999999999999999999999999999
>>>a *a
99999999999999999999999999999980000000000000000000000000000001
>>>a **3
999999999999999999999999999999970000000000000000000000000000002999999999999
9999999999999999999
```

真题精选

以下关于二进制整数的定义，正确的是(　　)。

A. 0B1014　　B. 0b1010　　C. 0B1019　　D. 0bC3F

【答案】B

【解析】二进制整数是以0b或0B开头，后面跟二进制数0和1。A、C、D三项中有4、9、C、3、F，这些都不是二进制数。

考点2 浮点数类型

浮点数类型与数学中的小数相对应，类似C语言中的double数据类型，可正可负。对于一般使用情况，浮点数类型的取值范围（$-10^{308}\sim10^{308}$）和小数精度（约2.22×10^{-16}）已足够使用，所以可以认为浮点数类型可任意取值。在Python语言中，浮点数只可表示成十进制形式，必须带有小数（可以为0），可以用数学上的写法，也可以用科学记数法（用e或E表示10，后接幂次方）。

真考链接

此考点属于应用型内容，常与其他考点综合考核，在选择题中的考核概率为70%。

```
>>>1.25e8
125000000.0
>>>1.25e-4
0.000125
```

下划线可用于对数字进行分组，以增强可读性。在数字之间和0x等引导符号之后可以出现一个下划线。

```
>>>0b10_10 +0x1234
4670
```

浮点数可以参与加、减、乘、除运算。

```
>>>0.0000000000123456789 *0.0000000000987654321
1.2193263111263526e-21
>>>0.0000000000987654321/0.0000000000123456789
8.0000000729
```

小提示

尝试运行一下浮点数的加法运算0.1+0.2，结果是什么？如何避免？实际运行结果为0.30000000000000004，比正确的计算结果多了一个“尾巴”，这是许多编程语言做浮点数运算时的正常情况——“不确定尾数”的问题。两个浮点数进行运算就有可能出现“不确定尾数”，其根本原因是浮点数的二进制数和十进制数不存在严格的对等关系。这个问题有可能会对程序执行的过程或结果造成一定影响。

```
>>>3.1415926 -3.0 ==0.1415926
>>>False
```

在Python语言中可以使用round()函数解决这个问题。round(x,d)可以实现对参数x四舍五入的功能，而参数d是指定保留的小数位数。

```
>>>round(3.1415926 -3.0,7)
0.1415926
>>>round(3.1415926 -3.0,7) ==0.1415926
True
```

真题精选

下列关于Python的描述正确的是(　　)。

A. Python的整数类型有长度限制，超过上限会产生溢出错误

B. Python语言中采用严格的“缩进”来表明程序格式，不可嵌套

C. Python中可以用八进制来表示整数

D. Python的浮点类型没有长度限制，只受限于内存的大小

【答案】C

【解析】Python的整数类型没有长度限制；Python语言采用严格的“缩进”格式，可以嵌套；Python的浮点类型有长度限制，也受限于内存的大小。

考点3 复数类型

复数类型与数学中的复数相对应，由实数部分和虚数部分组成，虚数部分的基本单位为j。复数类型一般形式为x+yj，其中的x是复数的实数部分，yj是复数的虚数部分，这里的x和y都是实数。

> **真考链接**
> 此考点属于应用型内容，常与其他考点综合考核，在选择题中的考核概率为30%。

当y=1时，1是不能省略的。因为j在Python程序中是一个变量，此时如果将1省略，程序会报出异常。

复数类型数值中的实数部分和虚数部分都是浮点数。对于一个复数，可以用“.real”和“.imag”得到实数部分和虚数部分。虚数部分不能单独存在，Python会自动添加一个值为0.0的实数部分与其一起构成复数。虚数部分必须有j或J。

```
>>>a=1J
>>>a.real              #默认添加实数部分
0.0
>>>a=1+2j
>>>b=3+4j
>>>c=a+b
>>>c
(4+6j)
>>>c.real              #查看复数的实部
4.0
>>>c.imag              #查看复数的虚部
6.0
>>>a.conjugate()       #返回共轭复数
(1-2j)
>>>a*b                 #复数乘法
(-5+10j)
>>>a/b                 #复数除法
(0.44+0.08j)
```

真题精选

Python语言提供3种基本的数字类型，它们是(   )。

A. 整数类型、二进制类型、浮点类型　　B. 整数类型、浮点类型、复数类型

C. 整数类型、二进制类型、复数类型　　D. 二进制类型、浮点类型、复数类型

【答案】B

【解析】Python中3种基本数字类型是整数类型、浮点数类型和复数类型。

3.2 数字类型的运算

考点4 数字类型运算符

Python语言中，数字类型（复杂类型除外）运算符共有9个，如表3.2所示。它们的优先级次序，从加法运算符（+）到幂运算符（**）逐渐升高。

> **真考链接**
> 此考点属于考试大纲中要求掌握的内容，在选择题中的考核概率为70%。考生需多加练习并掌握各运算的操作方法。

表 3.2 数字类型运算符

运算符	功能说明
+	算术加法，如 1+2，结果为 3
-	算术减法，如 2-1，结果为 1
*	算术乘法，如 1*2，结果为 2
/	真除法，结果为浮点数，如 2/1，结果为 2.0
//	求整数商，如 1//2 结果为 0；0.1//0.2，结果为 0.0；(-1)//2，结果为 -1
%	求余数，如 3%2，结果为 1
-	负号，即相反数
+	正号，数值不变
**	幂运算，如 3**4，结果为 81

说明：

（1）“+”运算符还可以用于列表、元组、字符串的连接，但不支持不同类型的对象之间相加或连接。

（2）“*”运算符还可以用于列表、字符串、元组等类型，当前变量与整数进行“*”运算时，表示对内容进行重复并返回重复后的新对象。

（3）“/”运算符的结果是浮点数。

（4）“//”运算符也称为整数除法，其结果是一个整数，四舍五入到不大于商的最大整数。

（5）“%”还可以用于字符串格式化，但不适用于复数运算。

Python 语言支持混合数字类型算术，当一个二元运算符有不同数字类型的操作数时，“窄小”类型的操作数会被扩大到另一个操作数。其中，整数比浮点“窄”，浮点数比复数“窄”。这也被称作混合类型，自动升级。

```
>>>(3+3j)+3
(6+3j)                    #3+3j 是复数类型,3 是整数类型,结果是复数类型
>>>3/0.3
10.0                      #3 是整数类型,0.3 是浮点数类型,结果是浮点数类型
>>>3/3
1.0                       #除法运算结果为浮点数类型
>>>(3+3j)*10.0
(30+30j)                  #3+3j 是复数类型,10.0 是浮点数类型,结果是复数类型
>>>10.0//3
3.0
>>>10%3
1
```

表 3.2 中的所有二元运算符都可以与赋值符号（=）组合在一起构成自修改运算符（中间不允许出现空格，否则会报错），如表 3.3 所示。

表 3.3 自修改运算符

运算符	功能说明
x+=y	x 和 y 相加后的结果被赋值给 x
x-=y	x 减去 y 后的结果被赋值给 x
x*=y	x 和 y 相乘后的结果被赋值给 x
x/=y	x 除以 y 后的结果被赋值给 x
x//=y	x 除以 y 后的整商被赋值给 x
x%=y	x 除以 y 后的余数被赋值给 x
x**=y	x 的 y 次方的结果被赋值给 x

```
>>>x =3              #创建整型变量
>>>x **=2
>>>x
9
>>>x +=6             #修改变量值
>>>print(x)          #读取变量值并输出显示
15
```

在 Python 语言中，一般的数据类型都支持使用比较运算符。对于数字类型，比较数值大小；对于字符串类型，比较字符串每个字符的 ASCII 码；对于元组，是将元组对应位置的元素进行比较。比较运算符应用示例及功能说明如表 3.4 所示。

表 3.4　　比较运算符

运算符	功能说明
x == y	判断 x 与 y 是否相等，相等返回 True，不等返回 False
x! = y	判断 x 与 y 是否不等，不等返回 True，相等返回 False
x > y	判断 x 是否大于 y，大于返回 True，小于返回 False
x < y	判断 x 是否小于 y，小于返回 True，大于返回 False
x >= y	判断 x 是否大于等于 y，大于等于返回 True，小于返回 False
x <= y	判断 x 是否小于等于 y，小于等于返回 True，大于返回 False

```
>>>a =10
>>>b =11
>>>a ==b
False
>>>a! =b
True
>>>a >b
False
>>>a <b
True
>>>a >=b
False
>>>a <=b
True
```

逻辑运算符与比较运算符类似，基本的数据类型几乎都可以使用逻辑运算符进行逻辑运算。Python 中有 3 种逻辑运算符，如表 3.5 所示。

表 3.5　　逻辑运算符

运算符	功能说明
and	布尔“与”
or	布尔“或”
not	布尔“非”

在 Python 中。布尔类型是一个特殊的数据类型，有 True 和 False 两种。Ture 相当于真，False 相当于假。要注意，在 Python 中对字母的大小写要求非常严格。Ture 和 False 的首字母都要大写。可以通过 bool( ) 函数判断一个数据或者表达式的布尔值。

```
>>>a =3
>>>b =6
>>>a and b
6
>>>bool(6)
```

```
True
>>>a=0
>>>b=3
>>>a and b
0
>>>bool(0)
False
>>>a or b
3
>>>bool(3)
True
>>>not a
True
>>>bool(0.0)
False
>>>bool(-1)
True
>>>bool("")            #此处为空字符串
False
>>>bool(" ")           #此处为一个空格的字符串
True
>>>bool('0.0')
True
```

由上述实例可知，“与”运算时，如果a为假，“a and b”就返回a的值，否则返回b的值；“或”运算时，如果a不为假，“a or b”就返回a的值，否则返回b的值；“非”运算时，如果a为真，就返回假，如果a为假，就返回真。

bool()函数的运算规则：对于数字来说，除去0的任何形式，其他均为True；对于字符串来说，只有空字符串才为False，其他全为True。

小提示

Python语言不支持++和--运算符。

真题精选

以下代码的输出结果是(　　)。

```
x=12+3*((5*8)-14)//6
print(x)
```

A. 25.0　　B. 65　　C. 25　　D. 24

【答案】C

【解析】在Python中，算术运算符“//”表示整数除法，返回不大于结果的一个最大的整数，而“/”则单纯地表示浮点数除法，返回浮点结果。所以先计算5*8=40，40-14=26，26*3=78，78//6=13，12+13=25。本题选择C选项。

考点5 数字类型运算函数

Python在安装的时候就会自动附带一些函数，称为“内置函数”。无须导入其他模块，便可直接使用其中的一些数字类型的运算函数。因为这些函数的函数名是英文缩写，相较于运算符更易理解，用起来也更加方便。下面介绍一些常用的数字类型的运算函数，如表3.6所示。

执行下面的命令可以列出所有内置函数。

```
>>>dir(__builtins__)
```

真考链接

此考点属于考试大纲中要求熟记的内容，在选择题中的考核概率为70%。考生需多加练习并掌握各运算函数的用法。

表3.6　　Python常用的数字类型运算函数

运算函数	功能说明
abs(x)	返回数字x的绝对值或复数x的模
divmod(x,y)	返回包含整商和余数的元组(x//y,x%y)
pow(x,y [,z])	返回x的y次方，等价于x**y；若指定z，则等价于（x**y)%z
round(x[,d])	对x进行四舍五入，若不指定d，则返回整数
max(x1,x2,…,xn)	返回可迭代对象x中的最大值
min(x1,x2,…,xn)	返回可迭代对象x中的最小值

abs(x)函数用于返回数字类型的绝对值，对于整数和浮点数，结果为非负数值；对于复数，返回的是该复数的模。因为复数是在复平面二维坐标系中以实部和虚部为坐标值的向量，其绝对值就是坐标到原点的距离，即向量的模。复数的模同复数的实部和虚部一致，也为浮点数。

```
>>>s=abs(-3+4j)
>>>print(s)
5.0
>>>s=abs(-3)
>>>print(s)
3
>>>s=abs(4j)
>>>print(s)
4.0
```

divmod(x,y)函数以两个数字为参数，并在使用整数除法时返回由其商（x//y）和余数（x%y）组成的一个元组（以小括号包含的两个元素）。可以使用元组赋值语句将结果传递给两个变量。

```
>>>x=divmod(10,3)
>>>print(x)
(3,1)
>>>m,n=divmod(10,3)
>>>m
3
>>>n
1
```

pow(x,y[,z])函数返回x的y次方，相当于使用幂运算符，即x**y。如果存在参数z，则返回x的y次方除以z的余数，即(x**y)%z，计算效率高于pow(x,y)%z。

```
>>>pow(10,10)
10000000000
>>>pow(0x1a2b,0b0011)
300628350099
>>>pow(2,24,10000)
7216
>>>pow(2,24)% 10000
7216
```

round(x[,d])函数用于返回整数或浮点数x四舍五入到小数点后指定位数d的结果。如果不存在参数d或为None，则返回最接近x的整数，否则返回值与数字具有相同的类型。这里的“四舍五入”中，并非所有的“.5”都会被进位。通俗点可以认为，如果x绝对值的整数位为偶数，则“.5”不进位，如果x绝对值的整数位为奇数，则“.5”进位。例如，round(0.5)和round(-0.5)都为0，而round(1.5)为2。

浮点数的round()运算有时可能使人困惑，比如，round(2.675,2)的结果是2.67而不是预期的2.68。这是因为大多数小数不能精确表示浮点数。

```
>>>round(0.15,1)
```

```
0.1
>>>round(0.16,1)
0.2
>>>round(0.15)
0
>>>round(3.1415926,2)
3.14
```

max()和min()分别用于求出列表、元组或其他可迭代对象中元素的最大值和最小值，要求序列或可迭代对象中的元素之间可比较大小。

```
>>>a=[6,16,68,73,85,40,92,72,33,51]  #a是一个列表
>>>a
[6,16,68,73,85,40,92,72,33,51]
>>>print(max(a),min(a),sum(a))
92 6 536
```

真题精选

下列代码的输出结果是(　　)。

```
s=divmod(pow(2,5),3)
print(s)
```

A. (10, 2)　　B. (2, 10)　　C. (8, 1)　　D. (1, 8)

【答案】A

【解析】pow(x,y)函数计算x的y次方，所以pow(2,5)计算的结果是$2^5=32$。divmod(x,y)计算得到一个元组由两个参数的商（x//y）和余数（x%y）组成，所以divmod(32,3)计算的结果为(32//3,32%3)=(10,2)。

3.3　字符串类型

考点6　字符串类型简介

用单引号、双引号或三引号界定的字符序列称为字符串。计算机需要处理的文本信息就是使用字符串来体现的，如'xyz'、'520'、'中国'、"Python"，空字符串一般表示为''或""。

单引号、双引号、三单引号、三双引号可以互相嵌套，用来表示复杂字符串，如'''Tom said," Let's go" '''。

> **真考链接**
>
> 字符串类型是Python语言中的重要数据类型，考生需掌握字符串的相关表示方法。此知识点在选择题中的考核概率为100%。

```
>>>print('这是单引号字符串')
这是单引号字符串
>>>print("这是双引号字符串")
这是双引号字符串
>>>print('''这是三单引号字符串''')
这是三单引号字符串
>>>print("""这是三双引号字符串""")
这是三双引号字符串
```

三引号'''或""" 表示的字符串可以换行，支持排版较为复杂的字符串；三引号还可以在程序中表示较长的注释，也被称为文档字符串。

```
print('''Tom said,
"Let's go"
```

```
''')
Tom said,
"Let's go"
```

如果在Python字符串中出现反斜杠字符“\”，其代表了特殊含义，表示该字符与后面相邻的一个字符共同组成转义字符。常见的转义字符如表3.7所示。

表3.7　常见的转义字符

转义字符	含义	转义字符	含义
\b	退格符，把光标移动到前一列位置	\\	反斜杠\
\n	换行符	\'	单引号'
\r	回车符	\"	双引号"
\t	水平制表符	\v	垂直制表符

```
>>>print('Hello\nWorld')
Hello
World
>>>print('Hello\tWorld')
HelloWorld
>>>print('Hello\\World')
Hello\World
```

在字符串中需要同时出现单、双引号时，就要使用到转义字符。

```
>>>print("俗话说的好:三个'臭皮匠'顶一个"诸葛亮"!")
SyntaxError: invalid syntax
>>>print("俗话说的好:三个'臭皮匠'顶上一个\"诸葛亮\"!")
俗话说的好:三个'臭皮匠'顶上一个"诸葛亮"!
```

反斜杠字符“\”还有另外一个作用就是续行，这在代码编写中非常常见。

```
>>>x,y=85,81
>>>if(x>80 and x<90 and \
        y>80 and y<90):
        print("GOOD")

GOOD
```

考点7　字符串的索引

由于字符串是关于字符的有序集合，所以可以通过字符所在位置来获得对应的字符，该位置称为字符串索引。字符串索引包括正向递增索引和反向递减索引两种方式。可以通过Python语言的内置函数len()获取字符串的长度，一个中文字符和一个西文字符的长度都记为1。基本格式如下。

字符串或字符串变量[索引序号]

字符序列的正向递增索引是从0开始的，即左侧第一个字符的序号为0，第二个字符的序号为1，以此类推，最后一个字符的序号是len(s)-1。字符序列的反向递减索引是从-1开始的，即右侧第一个字符（倒数第一个）的序号是-1，第二个字符（倒数第二个）的序号是-2，以此类推，第一个字符的序号是-len(s)。

真考链接

字符串的索引在选择题中的考核概率是100%，在操作题中的考核概率是70%。常与字符串的切片联合考核。

小提示

Python语言中一般的序列都可以用索引（index）来访问序列中的对象，索引的使用范围不局限于字符串。

真题精选

下列代码的输出结果是(　　)。

```
s = '0123456'
print(s[1])
```

A. 0　　B. 2　　C. 1　　D. 6

【答案】C

【解析】此题考查的字符串的索引，当字符串的索引值为正的时候，代表是正向递增索引。索引值从 0 开始依次递增，所以 1 对应是 s 的第二个字符“1”。

考点 8　字符串的切片

可以采用[*n*:*m*]格式获取字符串的子串，这个操作被形象地称为切片。切片的基本语法格式如下。

字符串或字符串变量 [*n*:*m*]

[*n*:*m*] 获取字符串中从 *n* 到 *m*（但不包含 *m*）间连续的子字符串，其中，*n* 和 *m* 为字符串的索引序号，可以混合使用正向递增序号和反向递减序号。

> **真考链接**
>
> 此考点在选择题和操作题中的考核概率都是 100%，考生需重点掌握。

通过索引获取表 3.8 所示的字符。

表 3.8　字符串的双向索引序号

正向递增序号	0	1	2	3	4	5	6	7	8	9	10	11	12	13	14	15	16
字符串 str	W	e	l	c	o	m	e		t	o		P	y	t	h	o	n
反向递减序号	-17	-16	-15	-14	-13	-12	-11	-10	-9	-8	-7	-6	-5	-4	-3	-2	-1

str[0]获取第一个字符“W”。

str[-2]获取倒数第二个字符“o”。

通过切片获取相应部分的子字符串。

str[1:3]获取从序号为 1 的字符一直到序号为 3 的字符串“el”。

str[1:]获取从序号为 1 的字符一直到字符串的最后一个字符“elcome to Python”。

str[:3]获取从序号为 0 的字符一直到序号为 3 的字符串“Wel”。

str[:-1]获取从序号为 0 的字符一直到最后一个字符“Welcome to Pytho”。

str[:]获取字符串从开始到结尾的所有字符“Welcome to Python”。

str[-3:-1]获取序号为 -3 到序号为 -1 的字符“ho”。

str[-1:-3]和 str[2:0]获取的为空字符“”，系统不提示错误。

字符串的切片还含有第三个参数步长，默认为 1。

str[::-1]输出字符串的逆序。

str[-1::-3]逆序输出，每 3 个输出一个字符，从索引 -1 开始，输出字符串“nt　oe”。

str[10:3:-2]逆序输出，每 2 个输出一个字符，从索引 10 开始，输出字符串“ teo”。

真题精选

【例 1】以下程序的输出结果是(　　)。

```
t = "the World is so big,I want to see"
s = t[20:21] + 'love ' + t[:9]
print(s)
```

A. I love the　　B. I love World　　C. I love the World　　D. I love the Worl

【答案】C

【解析】字符串的索引序号从 0 开始，t[20:21]是指字符串中序号是 20 的元素 I，t[:9]是从序号 0 到 8 的元素，用“ + ”连接字符串，最后输出 I love the World。本题选择 C 选项。

【例 2】s = '1234567890'，以下表示 '1234' 的选项是(　　)。

A. s[1:5]　　B. s[0:3]　　C. s[-10:-5]　　D. s[0:4]

【答案】D

【解析】对字符串中某个子串或区间的检索称为切片。切片的使用方式如下：

<字符串或字符串变量>[n:m]

通过切片获取字符串从n到m（不包含m）的子字符串，其中，n和m为字符串的索引序号，可以混合使用正向递增序号和反向递减序号。切片要求n和m都在字符串的索引区间，如果n大于等于m，则返回空字符串。如果n缺失，则默认将n设为0；如果m缺失，则默认表示到字符串结尾。题干中s[1:5]="2345"，s[0:3]="123"，s[-10:-5]="12345"，s[0:4]="1234"。

3.4 字符串的格式化

考点9 format()方法的基本使用

Python中，通过format()方法对字符串进行格式化，基本语法格式如下。

<字符串模板>.format(<参数1>,<参数2>,…,<参数N>)

此方法用于在字符串中整合变量时对字符串进行格式化，从而可以混合输出字符串与变量值。其中，<字符串模板>中采用花括号（{}）表示一个槽位置，每个槽位置对应".format()"中的一个参数。

> **真考链接**
>
> 考试中，主要考核format()方法内参数的引用，常在选择题中考核，考核概率为70%。

```
>>>x,y =10.0,5.0
>>>print("{}除以{}的商是{}".format(x,y,x/y))
10.0 除以5.0 的商是2.0
```

"{}除以{}的商是{}"是<字符串模板>，其中的3个"{}"按顺序对应着".format()"中的x、y、x/y3个变量，变量依次填充"{}"。

如果无特殊设置，"format()"方法中的参数存在默认序号，即<字符串模板>中的槽"{}"从左至右依次编号（0，1，…），".format()"中的参数从左至右依次编号（0，1，…），两个编号从左到右一一对应，完成一对一填充。

```
>>>"天才是{}% 的汗水加{}% 的灵感".format(99,1)
'天才是99% 的汗水加1% 的灵感'
```

如果有特殊要求，即不需要<字符串模板>中的槽"{}"和".format()"中的参数从左到右一一对应，则可以在"{}"中添加序号，从而指定参数的使用。

```
>>>"天才是{1}% 的汗水加{0}% 的灵感".format(1,99)      #在两个{}中分别添加了1、0序号
'天才是99% 的汗水加1% 的灵感'
```

如果槽"{}"与参数的数量不一致，不能够通过默认序号完成参数填充，则必须在槽"{}"中添加序号，从而指定参数的使用。

```
>>>"{}是99% 的{}加1% 的{}".format("汗水","灵感")
Traceback(most recent call last):
  File"<pyshell#72>",line 1,in <module>
    "{}是99% 的{}加1% 的{}".format("汗水","灵感")
IndexError: tuple index out of range
>>>"天才是99% 的{1}加1% 的{2}".format("天才","汗水","灵感")
'天才是99% 的汗水加1% 的灵感'
```

真题精选

下面程序输出的结果是(　　)。

s1,s2 = "Mom","Dad"

print("{}loves {}".format(s2,s1))

A. Dad loves Mom　　B. Mom loves Dad　　C. s1 loves s2　　D. s2 loves s1

【答案】A

【解析】Python 语言中使用 format()格式化的语法格式：<字符串模板>.format(<参数1>,<参数2>,…,<参数*N*>)，其中，<字符串模板>是一个由字符串和槽组成的字符串，用来控制字符串和变量的显示效果。槽用花括号（{}）表示，对应“.format()”中逗号分隔的参数。如果字符串模板有多个槽，且槽内没有指定序号，则按照槽出现的顺序分别对应“.format()”中的不同参数。根据参数出现的先后存在一个默认序号。本题选择 A 选项。

考点10　format()方法的格式控制

使用 format()方法时，除了可以在槽“{}”中设置参数序号之外，也可以设置其他格式控制信息，基本语法格式如下。

{<参数序号>:<格式控制标记>}

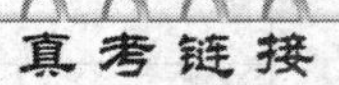

真考链接

此考点属于考试大纲中要求掌握的内容，在选择题和操作题中均有考核，考核概率为 100%。

其中，<格式控制标记>用来控制参数显示时的格式，包括 6 个可选字段：<填充>、<对齐>、<宽度>、<,>、<.精度>和<类型>，并且可以组合使用。例如，<宽度>、<对齐>和<填充>就经常在一起使用。

其中，如果“:”后面带<填充>字符，只能是一个字符；没有<填充>字符，默认为空格。格式控制标记“^”“<”“>”分别表示居中、左对齐和右对齐，后面接<宽度>。<宽度>是指当前槽“{}”设定的输出字符宽度。如果该槽“{}”对应的“.format()”参数长度比指定的<宽度>大，则使用参数实际长度；如果该值的实际长度小于指定的<宽度>，则以<填充>字符补充不足位数。

```
>>>x = "PYTHON"
>>>"{0:30}".format(x)                #":"后没有<填充>字符,用空格填充,宽度为30
'PYTHON                        '
>>>"{0:>30}".format(x)               #">"右对齐
'                        PYTHON'
>>>"{0:*^30}".format(x)              #填充字符为"*",居中
'************PYTHON************'
>>>"{0:-^30}".format(x)
'------------PYTHON------------'
>>>"{0:3}".format(x)
'PYTHON'
```

格式控制标记<,>表示千分位，用于显示数字的千位分隔符，适用于整数和浮点数。

```
>>>"{0:-^30,}".format(1234567890)
'--------1,234,567,890---------'
>>>"{0:-^30}".format(1234567890)
'----------1234567890----------'
>>>"{0:-^30,}".format(12345.67890)
'---------12,345.6789----------'
```

<.精度>由小数点（.）开头有两种含义：对于字符串，精度表示输出的最大长度；对于浮点数，精度表示小数部分输出的有效位数。如果实际长度（位数）大于有效长度（位数），就要对参数作截断处理（四舍五入）；如果实际长度（位数）小于有效长度（位数），以实际长度（位数）为准。

```
>>>"{0:.3f}".format(12345.67890)
'12345.679'
>>>"{0:S^20.3f}".format(12345.67890)      #以字符"s"填充,输出宽度为20,小数位为3
'SSSSS12345.679SSSSSS'
>>>"{0:.5}".format("PYTHON")
'PYTHO'
```

<类型>表示输出整数和浮点数类型的格式规则，具体格式如表 3.9 所示。

表 3.9 数字类型的格式规则

数字类型	输出格式	说明
整数	b	输出整数的二进制方式
	c	输出整数对应的 Unicode 字符
	d	输出整数的十进制方式
	o	输出整数的八进制方式
	x	输出整数的小写十六进制方式
	X	输出整数的大写十六进制方式
浮点数	e	输出浮点数对应的小写字母 e 的指数形式
	E	输出浮点数对应的大写字母 E 的指数形式
	f	输出浮点数的标准浮点形式
	%	输出浮点数的百分形式

```
>>>x='The pen values {:d} yuan! '                #十进制
>>>print(x.format(30))
The pen values 30 yuan!
>>>x='The pen values {:b} yuan! '                #二进制
>>>print(x.format(30))
The pen values 11110 yuan!
>>>x='The pen values {:o} yuan! '                #八进制
>>>print(x.format(30))
The pen values 36 yuan!
>>>x='The pen values {:x} yuan! '                #十六进制
>>>print(x.format(30))
The pen values 1e yuan!
```

浮点数输出时尽量使用<.精度>表示小数部分的宽度，有助于更好地控制输出格式。

```
>>>"{0:e},{0:E},{0:f},{0:% }".format(1.68)
'1.680000e+00,1.680000E+00,1.680000,168.000000% '
>>>"{0:.3e},{0:.3E},{0:.3f},{0:.3% }".format(1.68)
'1.680e+00,1.680E+00,1.680,168.000% '
```

可以用变量表示格式控制标记和数量，并在“.format()”的参数中体现，再将字符串模板中的槽“{}”对应替换成用变量表示的格式控制标记。

```
>>>x="Python"
>>>a="*"
>>>"{0:{1}^20}".format(x,a)                 #变量a指定了填充字符
'*******Python*******'
>>>"{0:{1}>{2}}".format(x,a,20)             #宽度为20
'**************Python'
>>>b=">"
>>>"{0:{1}{3}{2}}".format(x,a,20,b)         #变量b指定了对齐方式
'**************Python'
```

真题精选

【例1】 以下程序的输出结果是(　　)。

s="LOVES"

print("{:*13}".format(s))

A. LOVES　　　　B. ＊＊＊＊＊＊＊＊LOVES

C. LOVES＊＊＊＊＊＊＊＊　　　　D. ＊＊＊＊LOVES＊＊＊＊

【答案】D

【解析】本题考查的是字符串输出格式化知识点，其中，"{:＊13}"表示输出的字符串长度为13，居中对齐，空白处用"＊"填充。最后输出的是"＊＊＊＊LOVES＊＊＊＊"，D项正确。

【例2】以下代码的输出结果是(　　)。

print('{:@>10.6}'.format('Fog'))

A. @@@@Fog　　　　B. @@@@@@@Fog

C. Fog@@@@@@@　　　　D. Fog@@@@

【答案】B

【解析】'{:@>10.6}'.format('Fog')表示输出时宽度为10，右对齐且填充@；若字符串长度大于6，只保留前6个字符，小于等于6则全部输出。因此本题答案为@@@@@@@Fog。

【例3】请填写代码补充给定程序，实现以下功能。

键盘输入字符串s，按要求把s输出到屏幕，格式要求：宽度为30个字符，星号字符＊填充，居中对齐。如果输入字符串超过30位，则全部输出。

例如：键盘输入字符串s为"Congratulations"，屏幕输出"＊＊＊＊＊＊＊Congratulations＊＊＊＊＊＊＊＊"。

注意：部分源程序给出如下。不得修改原始代码，也不得更改程序的结构。

试题程序

```
s=input("请输入一个字符串:")
print("{________}".format(s))
```

【答案】

:＊^30

【解析】该题目主要考核Python字符串的格式化方法。字符串的".format()"格式化方法如下：<字符串模板>.format(<参数1>,<参数2>,…,<参数N>)。题目中的输出格式为居中对齐、30个字符、星号填充，模板字符串的设计为{:＊^30}。

3.5 字符串的操作

考点11 字符串的操作符

真考链接

此考点属于考试大纲中要求掌握的内容，主要在选择题中考核，考核的概率为70%。

在Python语言中，可以对字符串类型的数据进行操作。部分字符串操作符如表3.10所示。表中列出了按优先级升序排序的字符串操作符。其中，in和not in操作与比较操作符具有相同的优先级，"+"（连接）和"＊"（重复）操作与相应的数字运算符具有相同的优先级。

表3.10　字符串类型操作符

操作符	功能说明
x in s	如果x是s的子字符串，返回True，否则返回False
x not in s	如果x不是s的子字符串，返回False，否则返回Trues
s+t	连接字符串s和t
s＊n或n＊s	重复n次字符串s

相同数据类型的序列也支持上述操作。

```
>>>"Python语言"+"二级教程"
'Python语言二级教程'
```

```
>>>str = "Python 语言" + "二级教程"
>>>str
'Python 语言二级教程'
>>>"Python" *5
'Python Python Python Python Python'
>>>"Python"in str
True
>>>"二级"in str
True
>>>"三级"in str
False
```

考点 12　字符串处理方法

在 Python 语言中，字符串类型中定义了众多的处理方法，以便对字符串进行加工，从而使用户能够以多种方式去使用它们。下面将对 Python 中常用的字符串处理方法进行介绍，如表 3.11 所示。

真考链接

此考点属于考试大纲中要求熟练掌握的内容，在选择题中的考核概率为 80%，在操作题中的考核概率为 70%。考生需掌握常用的字符串处理方法。

表 3.11　**Python 中常用的字符串处理方法**

方法	功能说明
str. center(width[,fillchar])	返回 str 为中心、长度为 width 的字符串
str. count(sub[,start[,end]])	返回范围[start,end] 内子字符串 sub 的出现次数
str. join(iterable)	将 iterable 的元素使用该方法的字符串连接并返回新的字符串
str. lower( )	返回字符串的副本，所有字符都转换为小写形式
str. lstrip([chars])	返回删除了左侧指定字符的字符串副本
str. replace(old, new[, count])	返回字符串的副本，其中出现的子字符串 old 将被 new 替换
str. rstrip([chars])	返回删除了右侧指定字符的字符串副本
str. split(sep = None, maxsplit = -1)	返回字符串中的字符列表，使用 sep 作为分隔符
str. title( )	返回将 str 中所有单词首字母大写，其余字母小写的字符串副本
str. strip([chars])	返回删除了左侧和右侧指定字符的字符串副本
str. upper( )	返回字符串的副本，所有字符都转换为大写形式

注：str 代表一个字符串或字符串变量。返回字符串的副本是指返回新的字符串而不改变原始字符串 str。

str. center(width[, fillchar]) 方法返回以 str 为中心、长度为 width 的字符串。使用指定的可选参数 fillchar 完成字符串 str 两侧的填充（默认为空格）。如果 width 小于或等于 len(str)，即 str 长度，则返回 str 原字符串。

```
>>>"Python is very simple.".center(30,"*")
'****Python is very simple.****'
>>>"Python is very simple.".center(10,"*")
'Python is very simple.'
```

str. count(sub[, start[, end]]) 方法返回范围[start, end] 内，子字符串 sub 在母串 str 中的出现次数。参数 start 和 end 是可选的，默认从开始到结尾。

```
>>>"Python is very simple.".count("e")
2
>>>"Python is very simple.".count("y")
2
```

```
>>> "Python is very simple.".count("y",0,5)
1
```

str.join(iterable)方法返回在 iterable 中每个元素后增加一个 str 后的字符串。简而言之，就是将字符串 iterable 中每个元素分隔，分隔符为 str。如果 iterable 中有任何非字符串值（包括字节），则会引发类型错误。

```
>>> "_".join("Python")
'P_y_t_h_o_n'
>>> "、".join("123456")
'1、2、3、4、5、6'
```

str.lower()方法和 str.upper()方法能够将字符串中的英文字母转换为对应的小写或大写形式，是一对相反的方法。

```
>>> "Python is very simple.".lower()
'python is very simple.'
>>> "Python is very simple.".upper()
'PYTHON IS VERY SIMPLE.'
```

str.replace(old,new[,count])方法返回字符串的副本，str 中所有出现的子字符串 old 都被 new 替换。如果给定可选参数 count，则代表替换从左至右 count 数量的子字符串。

```
>>> "Python is very simple.".replace("simple","useful")
'Python is very useful.'
>>> "Python is very simple.".replace("y","*")
'P*thon is ver*simple.'
>>> "Python is very simple.".replace("y","*",1)
'P*thon is very simple.'
```

str.split(sep=None,maxsplit=-1)方法返回字符串中的字符列表，使用 sep 作为分隔符。如果给定 maxsplit，则从左至右执行 maxsplit 次拆分。如果未指定 maxsplit 或 maxsplit 等于-1，则将进行所有可能的拆分。

```
>>> "Python is very simple.".split()
['Python','is','very','simple.']
>>> "Python is very simple.".split("i")
['Python','s very s','mple.']
>>> "Python is very simple.".split("i",1)
['Python','s very simple.']
```

str.strip([chars])方法返回删除左侧和右侧指定字符后的字符串副本。chars 参数指定要删除的字符集。如果省略或为 None，chars 参数默认删除空白。

```
>>> "**  Python  **".strip("*")
'  Python  '
>>> "  Python  ".strip()
'Python'
>>> "Python".strip("P")
'ython'
>>> "a".strip(None)
'a'
```

真题精选

执行下面的代码，运行结果是(　　)。

```
s1 = "Hello Python"
s2 = "6"
print(s2*3+s1.strip())
```

A. 18Hel1o Python　　B. 18 Hello Pythono　　C. 666Hello Python　　D. 666 Hello Python

【答案】C

【解析】s2*3 表示把字符串 s2 重复 3 次，strip(char)是字符串的操作方法，默认情况下是把字符串左右两边的空格去除，char 可以是一个字符也可以是一串字符，选项 C 正确。

3.6 数据类型的判断及转换

考点13 数据类型的判断

type(x)函数用于对变量的数据类型进行判断，x可以是任何数据类型。

```
>>>a=3
>>>type(a)
<class'int'>
>>>a="Welcome to Python."
>>>print(type(a))
<class'str'>
>>>a=[1,2,3]
>>>print(type(a))
<class'list'>
```

真考链接

考试中主要考核使用type()函数对数据类型进行判断。在选择题中的考核概率为50%。

在一些代码语句中需要对数据类型进行判断，用来决定程序的走向，此时可以使用type()函数直接判断。如下面的例子通过对输入数据的判断可以实现不同的输出结果。

```
x=eval(input("请输入一个数据:"))
if type(x)==type("2.0"):
    print("此数据为字符串。")
elif type(x)==type(2.0):
    print("此数据为浮点数。")
elif type(x)==type(2):
    print("此数据为整数。")
else:
    print("无法判断数据类型。")
```

真题精选

可用于判断变量a的数据类型的选项是(　　)。

A. int(a)　　B. type(a)　　C. str(a)　　D. eval(a)

【答案】B

【解析】在Python语言中，int()函数用于将变量a转化成整数类型。type()函数用于判断变量a的数据类型。str()用于将变量a转化成字符串类型。eval()函数用于将字符串类型数据a去掉引号，并执行。本题选择B选项。

考点14 数据类型的转换

与众多高级编程语言一样，Python语言也支持基本数据类型之间的转换，常用的类型转换函数及其功能如表3.12所示。

真考链接

此考点在选择题中的考核概率为50%，在操作题中的考核概率为70%。考生需掌握常用的数据类型转换函数的用法。

表3.12　常用的类型转换函数及其功能

函数	功能说明
complex(re,im)	生成实数部分为re，虚数部分为im的复数，im默认为0。如complex(1,1)，结果为1+1j
float(x)	将x转换为浮点数，如float(1)，结果为1.0
int(x)	将x转换为整数，如int(1.0)，结果为1
str(x)	将x转换为字符串，如str(1.0)，结果为'1.0'

complex(re,im)函数返回值为re+im*1j，将字符串或数字转换为复数。如果re是字符串，将被解释为复数，并且必须在没有im的情况下调用函数。im不能是字符串。complex(re,im)函数中的每个参数可以是任何数字类型（包括复数）。如果省略im，将默认im值为0，并且函数可以如int(x)和float(x)一样完成数字转换。如果两个参数都被省略，则返回0j。

```
>>> complex(1,2)
(1+2j)
>>> complex('10+3j')
(10+3j)
>>> complex('10')
(10+0j)
>>> complex(3)
(3+0j)
>>> complex()
0j
```

float(x)函数返回一个由数字或字符串x构成的浮点数，还接受带有可选前缀"+"或"-"的字符串"nan"和"inf"，用于非数字和正无穷大或负无穷大的转换。

```
>>> float('+1.23')
1.23
>>> float('-12345\n')
-12345.0
>>> float('1e-003')
0.001
>>> float('+1E6')
1000000.0
>>> float('-inf')
-inf
```

int(x)函数返回一个整数，如果没有给定参数，则返回0。int(x)函数可以将浮点数向整数进行舍入或截短的转换，也可以将只含有整数的字符串转化为整数。

```
>>> int(2)
2
>>> int(2.2)
2
>>> int(2.9)
2
>>> int('100')
100
```

complex(re,im)、int(x)和float(x)可用于生成特定类型的数字，接受数字0到9或任何Unicode等效值（具有ND属性的代码点）。

str(x)函数将x转换为字符串，x可以是任意数据类型。

```
>>> str(1.01)
'1.01'
>>> str(1+0.01)
'1.01'
```

3.7　综合自测

一、选择题

1. 以下关于Python字符串的描述中，错误的是（　　）。

   A. 在Python字符串中，可以混合使用正整数和负整数进行索引和切片

   B. Python字符串采用[n:m]格式进行切片，获取字符串中从索引N到M的子字符串（包含N和M）

C. 字符串 'myltext. dat' 中第一个表示转义符
D. 空字符串可以表示为"或"

2. 以下代码的输出结果是(　　)。
```
a=5.2
b=2.5
print(a//b)
```
A. 2. 08　　B. 2. 1　　C. 2　　D. 2. 0

3. 对于以下代码的描述正确的是(　　)。
```
s="Python is good"
1="isn't it?"
length=len(s)
s_title=s.title()
s_1=s+1
s_number=s[1:6]
print(length)
```
A. length 为 12　　B. s_title 为"PYTHON IS GOOD"
C. s_1 为"Python is good isn't it?"　　D. s_number 为"Python"

4. 下列关于 Python 运算符的使用描述正确的是(　　)。
A. a=! b，比较 a 与 b 是否不相等　　B. a= +b，等同于 a=a+b
C. a==b，比较 a 与 b 是否相等　　D. a //=b，等同于 a=a/b

5. 以下选项中，Python 不支持的数据类型是(　　)。
A. int　　B. char　　C. float　　D. string

6. 设 a=1000，b=1000，以下选项中表达式的值肯定为 True 的是(　　)。
A. a is b　　B. a==b
C. not a and b　　D. not a or not b

7. 执行下面的代码，输出结果为(　　)。
```
s="hel1o world"
print(len(s.split()))
print(s.title())
```
A. 11 Hello World　　B. 2 Hello World
C. 2HELLO WORLD　　D. 2hello world

8. 表达式 type(type('45'))的结果是(　　)。
A. <class 'type'>　　B. <class 'str'>
C. <class 'float'>　　D. None

9. 变量 tstr='kip520'，表达式 eval(tstr[3: -1])的结果是(　　)。
A. 52　　B. 520
C. p520　　D. p52

二、操作题

请写代码替换横线，不修改其他代码，实现以下功能。

键盘输入正整数 n，按要求把 n 输出到屏幕，格式要求：宽度为 30 个字符，艾特字符@填充，右对齐，带千位分隔符。如果输入正整数超过 30 位，则按照真实长度输出。

例如：键盘输入正整数 n 为 5201314，屏幕输出@@@@@@@@@@@@@@@@@@@@@5,201,314

试题程序：
```
n=eval(input("请输入正整数:"))
print("{________}".format(n))
```

第4章

Python语言的3种控制结构

选择题分析明细表

考　点	考核概率	难易程度
程序流程图	10%	★
顺序结构	100%	★★
单分支结构	80%	★★★
双分支结构	70%	★★★★
多分支结构	70%	★★★★★
遍历循环	100%	★★★★
无限循环	100%	★★★★★
循环控制	100%	★★★★★
try – except	30%	★★★
try – except – else	30%	★★★
try – except – else – finally	30%	★★★

操作题分析明细表

考　点	考核概率	难易程度
顺序结构	100%	★★
单分支结构	50%	★★
双分支结构	70%	★★★★
遍历循环	100%	★★★★
循环控制	70%	★★★★★

4.1 控制结构

考点1 程序流程图

程序流程图也称程序框架图，是用规定的符号描述一个专用程序中所需要的各项操作或判断。程序流程图的设计是在处理流程图的基础上，通过对输入/输出数据和处理数据过程的详细分析，将程序的主要运行步骤和内容标识出来。程序流程图由起止框、处理框、输入/输出框、判断框和流程线等构成，各组件样式与作用如图4.1所示。

> **真考链接**
>
> 此考点属于考试大纲中要求了解的内容，在选择题中的考核概率为10%。考生需要记住各功能对应的图形符号。

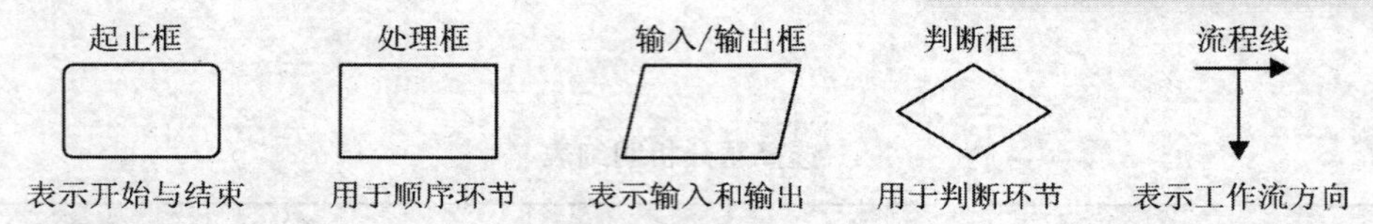

图4.1 流程图的图形符号

通常情况下，程序代码是自上而下运行的，但逐行运行的代码往往不能够满足实际需要，因此经常根据条件的成立与否来选择不同的流程走向。这种控制程序执行流程的语句，通常称为控制语句。在Python语言中，程序有3种基本控制结构：顺序结构、选择结构和循环结构。

考点2 顺序结构

顺序结构是一种最基本的程序结构，其程序是自上而下线性执行的。顺序结构的流程图如图4.2所示。该流程图包含3个语句模块，按顺序自上而下先执行语句1，其次执行语句2，最后执行语句3。常用的顺序结构语句有赋值语句、输入和输出语句等。

> **真考链接**
>
> 此考点属于必考内容，考生在做编程题的时候会使用到该格式。

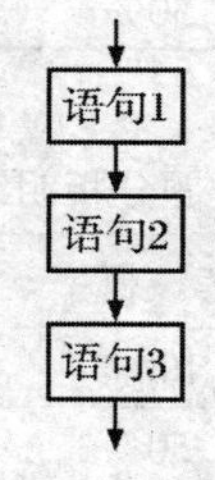

图4.2 顺序结构的流程图

顺序结构代码示例如下。

```
chinese = eval(input("请输入语文成绩:"))
math = eval(input("请输入数学成绩:"))
avg = (chinese + math)/2
print("平均成绩为:{:2f}".format(avg))
```

4.2　分支结构

考点3　单分支结构

分支结构也称为条件判断结构或选择结构，它是根据给定的条件进行判断，并根据判断的结果选择执行路径。在Python中，分支结构又分为单分支结构、双分支结构和多分支结构3种形式，分别使用不同的语句格式。

真考链接

此考点无论在选择题还是在操作题中，都是考核的重点。在选择题中的考核概率为80%，在操作题中的考核概率为50%。

在Python语言中，单分支结构的语法格式如下。

if <条件>:

<语句块>

Python语言的单分支结构使用if保留字对条件进行判断，通过计算条件表达式得到True或False结果，从而确定是否执行其后的语句块。当结果为True时，执行语句块；当结果为False时，则跳过该语句块。

这里需要注意：

①语句块前含有缩进（一般是4个空格，且同一个语句块缩进需保持一致）；

②条件后面要使用“:”，表示满足条件后接下来要执行的语句块；

③使用缩进来划分语句块，相同缩进的语句（一条或多条）在一起组成一个语句块。单分支结构的流程图如图4.3所示。

```
#判断输入的数字是否为负数
x = eval(input("请输入一个数字:"))
if x < 0:
    print("{}是负数".format(x))
print("输入的数字是{}".format(x))

#运行程序
请输入一个数字: -1
-1 是负数
输入的数字是 -1

#运行程序
请输入一个数字:2
输入的数字是 2
```

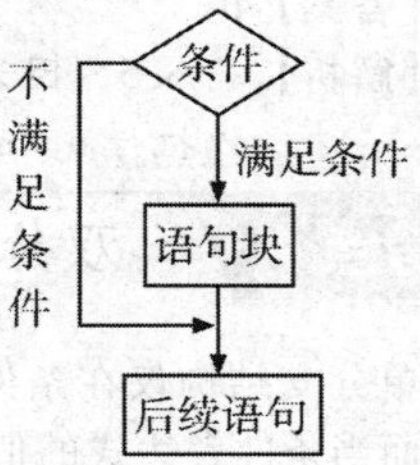

条件
满足条件
不满足条件
语句块
后续语句

图4.3　单分支结构的流程图

在此结构中，条件不只局限于一个表达式，也可以是多个表达式。表达式之间根据逻辑关系采用保留字“and”或“or”连接。“and”表示表达式与表达式之间是“与”的逻辑关系，“or”则是“或”的逻辑关系。保留字“not”放在表达式的前面，表示单个条件的“非”逻辑关系。

```
#判断输入的数字的性质
x = eval(input("请输入一个数字:"))
if x > 0 and x%2 == 0:
        print("{}是正数,又是偶数".format(x))
print("输入的数字是{}".format(x))

#运行程序
请输入一个数字: -1
输入的数字是 -1

#运行程序
```

```
请输入一个数字:2
2是正数,又是偶数
输入的数字是2
```

小提示

<条件>表达式可以用>（大于）、<（小于）、==（等于）、!=（不等于）、>=（大于等于）、<=（小于等于）等运算符来表示其关系，一般条件可以用任何可以产生布尔值的表达式或语句等代替。

真题精选

键盘输入数字5，以下代码的输出结果是(　　)。

```
n=eval(input("请输入一个整数:"))
s=0
if n>=5:
    n-=1
    s=4
if n<5:
    n-=1
    s=3
print(s)
```

A. 4　　B. 3　　C. 0　　D. 2

【答案】B

【解析】输入5，因为n=5满足第一个if条件，所以n=n-1，n=4，s=4；由于现在n=4，满足第二个if条件，所以执行n=n-1，n=3，s=3。print(s)输出3。

考点4　双分支结构

单分支结构仅在条件表达式的值为True时，指明具体要执行什么语句，而当条件表达式的值为False时，则未做说明。如果条件表达式的值为False时，也要求执行一段特定的代码，可以使用双分支结构实现。双分支结构的语法格式如下。

真考链接

双分支结构是在单分支结构上增加了一个分支。该知识点属于考试大纲中要求重点掌握的内容，在选择题和操作题中的考核概率均为70%。

```
if <条件>:
    <语句块1>
else:
    <语句块2>
```

Python的双分支结构使用if-else保留字对条件进行判断，通过计算条件表达式得到True或False结果，从而确定执行哪一部分语句块。若结果为True，则执行语句块1；若结果为False，则执行语句块2。简而言之，就是中文含义的“如果……那么……否则就……”。

这里需要注意：

语句块前有缩进，其中语句块1前的缩进表示“if”包含其后的语句块1，语句块2前的缩进表示“else”包含其后的语句块2。双分支结构的流程图如图4.4所示。

```
#判断输入的数字的性质
x=eval(input("请输入一个整数:"))
if x%2==0:
    print("{}是偶数。".format(x))
else:
    print("{}是奇数。".format(x))
```

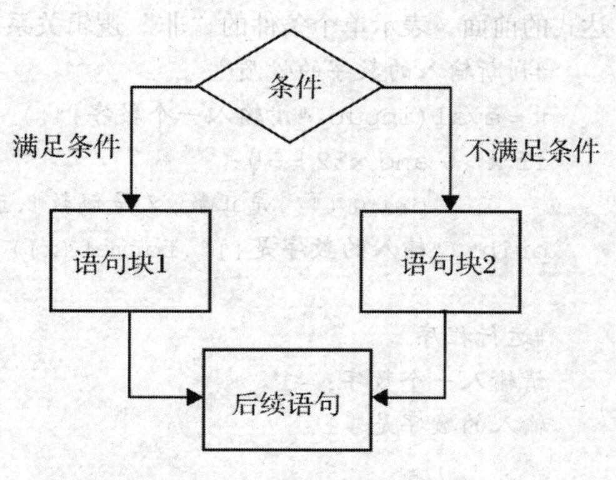

图4.4　双分支结构的流程图

```
#运行程序
请输入一个数字:2
2 是偶数。

#运行程序
请输入一个数字:3
3 是奇数。
```

双分支结构还有一种紧凑形式，其语法格式如下。

<表达式 1> if <条件> else <表达式 2>

此种紧凑形式的条件只支持表达式的使用，而不支持语句的使用。

```
#判断输入的数字的性质
x = eval(input("请输入一个数字:"))
y = ""if x% 2 ==0 else"不"
print("{}是偶数。".format(y))

#运行程序
请输入一个数字:2
是偶数。

#运行程序
请输入一个数字:3
不是偶数。
```

> **小提示**
>
> 在编写条件表达式时，一定要注意表达式和语句的区别。例如 1 + 1 是表达式，而 x = 1 + 1 则是语句。

真题精选

以下程序的输出结果是(　　)。

```
x =10
y =0
if(x >5) or (x/y >5):
    print('Right')
else:
    print('Wrong')
```

A. Right　　B. Wrong

C. 报错：ZeroDivisionError　　D. 不报错，但不输出任何结果

【答案】A

【解析】在 Python 中，or 表示多个条件之间的“或”关系。x or y，若 x 为 True，则 x or y 的结果为 True，不再对 y 进行判断。本题中，x >5 为 True，故(x >5) or (x/y >5)的结果为 True，输出结果为 Right。

考点 5　多分支结构

对于有多个条件的判断或选择的问题，可以使用多分支结构。多分支结构的语法格式如下：

if <条件 1>:

<语句块 1>

elif <条件 2>:

<语句块 2>

...

> **真考链接**
>
> 在考试中，主要考核对分支语句各分支执行条件的判断，多以选择题形式出现，考核概率为 70%。

else:

<语句块 N>

Python 的多分支结构使用 if - elif - else 保留字依次对给定的条件表达式进行判断。如果条件表达式的值为 True，则执行该条件后面的语句块。如果有多个条件表达式的值为 True，程序只执行第一个条件表达式的值为 True 的语句块，其他的都不执行。如果条件表达式的值都为 False，并且有 else 语句，则执行 else 下面的语句块，否则都不执行。多分支结构的流程图如图 4.5 所示。

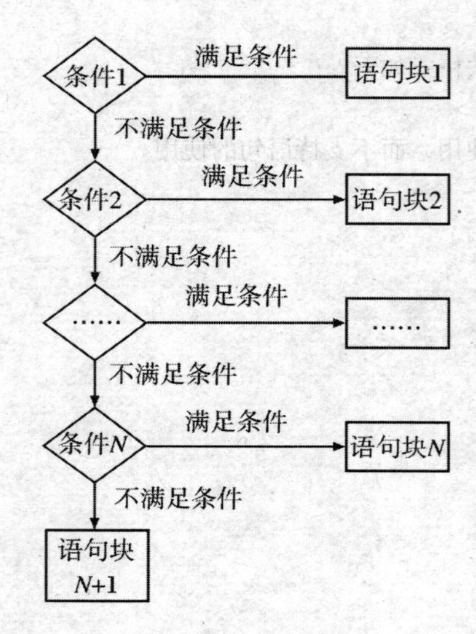

图 4.5 多分支结构的流程图

```
x = eval(input("请输入一个数据:"))
if type(x) == type("2.0"):
    print("此数据为字符串。")
elif type(x) == type(2.0):
    print("此数据为浮点数。")
elif type(x) == type(2):
    print("此数据为整数。")
else:
    print("无法判断数据类型。")

#运行程序
请输入一个数据:'x'
此数据为字符串。

#运行程序
请输入一个数据:1
此数据为整数。

#运行程序
请输入一个数据:[1,2]
无法判断数据类型。
```

真题精选

【例 1】以下关于 Python 分支的描述中，错误的是(　　)。

A. Python 分支结构使用保留字 if、elif 和 else 来实现，每个 if 后面必须有 elif 或 else

B. if - else 结构是可以嵌套的

C. if 语句会判断 if 后面的逻辑表达式，当表达式为真时，执行 if 后续的语句块

D. 缩进是 Python 分支语句的语法部分，缩进不正确会影响分支功能

【答案】A

【解析】Python 分支结构使用保留字 if、elif 和 else 来实现，每个 if 后面不一定要有 elif 或 else，A 选项错误；if－else 结构是可以嵌套的，B 选项正确；if 语句会判断 if 后面的逻辑表达式，当表达式为真时，执行 if 后续的语句块，C 选项正确；缩进是 Python 分支语句的语法部分，缩进不正确会影响分支功能，D 选项正确。

【例 2】以下代码的执行结果是(　　)。

```
a =75
if a >60:
    print("Should Work Hard!")
elif a >70:
    print("Good")
else:
    print("Excellent")
```

A. 执行出错　　B. Excellent

C. Good　　D. Should Work Hard!

【答案】D

【解析】观察本题代码，首先创建了变量 a，并赋值为 75，然后执行分支语句，因为 75 大于 60，满足条件，所以直接执行 if 分支下的 print("Should Work Hard!")，且分支语句自上而下执行，只要有一个条件成立便执行对应语句块，所以后续分支无须继续执行。本题选择 D 选项。

4.3　循环结构

考点 6　遍历循环

在 Python 语言中通过 for 保留字实现遍历循环，可以遍历任何序列的元素，如字符串、列表、元组、字典、数字序列和文件。

遍历循环的语法格式如下。

for <循环变量> in <遍历结构>:

<语句块>

由于遍历循环从序列对象（遍历结构）中逐个取出数据元素赋值给循环变量，所以循环变量的值每次都会根据遍历获取的值发生变化。每取出一个元素执行一次语句块，循环执行次数由取出元素的次数决定。遍历循环的流程图如图 4.6 所示。

> **真考链接**
>
> 此考点是考试中的重点考核内容，在选择题和操作题中的考核概率均为 100%。

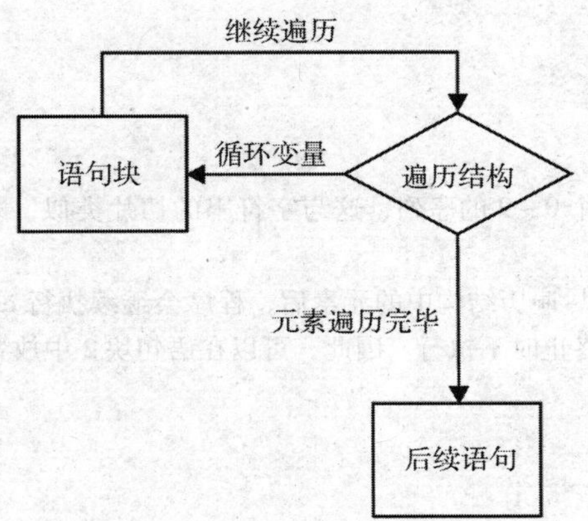

图 4.6　遍历循环的流程图

遍历循环可以逐一遍历字符串中的每个字符。

```
#取出名字中的每个字母
for name in "David":
    print(name)

#运行程序
D
a
v
i
d
```

遍历循环可以逐一遍历列表的每个元素。

```
#取出列表中的每个元素
names = ['Tom','Lily','Rose']
for name in names:
    print(name)

#运行程序
Tom
Lily
Rose
```

遍历循环可以遍历数字序列。例如，如果要计算10以内所有正整数之和。

```
#计算10以内所有正整数之和
sum = 0
for i in (1,2,3,4,5,6,7,8,9):
    sum += i
print('sum',sum)

#运行程序
sum 45
```

如果想简化上述代码，可以使用Python内置的range()函数，从而指定语句块的循环次数，并且range()函数也相当于制造了一个有序序列。

```
#计算10以内所有正整数之和
sum = 0
for i in range(10):
    sum += i
print('sum',sum)

#运行程序
sum 45
```

range(10)代表range(0,10)，是一个0~9的序列，这与字符串的切片类似，即范围不包括上边界。range()函数还可以指定范围和步长。

遍历循环中可以有else语句，当穷尽遍历结构中的元素后，程序会继续执行else语句中的内容。else语句只在循环正常执行之后才被执行，而循环被break终止时不执行。因此，可以在语句块2中放置对循环结果进行描述的语句。

```
#计算10以内所有正整数之和
sum = 0
for i in range(10):
    sum += i
    print("sum {}".format(sum))
```

```
else:
    print("循环正常结束")
```

真题精选

以下代码的输出结果是(　　)。

```
S = 'Pame'
for i in range(len(S)):
    print(S[-i],end = "")
```

A. Pame　　B. emaP　　C. ameP　　D. Pema

【答案】D

【解析】range()函数的语法：range(start,stop,step)，作用是生成一个从start参数的值开始，到stop参数的值结束的数字序列（注意不包含数stop），step是步进参数。一般默认start为0，步进step=1，如range(5)，生成0，1，2，3，4。len(S)=4,for i in range(4)表示i从0，1，2，3开始取值，当i=0时，print(S[0],end="")，输出P；当i=1时，print(S[-1],end="")，输出e；当i=2时，print(S[-2],end="")，输出m；当i=3时，print(S[-3],end="")，输出a。故代码输出结果为Pema。

考点7　无限循环

在Python语言中通过while保留字实现无限循环。无限循环的语法格式如下。

while <条件>:
　　<语句块>

在无限循环中通过计算条件表达式得到True或False结果，从而确定是否执行其后的语句块。当条件表达式的值为True时，执行语句块，执行结束后返回条件再次判断；当条件表达式的值为False时，则终止循环，跳出while循环，执行后续语句。无限循环的流程图如图4.7所示。

> **真考链接**
>
> 此考点在选择题中，主要以读程序题的形式出现，考核概率为100%。

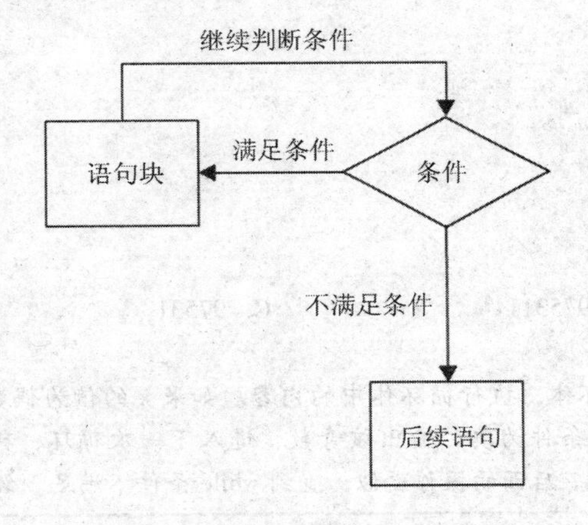

图4.7　无限循环的流程图

考点6中使用遍历循环计算10以内正整数之和的问题也可以使用无限循环实现。

```
#计算10以内所有正整数之和
sum = i = 0
while i <10:
    sum += i
    i +=1
print('sum',sum)
```

同遍历循环一样，无限循环中也可以有else语句。当循环正常结束后，程序会继续执行else语句中的内容。

```
#提取英文名字中的每个字母
```

```
name,i = "David",0
while i < len(name):
    print('第{}个字母为{}'.format(i +1,name[i]))
    i +=1
else:
    print("循环正常结束")

#运行程序
第 1 个字母为 D
第 2 个字母为 a
第 3 个字母为 v
第 4 个字母为 i
第 5 个字母为 d
循环正常结束
```

小提示

无限循环的条件可以是保留字 True 或 False。如果是 True，则执行语句块；如果是 False，则终止循环。

真题精选

【例 1】以下保留字不属于分支或循环逻辑的是(　　)。

A. elif　　B. do　　C. for　　D. while

【答案】B

【解析】elif 是分支逻辑保留字，for 和 while 是循环逻辑保留字，在 Python 中没有 do 保留字。

【例 2】下面代码的输出结果是(　　)。

```
x =10
while x:
    x -=1
    if x% 2:
        print(x,end ='')
    else:
        pass
```

A. 86420　　B. 975311　　C. 97531　　D. 864200

【答案】C

【解析】while 条件为真时进入循环体，执行循环体中的内容。如果 x 的值为偶数，则 if 条件为假，不执行任何操作。如果 x 的值为奇数，则 if 条件为真，输出该奇数，进入下一次循环，判断 while 条件，再判断是否进入循环体，执行循环体中的代码。后面的操作类似，直到 while 条件不满足。经过一系列的运算，输出结果为 97531。

考点 8　循环控制

在 Python 语言中通过 break 和 continue 保留字实现辅助循环控制，只能在循环内部使用，它们的作用范围只限于离它们最近的一层循环。

真考链接

此考点是考试大纲中要求重点掌握的内容，在选择题中的考核概率为 100%，在操作题中的考核概率为 70%。

break 的作用是跳出当前循环（离得最近的循环）并结束本层循环，继续执行后续代码。

```
#当 for 循环取出的字母为 e 时退出
for letter in"apple":
    if letter == "e":
        break
```

```
    print("当前字母为 :",letter)
else:
    print("循环正常结束")

#运行程序
当前字母为 : a
当前字母为 : p
当前字母为 : p
当前字母为 : l

#当 while 循环使变量值为 5 时退出
var =0
while var <10:
    print('当期变量值为 :',var)
    var +=1
    if var ==5:
        break
print("Good bye!")

#运行程序
当前变量值为:0
当前变量值为:1
当前变量值为:2
当前变量值为:3
当前变量值为:4
Good bye!

#无限循环的条件为保留字 True
while True:
    letter = input("请输入一个单词(按 Q 退出):")
    if letter == "Q":
        print("退出 while 循环!")
        break                    #退出 while 循环
    for x in letter:
        if x == "e":
            print("退出 for 循环,但不退出 while 循环!")
            break                #退出 for 循环,但不退出 while 循环
        print(x)
print("退出程序!")

#运行程序
请输入一个单词(按 Q 退出):apple
a
p
p
l
退出 for 循环,但不退出 while 循环!
请输入一个单词(按 Q 退出):Q
退出 while 循环!
```

退出程序!

continue 的作用为结束本次循环，也就是跳出语句块中尚未执行的语句。对于 while 循环，继续判断循环条件，而对于 for 循环，程序继续遍历循环结构。

```
while True:
    letter = input("请输入一个单词(按 Q 退出):")
    if letter == "Q":
        print("退出 while 循环!")
        break                   #退出 while 循环
    for x in letter:
        if x == "e":
            print("退出此次循环,继续遍历!")
            continue            #退出 for 循环,继续遍历剩下的单词字母
        print(x)
print("退出程序!")

#运行程序
请输入一个单词(按 Q 退出):electronic
退出此次循环,继续遍历!
l
退出此次循环,继续遍历!
c
t
r
o
n
i
c
请输入一个单词(按 Q 退出):Q
退出 while 循环!
退出程序!
```

小提示

continue 语句是只结束本次循环，而不会终止循环的执行。break 语句则是终止整个循环的执行。

真题精选

【例 1】 以下代码的输出结果是(   )。

```
for s in "grandfather":
    if s == "d"or s == 'h':
        continue
    print(s,end = '')
```

A. grandfather　　B. granfater

C. grand　　D. father

【答案】 B

【解析】 for 循环将字符串“grandfather”中的字符依次赋给变量 s，当 s = “d” 或 s = “h” 时，结束本次循环，不执行 print(s,end = '')语句；反之，执行 print(s,end = '')语句。故输出结果为 granfater。本题选择 B 选项。

【例 2】 以下代码的输出结果是(   )。

```
for s in "PythonNCRE":
```

```
    if s == "N":
        break
    print(s,end = "")
```

A. PythonCRE　　B. N

C. Python　　D. PythonNCRE

【答案】C

【解析】for 循环将字符串"PythonNCRE"的字符依次赋给变量 s，当 s == "N"时，跳出 for 循环，故输出为 Python。本题选择 C 选项。

4.4　异常处理结构

考点 9　try – except

在 Python 语言中，通过 try 和 except 保留字实现异常处理。异常处理的语法格式如下。

try:

　　<语句块 1>

except:

　　<语句块 2>

> **真考链接**
>
> 此考点属于考试大纲中要求掌握的内容，一般在选择题中考核，考核的概率为 30%。

执行 try 之后的语句块 1，如果引发异常，则执行过程会跳到 except 之后的语句块 2。

```
try:
    x = 1
    y = 0
    print(x/y)
except:
    print("出错啦!!!")
```

"x/y"是做除法运算，而之前对 x 和 y 的赋值，使"x/y"产生了"1/0"的情况。在 Python 语言中，不支持除数为零的运算，从而会引发异常。所以程序会跳转到 except，执行其后的 print("出错啦!!!")语句。

异常处理程序也可以处理特定类型的异常。例如，在 except 后添加异常类型，仅处理指定类型的异常。另外，还可以添加多个 except 处理额外类型的异常。程序允许捕获异常的 except 数量没有限制。

```
try:
    x = 1
    y = 0
    print(x/y)
except ZeroDivisionError:
    print("除数为零,产生了除零错误!")
except:
    print("产生了未知错误!")
```

考点 10 try – except – else

同分类结构一样，在 try – except 语句后也可以加 else 子句，其语法格式如下。

try:
<语句块 1>
except:
<语句块 2>
else:
<语句块 3>

> **真考链接**
> 此考点属于考试大纲中要求掌握的内容，一般在选择题中考核，考核的概率为 30%。

如果在执行 try 之后的语句块 1 时没有引发异常，程序将执行 else 之后的语句块 3。

```
x = 1
y = 0
try:
    z = x/y
    print(z)
except:
    print(x)
else:
    print("no error")
```

此程序中，“z = x/y”语句引发异常，执行 except 后的 print(x)语句，输出 1。

```
x = 0
y = 1
try:
    z = x/y
    print(z)
except:
    print(x)
else:
    print("no error")
```

此程序中，“z = x/y”语句未引发异常，执行语句“print(z)”后执行 else 子句后的“print("no error")”，返回 0.0 及 no error。

考点 11 try – except – else – finally

在 Python 语言中，也可以使用 try – except – else – finally 语句处理异常，其语法格式如下。

try:
<语句块 1>
except:
<语句块 2>
else:
<语句块 3>
finally:
<语句块 4>

> **真考链接**
> 此考点属于考试大纲中要求掌握的内容，一般在选择题中考核，考核的概率为 30%。

首先执行 try 之后的语句块 1，无论是否引发异常，都会执行 finally 之后的语句块 4。

```
try:
    raise
except:
```

```
    print("Error!")
else:
    print("No error!")
finally:
    print("Success!")
```

在此例中，由于try之后的raise语句引发了异常，便会执行except之后的print("Error!")语句，因为存在finally子句，最后执行finally之后的print("Success!")语句，运行程序后，输出Error！及Success！。

```
try:
    print("No error!")
except:
    print("Error")
else:
    print("No error!")
finally:
    print("Success!")
```

在此例中，try之后的print("No error!")语句未引发异常，所以执行else之后的print("No error!")语句，因为存在finally子句，最后执行之后的print("Success!")语句，运行程序后，输出No error!、No error！及Success!。

> **小提示**
>
> 这种形式的异常处理经常用于文件的读写操作，如打开一个文件进行读写操作，在此操作过程中不管是否引发异常，最终都需要关闭文件。

真题精选

以下关于Python语言中try语句的描述中，错误是(　　)。

A. try用来捕捉执行代码发生的异常，异常处理后能够返回异常发生处继续执行

B. 当执行try代码块触发异常后，会执行except后面的语句

C. 一个try代码块可以对应多个处理异常的except代码块

D. try代码块不触发异常时，不会执行except后面的语句

【答案】A

【解析】Python语言使用保留字try和except进行异常处理，基本的语法格式如下。

```
try:
    <语句块1>
except:
    <语句块2>
```

语句块1是正常执行的程序内容，当执行这个语句块发生异常时，则执行except保留字后面的语句块2，一个try代码块可以对应多个处理异常的except代码块。

4.5　综合自测

一、选择题

1. 以下关于Python循环结构的描述中，错误的是(　　)。

　A. break用来结束当前当次语句，但不跳出当前的循环体

　B. 遍历循环中的遍历结构可以是字符串、文件、组合数据类型和range()函数等

C. Python 通过 for、while 等保留字构建循环结构

D. continue 只结束本次循环

2. 以下代码的输出结果是(　　)。

```
for s in"HelloWorld":
    if s == "W":
        continue
    print(s,end = "")
```

A. World　　B. Hello　　C. Helloorld　　D. HelloWorld

3. 以下程序的输出结果是(　　)。

```
for i in"miss":
    for j in range(3):
        print(i,end = ")
            if i == "i":
                break
```

A. missmissmiss　　B. mmmissssss

C. mmmiiissssss　　D. mmmssssss

4. 以下程序的输出结果是(　　)。

```
try:
    print((3 +4j) * (3 -4j))
except:
    print("运算错误!!")
```

A. (25 +0j)　　B. 5

C. 运算错误!!　　D. 3

5. 以下程序中，while 循环的循环次数是(　　)。

```
i =0
while i <10:
    if i <1:
        print("Python")
        continue
    if i ==5:
        print("World!")
        break
    i +=1
```

A. 10　　B. 5　　C. 4　　D. 死循环，不能确定

6. 下面代码的输出结果是(　　)。

```
for i in"PYTHON":
    for k in range(2):
        print(i,end = "")
        if i =='H':
            break
```

A. PPYYTTHHOONN　　B. PPYYTTOONN

C. PPYYTTHOONN　　D. PPYYTTH

7. 下面代码的输出结果是(　　)。

```
for i in range(0,10,2):
    print(i,end = "")
```

A. 0 2 4 6 8　　B. 2 4 6 8

C. 0 2 4 6 8 10　　D. 2 4 6 8 10

8. 下面代码的输出结果是(　　)。

```
for i in"Go ahead bravely!":
```

```
    if i == "b":
        break
    else:
        print(i,end = "")
```

A. Go ahead ravely!　　B. bravely!
C. Go ahead bravely!　　D. Go ahead

9. 下面代码的输出结果是(　　)。

```
for i in range(3):
    for j in"dream":
        if j == "e":
            continue
        print(j,end = "")
```

A. dramdramdram　　B. drdrdr
C. dreamdreamdream　　D. dream

二、操作题

请写代码替换横线，不修改其他代码，实现以下功能。

键盘输入正整数 n，计算从 1 加到 n（包含 n 本身）的和，并输出在屏幕上。

例如：键盘输入正整数 n 为 100，屏幕输出 5050。

试题程序：

```
n = eval(input("请输入正整数:"))
s = 0
for i in range(________):
    s += ________
print(________)
```

第5章

组合数据类型

选择题分析明细表

考　点	考核概率	难易程度
列表的基本概念	30%	★
列表的索引及切片	100%	★★★★
列表的操作函数	80%	★★★
列表的操作方法	100%	★★★★
列表的特殊操作	10%	★★★★★
元组的基本概念	50%	★★★★
元组的特殊操作	50%	★★★★★
元组的操作函数	30%	★★★★★
字典的基本概念	80%	★★★
字典的操作函数	30%	★★★
字典的操作方法	100%	★★★★★
集合的基本概念和运算	30%	★★★
集合的基本操作	30%	★★★

操作题分析明细表

考　点	考核概率	难易程度
列表的索引及切片	100%	★★★★
列表的操作方法	100%	★★★★
字典的操作方法	100%	★★★★★

5.1 列表

考点1 列表的基本概念

列表由按特定序列排列的元素组成。列表中的元素可以是任意类型，元素之间无任何关系，列表元素可以执行增加、删除、替换、查找等操作。列表无须预先定义大小。

在 Python 中，用方括号([ ])表示列表类型，列表中的元素用逗号分隔开。例如：

```
names = ['Wang','Li','Zhang',1234]
print(names)

#运行程序
['Wang','Li','Zhang',1234]
```

真考链接

此考点属于考试大纲中要求了解的内容，在选择题中的考核概率为30%。

一般来说，列表名最好是用来描述列表的内容，这样便于代码的维护，提升代码的可读性。在本例中，列表的前3个元素为字符型，表示3个姓名，最后一个元素为数字型，程序并不会报错，因为列表中允许存在不同数据类型的元素。

考点2 列表的索引及切片

对列表元素的访问需通过索引完成。列表是一个有序集合，因此列表中的各元素都有其特定的位置，我们称该位置为它的索引。与大多数编程语言一样，Python 列表中第一个元素的索引号为0，之后每个元素的索引号递增1。例如，要获取 names 列表中的第2个元素，可以通过 names[1]来得到。

```
names = ['Wang','Li','Zhang',1234]
print(names[1])

#运行程序
Li
```

真考链接

此考点属于考试大纲中要求重点掌握的内容，在选择题和操作题中的考核概率均为100%。

注意：本章考点1中输出结果是含有中括号的，原因是它直接输出整个列表。本例是直接输出列表中的具体元素，因此直接得到的是该元素的值。如果想直接获取列表中最后一个元素的值，可以通过 Python 特有的索引号“-1”来得到，类似地，如果想获取列表的倒数第2个元素，可以通过索引号“-2”得到，以此类推，可以获取列表倒数第3，第4…第 *N* 个元素的值。此索引操作与字符串的操作类似，可以正向索引，也可逆向索引。

在 Python 中，可以对一个列表进行切片操作，具体操作和字符串的相同。切片用来获得列表的某段元素，即获得0个、1个或多个元素。列表切片的语法格式是使用冒号连接起始点和终点，但不包含终点索引元素。切片的结果也是列表类型。

```
ls = [12,23,45,67,88,323,1234]
```

如果希望获取第1个元素“12”至第3个元素“45”之间的切片，可以使用如下代码。

```
nums = ls[0:3]
```

列表的切片也可包含第3个参数——步长。

```
#获取列表第1个元素到第5个元素的切片,获取元素的步长为2
nums = ls[0:5:2]
print(nums)

#运行程序
[12,45,88]
```

如果希望从列表的某一个索引位置开始切片至终点，可以省略冒号右边的值。

```
ls = [12,23,45,67,88,323,1234]
nums = ls[0:]
print(nums)

#运行程序
[12,23,45,67,88,323,1234]
```

真题精选

以下代码的输出结果是(　　)。

```
ls = [[1,2,3],'python',[[4,5,'ABC'],6],[7,8]]
print(ls[2][1])
```

A. 'ABC'　　B. p　　C. 4　　D. 6

【答案】D

【解析】列表索引序号从0开始，所以ls[2][1]指的是列表中序号为2的元素中序号为1的元素，输出结果是6。本题选择D选项。

考点3　列表的操作函数

列表对象有一些通用的操作函数，可以实现对列表的整体操作。Python中，列表的常见操作函数如表5.1所示。使用列表的操作函数时，列表对象通常作为操作函数的参数出现。

> **真考链接**
>
> 此考点属于考试大纲中要求掌握的内容。在选择题中的考核概率为80%。

表5.1　　列表的常见操作函数

函数	描述
len()	返回列表中的元素个数
min()	返回列表中的最小元素
max()	返回列表中的最大元素
list()	将一个序列转换为列表

1. len()函数

基本格式：len(ls)

功能：返回列表中的元素个数。

参数：ls为一个列表对象。

```
ls = ['A','B','C','D']
print(len(ls))

#运行程序
4
```

2. min()函数

基本格式：min(ls)

功能：返回列表中最小的元素。

参数：ls为一个列表对象，且对象中的元素可以进行大小比较。

```
ls = [37,56,2,5,12]
print(min(ls))

#运行程序
2
```

3. max()函数

基本格式：max(ls)

功能：返回列表中最大的元素。

参数：ls 为一个列表对象，且对象中的元素可以进行大小比较。

```
ls = ['100','ac','db','px']
print(max(ls))

#运行程序
px
```

需要注意的是，列表内的元素类型需一致且可以进行大小比较，否则运行会报错误。

```
ls = [100,'ac','db','px']
print(max(ls))

#运行程序
TypeError:'>' not supported between instances of'str' and'int'
```

4. list( )函数

基本格式：list(seq)

功能：将 seq 转换为列表。

参数：seq 为组合数据类型。

```
str = "abcdefg"
ls = list(str)
print(ls)

#运行程序
['a','b','c','d','e','f','g']
```

真题精选

以下代码的输出结果是(　　)。

lis = list('1234')

print(lis)

A. ['1','2','3','4']　　B. ['1','2','3']　　C. '1234'　　D. [1,2,3,4]

【答案】B

【解析】用中括号([ ])表示列表类型，也可以通过 list(x)函数将集合或字符串类型转换成列表类型。此代码生成列表 lis = ['1','2','3','4']，最后通过 print( )函数输出。本题选择 B 选项。

考点 4　列表的操作方法

考点 3 介绍的是列表作为参数时的整体操作函数，考点 4 将对列表对象自身的操作方法逐一进行介绍，列表常用的操作方法如表 5.2 所示。

真考链接

此考点属于考试大纲中要求重点掌握的内容，在选择题和操作题中的考核概率均为 100%。

表 5.2　列表常用的操作方法

方法	描述
append( )	在列表的末端添加新的元素
count( )	统计元素在列表中出现的次数
extend( )	在列表末尾一次性追加另一个序列中的多个值
insert( )	将元素插入列表的指定索引位置处
index( )	从列表中找到第一个匹配项的索引位置
pop( )	从列表中移除一个元素并返回该元素的值
remove( )	移除列表中的第一个匹配项
reverse( )	将列表中的元素反转
sort( )	将列表中的元素排序

1. append()方法

基本格式：list. append(a)

功能：在列表的末端添加新的元素 a。

参数：a 为添加到尾部的元素。

```
ls = [1,2,3,4,5]
ls.append(6)
print(ls)

#运行程序
[1,2,3,4,5,6]
```

2. count()方法

基本格式：list. count(a)

功能：统计元素 a 在列表中出现的次数。

参数：a 为列表统计的元素。

```
ls = ['a','c','c','a','t','g']
num = ls.count('c')
print(num)

#运行程序
2
```

3. extend()方法

基本格式：list. extend(seq)

功能：与 append 方法不同的是，extend 方法是用于在列表末尾一次性追加另一个序列 seq 中的多个值。

参数：seq 为一个序列类型元素。

```
list1 = ['xyz','abc',123]
list2 = ['abc']
list1.extend(list2)
print(list1)

#运行结果
['xyz','abc',123,'abc']
```

4. insert()方法

基本格式：list. insert(index,a)

功能：将 a 元素插入列表的指定索引位置 index 处。

参数：index 为索引位置；a 为要插入的元素。

```
list = ['xyz','abc',123]
list.insert(1,321)
print(list)

#运行程序
['xyz',321,'abc',123]
```

5. index()方法

基本格式：list. index(a,[start],[end])

功能：从列表中找到第一个匹配项的索引位置。

参数：a 为要查找的对象，可选参数 start 和 end 为查找的起始和结束位置。

```
list = ['xyz','abc',123,321,'cab']
n = list.index(123)
print(n)

#运行程序
```

```
2
```

添加可选参数 start 和 end。

```
list = ['xyz','abc',123,321,'cab']
n = list.index(321,0,2)
print(n)

#运行程序
ValueError: 321 is not in list
```

6. pop( )方法

基本格式：list. pop(index)

功能：从列表中移除一个元素并返回该元素的值。

参数：index 为可选参数，确定要移除的元素索引位置。默认值为 -1，即列表的最后一个元素。

```
list = ['xyz','abc',123,321,'cab']
list.pop(2)
print(list)

#运行程序
['xyz','abc',321,'cab']
```

7. remove( )方法

基本格式：list. remove(a)

功能：与 pop 不同的是，remove 方法是移除列表中参数 a 的第一个匹配项。

参数：a 为列表中需要移除的元素。

```
list = [123,'xyz','abc',123,'cab']
list.remove(123)
print(list)

#运行程序
['xyz','abc',123,'cab']
```

8. reverse( )方法

基本格式：list. reverse( )

功能：将列表中的元素反转。

参数：无。

```
list = [1,2,3,4,5,6]
list.reverse()
print(list)

#运行程序
[6,5,4,3,2,1]
```

9. sort( )方法

基本格式：list. sort([key = 排序函数, reverse = (True or False)])

功能：将列表按照排序函数的返回值进行排序，reverse 的值为 True 或 False，代表从大到小或从小到大排序。key 对应的排序函数，默认返回值是元素本身。reverse 默认为 False，即当没有参数的时候，按照列表内部各元素自身大小进行从小到大排序。

参数：key 保留字传参为排序函数，reverse 保留字传参为 True 或 False。

```
list = [2,3,1,4,0,9]
list.sort()
print(list)
list.sort(reverse = True)
print(list)
```

```
#运行程序
[0,1,2,3,4,9]
[9,4,3,2,1,0]
```

真题精选

以下代码的输出结果是(　　)。

```
ls=[]
for m in '想念':
    for n in '家人':
        ls.append(m+n)
print(ls)
```

A. 想念家人　　B. 想想念念家家人人

C. 想家想人念家念人　　D. ['想家','想人','念家','念人']

【答案】D

【解析】外层for第1次循环将字符“想”赋给变量m，m='想'，内层for第1次循环将家赋给变量n，则m+n连接字符，利用列表的append()方法将连接后的字符“想家”加入列表ls中；内层for第2次循环将“人”赋给变量n，则m+n连接字符，利用列表的append()方法将连接后的字符“想人”加入列表ls中。外层for第2次循环将字符“念”赋给变量m，m='念'，内层for第1次循环将“家”赋给变量n，则m+n连接字符，利用列表的append()方法将连接后的字符“念家”加入列表ls中；内层for第2次循环将“人”赋给变量n，则m+n连接字符，利用列表的append()方法将连接后的字符“念人”加入列表ls中。最后列表ls=['想家','想人','念家','念人']，print（ls）输出ls。本题选择D选项。

考点5　列表的特殊操作

> **真考链接**
>
> 此考点属于考试大纲中要求掌握的内容，在选择题中的考核概率为10%。

列表也支持一些操作符运算，例如“+”“+=”“*”“*=”，运算规则与数字类型不同。数字类型是不可变数据类型，所以不管用什么操作符进行运算，其结果所指向的内存地址都会改变。列表类型是可变数据类型，当使用“+=”和“*=”操作符运算时，其结果指向的内存地址不会改变；当使用“+”和“*”操作符运算时，其结果指向的内存地址便会改变。

id()函数可以返回变量所指向的内存地址，接下来将用id()函数举例说明数字类型和列表类型经过操作符运算过后内存地址的变化情况。

```
>>>x=3
>>>id(x)
8791256490704     #地址数值不恒定,用户得到的数值与此数值不同是正常现象,下同
>>>x+=2
>>>id(x)
8791256490768     #因为整数类型是不可变的数据类型,所以改变了数值,它所指向的内存址也会跟着改变,下同
>>>x=x+2
>>>id(x)
8791256490832
```

下面是列表使用操作符时，内存地址的变化情况。

```
>>>ust=[1,2,3]
>>>id(ust)
31201288
>>>ust+=[4]
>>>id(ust)
31201288          #因为列表l是可变的数据类型,列表l添加元素时,uit内存地址不变
>>>ust=ust+[5]
>>>id(ust)
```

```
36998792            #此处展示了“+=”与“+”的不同之处,“+”相当于重新赋值,所以内存地址会变
>>>ust.append(6)
>>>id(ust)
36998792            #append()方法实现近似于“+=”,所以内存地址也不会改变
```

与操作符“+”和“+=”的特性类似，操作符“*”和“*=”也是重新赋值与在原内存地址改变值。

```
>>>ust=[1,2,3]
>>>id(ust)
47034120
>>>ust*=2
>>>id(ust)
47034120
>>>ust=ust*3
>>>id(ust)
50547272
```

在 Python 语言中，有一种将循环和列表结合的语法，一般称为列表生成式。基本语法格式如下：

[表达式 for 循环变量 in 遍历数据]

经过此表达式会生成一个新列表，列表的数据由遍历数据决定。例如：

```
print([1 for i in 'asd'])
print([i for i in 'asd'])

#运行程序
[1,1,1]
['a','s','d']
```

经过上述示例可以看出列表生成式最后得到的列表可以由循环变量 i 决定，也可以不使用循环变量 i。

5.2 元组

考点6 元组的基本概念

列表中的数据是可以被修改的，然而，有些时候需要一个序列中元素的值不可被修改，此时可以用到元组。

元组与列表相似，也是一个可以存储任意类型的组合数据类型，区别在于，元组是不可变的数据类型，而列表是可变的。元组的元素之间通过逗号（,）分隔，所有的元素包含在圆括号内。当元组只有一个元素的时候，逗号不可省略且在元素之后。

真考链接

此考点属于考试大纲中要求掌握的内容，在选择题中的考核概率为 50%。考生需要记住元组的创建方式。

```
tup1 = (1)
tup2 = (1,)
tup3 = (1,2,3)
print(tup1)
print(tup2)
print(tup3)

#运行程序
1
(1,)
(1,2,3)
```

可以看出，当元组只有一个元素时，如果省略逗号，Python 解释器将自动去除圆括号。

如果尝试修改元组中元素的值，系统将会提示错误信息。由此可见，元组中的值是不可以修改的。有些情况下，为了程序的安全性和稳定性，可以适当地构建元组来代替列表。

```
tup = (255,234,129)
tup[2] =100

#运行程序
TypeError:'tup' object does not support item assignment
```

元组与列表类似，都是一种序列类型，也可以对其中的内容进行切片及索引等操作。

```
tuple = (255,234,129,32,345,67)
print(tuple[1:3])
print(tuple[1])

#运行程序
(234,129)
234
```

考点 7 元组的特殊操作

> **真考链接**
>
> 此考点属于考试大纲中要求掌握的内容，在选择题中的考核概率为 50%。

虽然元组的元素值不能进行修改，但可以对元组整体进行赋值操作。

```
>>>tup = (100,200,300)
>>>tup
(100,200,300)
>>>id(tup)
49519784
>>>tup = (10,20,30)
>>>tup
(10,20,30)
>>>id(tup)
49946768
>>>tup = (10,20,30)
>>>tup
(10,20,30)
>>>id(tup)
49926080
```

直接给元组变量整体赋值是合法的，因此 Python 不会出现错误提示。另外，也可以利用“ + ”操作符对元组执行连接操作。

```
>>>t1 = (1,2,3)
>>>t2 = ('a','b','c')
>>>t3 =t1 +t2
>>>t3
(1,2,3,'a','b','c')
```

当对元组进行整体删除操作时，需要使用保留字 del。

```
>>>t = (1,2,3,4,5,6)
>>>del t
>>>t
NameError: name 't' is not defined
```

 **真题精选**

关于 Python 元组类型，以下选项中描述错误的是(　　)。

A. 元组不可以被修改

B. Python 中元组使用圆括号和逗号表示

C. 元组中的元素要求是相同类型

D. 一个元组可以作为另一个元组的元素，可以采用多级索引获取信息

【答案】 C

【解析】 元组与列表类似，可存储不同类型的数据；元组是不可改变的，创建后不能再做任何修改操作。

考点8　元组的操作函数

元组是一种与列表极其相似的组合数据类型。前面介绍过，元组是不可变的数据类型，列表是可变的数据类型。其他操作基本类似，所以在 Python 语言中，提供了操作列表的函数，同样也提供了操作元组的函数。

真考链接

此考点属于考试大纲中要求掌握的内容，在选择题中的考核概率为30%。

1. len( )函数

基本格式：len(t)

功能：返回元组中元素的个数。

参数：t 为元组对象。

```
s = (1,2,3)
l = len(s)
print(l)

#运行程序
3
```

2. min( )函数

基本格式：min(t)

功能：返回元组中的最小元素。

参数：t 为元组对象。

```
s = (1,2,3)
l = min(s)
print(l)

#运行程序
1
```

3. max( )函数

基本格式：max(t)

功能：返回元组中的最大元素。

参数：t 为元组对象。

```
s = (1,2,3)
l = max(s)
print(l)

#运行程序
3
```

4. tuple( )函数

基本格式：tuple(seq)

功能：将 seq 转换为一个元组。

参数：seq 为要转换为元组的序列。

```
seq = [1,2,3,4,5]
x = tuple(seq)
print(x)

#运行程序
(1,2,3,4,5)
```

真题精选

以下代码的输出结果是(　　)。

```
s = '1,2,3,4'
t = tuple(s)
print(t)
```

A. ('1','2','3','4')　　B. ('1',',','2',',','3',',','4')

C. (1,2,3,4)　　D. ('1,2,3,4',)

【答案】B

【解析】在 Python 语言中，tuple()函数能将参数转化为元组。参数是序列类型时，序列类型的每一个元素都作为一个生成元组的组成元素，所以字符串中逗号也会被转化成元组元素。本题选择 B 选项。

5.3 字典

考点9 字典的基本概念

字典也是一种可变的组合数据类型，与列表和元组的不同之处在于，字典是一种无序组合数据类型。字典通过键及其对应的值构成键值对来确定一个元素。键和值之间用冒号（:）分隔，每个键值对就是一个元素，且用逗号（,）分隔，整个字典包含在花括号({})内。

需要注意的是，在字典中，键不可重复，且只能是不可变的数据类型；值可以重复出现，且可以是任意数据类型。另外，字典是没有顺序的数据类型，所以在对字典进行输出操作时，出现的结果可能与创建时的顺序不一致。

真考链接

此考点属于考试大纲中要求熟悉的内容，在选择题中的考核概率为 80%。考生需掌握字典的创建方式及形式。

```
d = {1:'a','q':[1,2,3],(1,2):5}
print(d)

#运行程序
{1:'a','q': [1,2,3],(1,2): 5}#此处顺序不恒定
```

一般情况下，用户获取的都是字典的键。想要获取值，就得通过对应的键来实现，基本格式为 dic[key]。其中，“dic”为字典对象，“key”为键值。

```
staff = {1101:"Zhanghua",1102:"Wangmei",1104:"LiLei"}
print(staff)
print(staff[1101])

#运行程序
{1101:'Zhanghua',1102:'Wangmei',1104:'LiLei'}
Zhanghua
```

可以通过字典的 get()方法来得到与某个键相关联的值，由于 get()方法包含默认值，因此可以避免由于字典中没有的键而导致程序错误。具体用法详见本章考点 11。

另外，也可以根据键来修改对应的值。若键不存在，则向字典中添加新的键值对；若键存在，那么就修改对应的值。

```
staff = {1101:"Zhanghua",1102:"Wangmei",1104:"LiLei"}
staff[1101] = "Songdan"
staff[1103] = "Zhaoshan"
print(staff)

#运行程序
```

```
{1101:'Songdan',1102:'Wangmei',1104:'LiLei',1103:'Zhaoshan'}
```

本例中第2行是对原有键值对的修改，第3行由于原有键值对中没有1103这个键，因此系统将在staff字典中新建一个键值对。

小提示

Python语言中可以使用del保留字删除字典元素或整个字典。

Del staff[1102] #删除键为1102的键值对

Del staff #将整个staff字典删除

真题精选

以下关于Python字典变量的定义中，正确的是(   )。

A. d={[1,2]:1,[3,4]:3}　　B. d={1:as,2:sf}

C. d={(1,2):1,(3,4):33}　　D. d={'python':1,[tea,cat]:23}

【答案】C

【解析】在Python中，使用花括号建立字典。字典是存储可变数量键值对的数据结构，每个元素是一个键值对，具有和集合类似的性质，即键值对之间没有顺序且不能重复。通过字典类型实现映射，键必须是唯一的，必须是不可变数据类型，值可以是任何数据类型。选项A、D两项错误。B选项中值as和sf没有引号，应被识别为变量，但as属于Python内部定义并保留使用的变量名，不能被创建为变量，所以B选项错误。本题选择C选项。

考点10 字典的操作函数

真考链接

此考点属于考试大纲中要求掌握的内容，在选择题中的考核概率为30%。

Python语言中包含一些内置函数可以完成对字典的操作。在内置函数中，字典对象一般作为函数的参数。

1. len()函数

基本格式：len(dict)

功能：计算字典中元素的个数，也可以认为是键的个数。

参数：dict为字典。

```
dict1 = {'Name':'Wang','Age': 17,'City':'SH'}
print(len(dict1))

#运行程序
3
```

2. str()函数

基本格式：str(dict)

功能：将字典转换为字符串形式，通常用于打印输出。

参数：dict为字典。

```
dict1 = {'Name':'Wang','Age': 17,'City':'SH'}
print(str(dict1))

#运行程序
{'Name':'Wang','Age': 17,'City':'SH'}      #此处为字符串类型,只是在打印输出的过程中去除了引号
```

3. type()函数

基本格式：type(dict)

功能：一个通用型函数，返回参数的数据类型。

参数：dict为字典（也可以为任意数据类型）。

```
dict1 = {1111:'Tian'}
print(type(dict1))

#运行程序
<class'dict'>
```

考点11　字典常用的操作方法

字典包含了许多操作方法，用法上也与列表的基本一致。字典常用的操作方法如表5.3所示。

> **真考链接**
>
> 此考点属于重点考核内容，在选择题和操作题中的考核概率均为100%。

表5.3　字典常用的操作方法

方法	描述
clear( )	直接清空所有键值对
keys( )	返回一个字典中的所有键
values( )	返回一个字典中的所有值
items( )	返回一个字典中的所有键值对
get( )	如果指定键存在，则返回对应的值；如果不存在，则返回default值
pop( )	如果指定键存在则返回对应的值，并删除键值对；如果不存在，则返回default值

1. clear( )方法

基本格式：dict. clear( )

功能：直接清空所有键值对。

参数：无

```
dict1 = {1111:'Tian',2222:'GuGong'}
dict1.clear()
print(dict1)

#运行程序
{}#此时输出结果为空字典。
```

2. keys( )方法

基本格式：dict. keys( )

功能：返回一个字典中的所有键。

参数：无

```
dict1 = {1111:'Tian',2222:'GuGong',3333:'ChangCheng'}
print(dict1.keys())

#运行程序
dict_keys([1111,2222,3333])
```

3. values( )方法

基本格式：dict. values( )

功能：返回一个字典中的所有值。

参数：无。

```
dict1 = {1111:'Tian',2222:'GuGong',3333:'ChangCheng'}
print(dict1.values())

#运行程序
dict_values(['Tian','GuGong','ChangCheng'])
```

4. items( )方法

基本格式：dict. items( )

功能：返回一个字典中的所有键值对。

参数：无。

```
dict1 = {1111:'Tian',2222:'GuGong',3333:'ChangCheng'}
print(dict1.items())
```

```
#运行程序
dict_items([(1111,'Tian'),(2222,'GuGong'),(3333,'ChangCheng')])
```

5. get()方法

基本格式：dict.get(key,default)

功能：如果指定键存在，则返回对应的值；如果不存在，则返回 default 值。

参数：key 为键值，default 为没有键时的默认值。

```
dict1={1111:'Tian',2222:'GuGong',3333:'ChangCheng'}
print(dict1.get(1111))
print(dict1)

#运行程序
Tian
{1111:'Tian',2222:'GuGong',3333:'ChangCheng'}
```

这里的 get()函数只是获取键对应的值，并不会对其进行删除操作。

6. pop()方法

基本格式：dict.pop(key,default)

功能：如果指定键存在，则返回对应的值，并删除该键值对；如果不存在，则返回 default 值。

参数：key 为键值，default 为没有键时的默认值。

```
dict1={1111:'Tian',2222:'GuGong',3333:'ChangCheng'}
print(dict1.pop(1111))
print(dict1)

#运行程序
Tian
{2222:'GuGong',3333:'ChangCheng'}
```

这里由于使用 pop 函数，因此获取键对应值的同时会对该键值对执行删除操作。

真题精选

以下代码的输出结果是(　　)。

```
d={'food':{'cake':1,'egg':5}}
print(d.get('egg','no this food'))
```

A. egg　　B. 1　　C. food　　D. no this food

【答案】D

【解析】根据字典的索引方式可知，d.get('egg','no this food')索引的是字典第一层，但是第一层只有键 food，没有键 egg，故索引不出值，输出的是“no this food”。

5.4 集合

考点 12 集合的基本概念和运算

> **真考链接**
>
> 此考点属于考试大纲中要求掌握的内容，在选择题中的考核概率为 30%。

集合也是一种组合数据类型，可以包含 0 个、1 个或多个元素，其中元素的存储是无序的，集合中不允许出现重复值。

集合本身是没有顺序且可变的数据类型，但是其中的数据元素需是不可变的，所以集合的元素一般为数字、字符串或元组。无序、不可重复、元素本身不可变这几种性质类似于字典键的性质的组合。集合元素之间用逗号分隔，所有的元素包含在花括号({})内。

```
colorSet = {'red','blue','green','yellow',255,255}
print(colorSet)

#运行程序
{'red','blue','yellow','green',255}
#这里由于255出现了两次,因此集合默认将其中一个重复元素过滤掉
```

可以使用set函数创建集合。

```
s = set('abcdefg')
print(s)

#运行程序
{'e','g','c','b','f','d','a'}
```

集合之间也可以参与运算，它有4种运算操作符，如表5.4所示。

表5.4 集合操作符

操作符	描述
a - b	返回集合a中存在而集合b中不存在的元素
a | b	返回集合a和集合b中的所有元素
a^b	返回集合a和集合b中的非共同元素
a&b	返回同时存在于集合a和集合b中的元素

```
>>>a = set('abcdefg')
>>>b = set('aecth')
>>>a - b
{'f','g','b','d'}
>>>a&b
{'a','e','c'}
>>>a|b
{'e','t','g','c','b','f','h','d','a'}
>>>a^b
{'h','g','b','f','d','t'}
```

考点13 集合的基本操作

集合也有一些常见的操作，如表5.5所示。

表5.5 集合的基本操作

方法	描述
add()/update()	向集合中添加或更新元素
clear()	移除集合中的所有元素
remove()	移除集合中的指定元素
pop()	随机移除集合中的一个元素
len()	返回集合的长度
in	判断某个元素是否在集合中

真考链接

此考点属于考试大纲中要求掌握的内容，在选择题中的考核概率为30%。

1. add()/update()方法

基本格式：s.add(e)/s.update(a)

功能：向集合中添加或更新元素。

参数：e为不可变的数据元素，s为组合数据类型。

```
>>>s={1,2,3}
>>>s.add(3)
>>>s
{1,2,3}
>>>s.add(4)
>>>s
{1,2,3,4}
>>>s.update([3,4,5])
>>>s
{1,2,3,4,5}
```

由于集合元素是无序排列的，因此集合的输出顺序与定义时的顺序可以不一致。

2. clear()方法

基本格式：s.clear()

功能：移除集合中的所有元素。

参数：无。

```
>>>fNames.clear()
>>>fNames
set()
```

可以看出，即使集合中的元素都被移除，输出集合时也会提示当前数据的类型。

3. remove()方法

基本格式：s.remove(e)

功能：移除集合中的指定元素。

参数：e为需要移除的元素。

```
>>>fNames={'Wang','Zhang','Li'}
>>>fNames.remove('Li')
>>>fNames
{'Wang','Zhang'}
```

4. pop()方法

基本格式：s.pop()

功能：随机移除并返回集合中的一个元素。

参数：无。

```
>>>fNames.pop()
'Wang'
>>>fNames
{'Zhang'}
```

5. len()函数

基本格式：len(s)

功能：len是一个通用函数，一般用于返回组合数据类型的元素个数。

参数：s是一个集合，或为任意组合数据类型。

```
>>>s={1,2,3,4}
>>>len(s)
4
>>>a=(1,2,3)
>>>len(a)
3
```

6. in操作符

基本格式：a in s

功能：判断某个元素是否在集合中。

参数：无。

```
>>>colorSet=set(("Red","Yellow","Blue"))
```

```
>>> "Red"in colorSet
True
>>> "Green"in colorSet
False
```

5.5　综合自测

选择题

1. 以下代码的输出结果是(　　)。

```
def fibRate(n):
    if n <=0:
        return -1
    elif n ==1:
        return -1
    elif n ==2:
        return 1
    else:
        L =[1,5]
        for i in range(2,n):
            L.append(L[ -1] +L[ -2])
        return L[ -2]% L[ -1]
print(fibRate(7))
```

A. 0.6　　B. 28　　C. -1　　D. 1

2. 以下代码的输出结果是(　　)。

```
ls =['2020','1903','Python']
ls.append(2050)
ls.append([2020,'2020'])
print(ls)
```

A. ['2020','1903','Python',2020,[2050,2020]]
B. ['2020','1903','Python',2020]
C. ['2020','1903','Python',2050,[2020,'2020']]
D. ['2020','1903','Python',2050,['2020']]

3. 以下代码的输出结果是(　　)。

```
d ={"大海":"蓝色","天空":"灰色","大地":"黑色""}
print(d["大地"],d.get("天空","黄色"))
```

A. 黑色　黑色　　B. 黑色　灰色　　C. 黑色　黄色　　D. 黑色　蓝色

4. 在Python语言中，不属于组合数据类型的是(　　)。

A. 浮点数类型　　B. 字典类型　　C. 列表类型　　D. 元组类型

5. 以下关于Python列表的描述中，正确的是(　　)。

A. 列表的长度和内容都可以改变，但元素类型必须相同
B. 不可以对列表进行成员运算操作、长度计算和分片
C. 列表的索引是从1开始的
D. 可以使用比较操作符（如“>”或“<”等）对列表进行比较

6. 下面的d是一个字典变量，能够输出数字2的语句是(　　)。

```
d ={'food':{'cake':1,'egg':5},'cake' :2,'egg':3}
```

A. print(d['food']['egg'])　　B. print(d['cake'])
C. print(d['food'][-1])　　D. print(d['cake'][1])

7. 以下代码的输出结果是(　　)。

```
s = [4,2,9,1]
s.insert(3,3)
print(s)
```

A. [4,2,9,1,2,3]　　B. [4,3,2,9,1]　　C. [4,2,9,2,1]　　D. [4,2,9,3,1]

8. ls = [2,"apple",[42,"yellow","misd"],1,2]，表达式 ls[2][-1][2]的结果是(　　)。

A. m　　B. i　　C. s　　D. d

9. 以下程序的输出结果是(　　)。

```
ls = list(range(5))
print(ls)
```

A. {0,1,2,3,4}　　B. [0,1,2,3,4]　　C. {1,2,3,4}　　D. [1,2,3,4]

10. 第 28 题：下面程序的输出结果是(　　)。

```
lis1 = [1,2,['python']]
lis2 = ['loves']
lis1[1] = lis2
print(lis1)
```

A. [lis2,2,['python']]　　B. [1,['loves'],['python']

C. [1,2,['python ,'loves']　　D. [1,2,['python",loves']]

11. 下面程序的输出结果是(　　)。

```
L1 = [4,5,6,8].reverse()
print(L1)
```

A. [8,6,5,4]　　B. [4,5,6,8]

C. None　　D. [4,5,6,8,]

12. 下面程序的输出结果是(　　)。

```
ls = ["橘子","芒果","草莓","西瓜","水蜜桃"]
for k in ls:
    print(k,end = "")
```

A. 橘子芒果草莓西瓜水蜜桃　　B. 橘子芒果草莓西瓜水蜜桃

C. 西瓜　　D. "橘子""芒果""草莓""西瓜""水蜜桃"

13. 下列关于列表的说法正确的是(　　)。

A. 列表中的值可以是任何数据类型，被称为元素或项

B. 列表的索引序号是从 1 开始的，以此类推

C. 使用 append()函数可以向列表的指定位置插入元素

D. 使用 remove()函数可以从列表中删除元素，但必须知道元素在列表中的位置

14. 对于序列 numbers = [1,2,3,4,5,6,7,8,9,10]，以下选项的操作中得不到结果[1,3,5,7,9]的是(　　)。

A. >>>numbers[::2]　　B. >>>numbers[:-1:2]

C. >>>numbers[1:11:2]　　D. >>>numbers[0::2]

15. 执行下面的代码，输出的结果为(　　)。

```
d = {"MM":1001,"GG":1003}
print(len(d))
d['GG'] =1002
print(d.get('GG',1004))
```

A. 13
1002　　B. 2
1002　　C. 2
1004　　D. 2
1003

16. 使用列表解析 lst = [x**2 for x in range(7,0,-2)]得到的列表中，元素值为 25 的是(　　)。

A. lst[2]　　B. lst[1]

C. lst 中没有值为 25 的元素　　D. lst[0]

第6章

文 件

选择题分析明细表

考　点	考核概率	难易程度
文件类型	10%	★★
文件的打开和关闭	100%	★★★
文件的读取	80%	★★★
文件的写入	80%	★★★
文件的操作方法	10%	★★
一维数据	50%	★★★★
二维数据	70%	★★★★★
高维数据	10%	★★★★

操作题分析明细表

考　点	考核概率	难易程度
文件的打开和关闭	100%	★★★
文件的读取	80%	★★★
文件的写入	80%	★★★
二维数据	70%	★★★★★

6.1　文件的基本概念

考点1　文件类型

列表、元组等组合数据类型，虽能存储大量的数据，但是在程序结束时，数据就会被清空。所以需要一种可以将数据“永久”保存下来的方式，这也是一种特殊的数据类型——文件。Python 程序通过操作文件，可以将数据永久保存下来，也可以通过读取文件获得大量的数据信息。因此通过文件进行读取和写入数据将使程序的使用更加便捷，也使得程序的可扩展性得到大幅提高。

真考链接

此考点属于考试大纲中要求熟悉的内容，在选择题中的考核概率为 10%。考生需要记住文本文件和二进制文件的区别。

按照文件的编码方式，可以将文件分为文本文件和二进制文件。文本文件由一组特定编码的字符构成的文件，可以看作是存储在硬盘上的长字符串，如文本文档（.txt），Word 文档（.docx）等。此种类型的文件通常可以由某种文本编辑器对内容进行识别、处理、修改等操作。二进制文件由二进制数“0”和“1”构成，如图形文件、音频文件等，此种类型的文件没有统一的字符编码，因此只能以字节流方式打开。

考点2　文件的打开和关闭

Python 语言中，当读取或写入文件时，需要先打开文件，完成相应读写操作后，还需要关闭文件，以便释放与文件绑定的资源。文件使用完毕，必须关闭，因为当某个进程对文件进行操作时，文件就被该进程占用。只有当该进程关闭文件后才可释放对文件的占用权，此时，其他进程才可以对该文件进行读写操作。

真考链接

此考点属于考试大纲中要求掌握的内容，在选择题和操作题中的考核概率均为 100%。考生需要熟练使用文件的打开函数和关闭方法。

在打开文件时，如果使用的是 with 保留字，即使没有在代码中写关闭语句，Python 也会在合适的时候自动将其关闭。

```
with open('1.txt')as f:
    print(f.read())
```

Python 语言中，使用 open()函数打开文件。此函数返回一个文件对象，此对象也可称之为句柄。由 open()函数将句柄返回给变量（如 f），此时变量便作为当前的句柄，使用句柄可以执行相关读写操作（如 f.read()读取文件所有内容）。

```
>>> f = open("test.txt")
```

在打开文件时，还可以指定打开模式（可选），其中，模式“r”表示读取，模式“w”表示写入，模式“a”表示文件追加写入，模式“t”表示文本文件模式，模式“b”表示二进制文件模式。默认情况下是以文本文件模式打开文件，此时从文件中读取的数据会转化为字符串。处理非文本文件（如图形或音视频文件）时使用二进制文件模式。使用 open()函数打开文件的几种模式如表 6.1 所示。加入模式后的 open()语句的基本语法格式如下：

<变量名>=open(文件名,[打开模式])

表 6.1　　使用 open()函数打开文件的模式

模式	含义
r	以只读方式打开一个文件，为 open()的默认模式
w	打开一个文件进行写入。如果文件不存在，则创建新文件；如果文件存在，则覆盖该文件
x	执行文件的新建写入，如果文件已存在，则操作失败，并抛出异常
a	追加写入模式，如果文件已存在，则在后面追加内容；如果文件不存在，则创建
t	打开文本文件模式，为 open()的默认模式
b	打开二进制文件模式
+	打开文件进行更新（同时读写），与 r、w、a、b 一同出现

```
f=open("test.txt")             # 等价于 open("test.txt",'r')
f=open("test.txt",'w')         # 在文本模式下对 test 文件执行写操作
f=open("img.bmp",'r+b')        # 在二进制模式下执行读和写操作
```

示例用了3种不同的模式打开文件，第1种为默认打开方式，模式为“r”，只可进行读取；第2种为“w”模式，即对test文件进行写入操作，若文件不存在，则直接创建；第3种是对位图进行读写操作，采用二进制文件模式打开。

对于文本文件模式的编码规则，默认编码是依赖于操作系统的。因此，在文本文件模式下处理文件时，还需要在参数后面追加指定的编码类型，以防止出现乱码的现象。

```
f=open("test.txt",mode='r',encoding='utf-8')
```

读取文本文件时，默认将所有文本识别为字符串，因此，如果希望读取的内容是数字，需要通过基本类型转换将字符串转换成数值形式。

文件读写完毕需要关闭文件，关闭文件常常使用close()方法，可以通过写入该方法手动完成文件的关闭。

```
f=open("test.txt")
# 相关读写操作
f.close()
```

虽然close()方法可以执行文件的关闭，但是如果程序存在错误，导致close()语句未执行，则文件将不会关闭。更为简便的方法是为open()函数添加with保留字，基本格式如下。

```
with open("test.text")as f:
# 相关读写操作
```

此时不再需要编写close()方法，Python解释器会自动在内部解决。

小提示

文件的编码类型有很多种，在计算机等级考试中一般只涉及utf-8类型，考生也可在计算机中用记事本打开文件，在打开界面右下角会显示文件的编码类型。

真题精选

在读写文件之前，需要打开文件，所使用的函数是（ ）。

A. read()　　B. fopen()　　C. open()　　D. CFile()

【答案】C

【解析】Python通过open()函数打开一个文件，并返回一个操作这个文件的变量，语法：<变量名>=open(文件路径及文件名,[打开模式])。本题选择C选项。

6.2 文件的读写操作

考点3 文件的读取

当文件被打开之后，便可进行相应的读取或写入操作。读取文件的方法有很多，例如可以通过read(size)方法从文件中根据size读取指定个数的字符。

真考链接

此考点属于考试大纲中要求掌握的内容，在选择题和操作题中的考核概率均为80%。

在程序所在文件夹下建立了一个文本文档，名为“test.txt”。内容如图6.1所示，然后使用read()方法读取大小为6个字符的数据并输出结果。

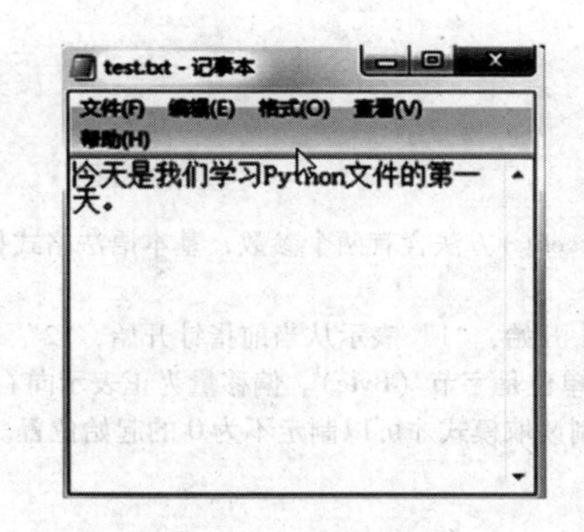

图 6.1 文件内容

```
f = open("test.txt",'r')
print(f.read(6))
f.close()

# 运行程序
今天是我们学
```

如果在 read(6)后紧跟着编写 read(4)，那么将从第 7 位字符开始读取。

```
f = open("test.txt",'r')
print(f.read(6))
print(f.read(4))
f.close()

# 运行程序
今天是我们学
习 Pyt
```

如果 read()方法中未指定参数，则默认读取文件中的所有数据。

```
f = open("test.txt",'r')
print(f.read())
f.close()

# 运行程序
今天是我们学习 Python 文件的第一天。
```

当打开文件时，内部指针默认指向起始位置，此为文件头，读取文件内容时，读取到某一位置，指针就指向相应位置。tell()方法可以返回当前指针位置（字节数，一个中文字符占 2 字节）。

```
f = open("test.txt",'r')
print(f.read(6))
print(f.tell())
f.close()

# 运行程序
今天是我们学
12

f = open("test.txt",'r')
print(f.read(6))
f.seek(0)
print(f.read(4))
f.close()
```

```
#运行程序
今天是我们学
今天是我
```

seek()方法可以控制指针所在位置。seek()方法含有两个参数，基本语法格式如下。

f.seek(<偏移量>[,起始位置])

其中，起始位置为“0”表示从文件头开始，“1”表示从当前指针开始，“2”表示从文件末尾开始。

偏移值表示从起始位置移动的距离，单位是字节（Byte）。偏移量为正表示向右偏移（即文件末尾方向），为负表示向左偏移（即文件开头方向）。只有以二进制读取模式才可以制定不为0的起始位置。

```
#shuzi.txt 文件的内容
1234567890
f = open("shuzi.txt","rb")
print(f.read(3),f.tell())
f.seek(-6,2)
print(f.read(3),f.tell())
f.close()

#运行程序
b'123' 3
b'567' 7
```

如果读取的文件有多行，也可以通过readline()方法读取文件内容。基本语法格式如下。

f.readline([size])

无参数size时，使用该方法读取文件的某一行内容，直到遇到换行符停止读取；有参数size时，将读入当前指针后size长度的字符串或字节流。

对之前的test文本文档进行修改，使其具备多行字符，如图6.2所示。

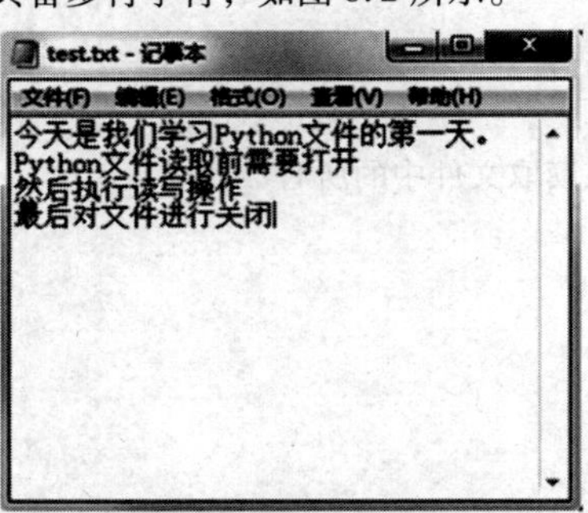

图6.2 文件内容

```
f = open("test.txt",'r')
print(f.readline())
print(f.readline())
print(f.readline(3))

#运行程序
今天是我们学习 Python 文件的第一天。
Python 文件读取前需要打开
然后执
```

Python中文件读取还有一种方法——readlines()，此方法针对的是文件中所有内容。读取结果将以列表形式给出，每行文件内容为一个列表元素。

```
f = open("test.txt",'r')
print(f.readlines())
```

```
#运行程序
['今天是我们学习 Python 文件的第一天。\n','Python 文件读取前需要打开\n','然后执行读写操作\n','最后对文件进行关闭']
```

小提示

在考试中一般会考核 for 循环遍历文件内容，当用 for 循环直接遍历文件的打开对象时，等同于遍历 readlines()方法读取文件后的结果。

真题精选

文件 exam. txt 与以下代码在同一目录下，其内容是一段文本：bigBen，以下代码的输出结果是(　　)。

```
f = open("exam.txt")
print(f)
f.close()
```

A. bigBen　　B. exam. txt　　C. <_io. TextIOWrapper ... >　　D. exam

【答案】C

【解析】open()函数打开一个文件，并返回可以操作这个文件的变量 f，并且 open()函数有两个参数：文件名和打开模式。本题只是打开了文件，并没有对文件进行操作，因此不会输出文件的内容。print(f)语句输出的是变量代表的文件的相关信息：<_io. TextIOWrapper name = 'exam. txt' mode = 'r' encoding = 'cp936' >。

若想要输出文件的内容，需要把文件的内容读入，如 f1 = f. read()。本题选择 C 选项。

考点4　文件的写入

在打开文件后，可以通过 write()方法执行写操作。如果需要对文件进行写操作，文件的打开方式必须是“w”、“a”或“x”模式，且在使用“w”模式时会覆盖原文件中的内容。Python 的 write()方法可以将任何字符串或字节流写入一个打开的文件。在对文件执行写操作时，可以使用“\n”对文本内容进行换行，否则文本内容将会被认为是一行内容。

此考点属于考试大纲中要求掌握的内容，在选择题和操作题中的考核概率均为 80%。

```
with open("test.txt",'w')as f:
    f.write("第 1 行一个换行符\n")
    f.write("第 2 行两个换行符\n\n")
    f.write("第 3 行无换行符")
```

该例使用 with 保留字，无须对打开的文件执行关闭。这里要对之前的 test 文本文档进行写操作，因此使用“w”模式打开 test 文本文档。程序执行的结果如图 6.3 所示。

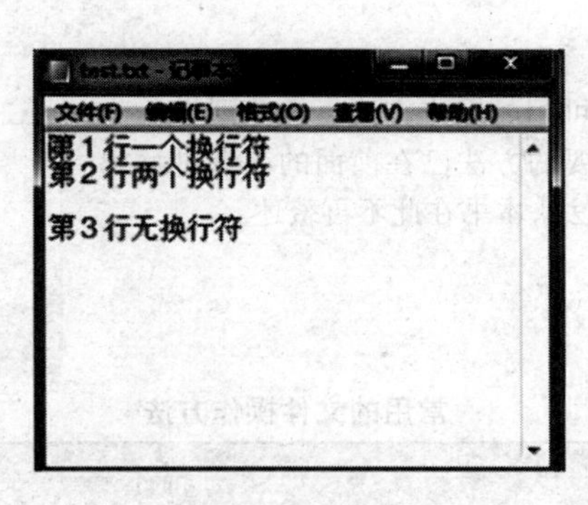

图 6.3　生成结果

write()方法需要逐行填写，如果程序中需要写入一个列表的全部内容，那么也可以通过 writelines()方法将列表中的所有内容一次性写入。

```
s = ["床前明月光","疑是地上霜","举头望明月","低头思故乡"]
f = open("静夜思.txt","w")
```

```
f.writelines(s)
f.close()
#输出的文件"静夜思.txt"的内容为:
床前明月光疑是地上霜举头望明月低头思故乡
```

小提示

在考试中，一般只考核 write( )方法写入文件，在使用 writelines( )方法写入文件的时候，组合数据的元素必须全为字符串类型。

真题精选

【例 1】以下代码的输出结果是(　　)。

```
fo = open("book.txt","w")
ls = ['C 语言','Java','C#','Python']
fo.writelines(ls)
fo.close()
```

A. 'c 语言"Java" C#" Python'　　B. C 语言 JavaC#Python

C. [C 语言,Java,C#,Python]　　D. ['C 语言','Java','C#','Python']

【答案】B

【解析】文件打开模式中"w"表示写模式，如果文件不存在，则创建；如果文件存在，则完全覆盖原文件。文件写入方法中，writelines( )直接将列表类型的各元素连接起来写入文件中。此代码就是将列表 ls 中的内容整体写入文件中。本题选择 B 选项。

【例 2】以下代码执行后，book. txt 文件的内容是(　　)。

```
fo = open("book.txt","w")
ls = ['book',23,'201009','20']
fo.write(str(ls))
fo.close()
```

A. ['book','23','201009','20']　　B. book,23,201009,20

C. [book,23,201009,20]　　D. book2320100920

【答案】A

【解析】执行 fo = open("book. trt","w")语句，打开 book. txt 文本文件，打开模式为"w"(覆盖写模式)；创建列表 ls = ['book','23','201009','20']；str( )函数返回一个对象的字符串格式，str(ls)将列表类型的 ls 转换为字符串类型，fo. write(str(ls))将字符串写入 book. txt 文本文件中。故本题选择 A 选项。

考点 5　文件的操作方法

Python 语言中，关于文件对象有多个可用的操作方法。本节列举一些常用的文件操作方法，如表 6.2 所示。重要的方法已在前面的考点讲解完毕，读者可以参阅相关资料学习其余的方法，本书在此不再赘述。

真考链接

此考点属于考试大纲中要求了解的内容，在选择题中的考核概率为 10%。

表 6.2　常用的文件操作方法

方法	描述
close( )	关闭已打开的文件
read(size)	从文件起始位置开始读取 size 规模的数据，若无参数则默认从起始位置读取全部数据
readable( )	如果文件流可以被读取，则返回 True

续 表

方法	描述
readline(*n*)	从文件中读取并返回一行。如果指定参数，则该行读取 *n* 个字节
readlines()	一次性读取所有行数据
seek(pos,[from])	用于移动读取指针到指定位置。参数 pos 代表需要移动的字节数（Bytes），from 参数可选，是附加给 pos 参数的定义。其中，0 代表文件头，1 代表当前位置，2 代表文件尾
seekable()	如果文件流支持随机位置访问，则返回 True
tell()	返回当前文件位置（字节位置）
writable()	如果当前文件流可以写入，则返回 True
write(s)	将字符串 s 写入文件
writelines(lines)	将多行列表写入文件

6.3 数据维度

考点 6 一维数据

真考链接

此考点属于考试大纲中要求掌握的内容。在选择题中的考核概率为 50%。

数据维度指在多个数据之间形成特定关系，可以表达多种数据含义。数据维度分为 3 种，一维数据、二维数据和高维数据。一般情况下，处理的数据多为一维的。

一维数据只有一个维度，没有其他属性添加，通常用来表示一组相关联的数据。一维数据由对等关系的有序或无序数据构成，采用线性方式（一条直线排开）组织。例如，一个含有姓名的列表或集合。简单来说，一维数据具有线性特征，任何表现为集合或序列的都可以被认为是一维数据。对于 Python 中的一维数据，通常使用列表或文件对其进行表示，存储格式有以下 3 种。

（1）空格分隔。

使用一个或多个空格进行不同数据的分隔。

```
中国 美国 法国 德国
```

（2）逗号（必须为英文逗号）分隔。

使用逗号对不同数据分隔。

```
中国,美国,法国,德国
```

（3）其他符号。

使用其他符号，如美元符号、分号或直接换行等。

```
中国
美国
法国
德国
```

国际通用的适合一维数据和二维数据存储格式的方式为逗号分隔值（Comma-Separated Values，CSV）数据存储格式，以“.csv”为扩展名，数据直接用逗号隔开。以该标准构建的数据由于通用性强，使用起来也比较方便，建议初学者以该方式存储数据。

下面是对使用 CSV 数据格式的文件进行读取。

```
f = open("test.csv")
ls = []
```

```
for line in f:
    ls.append(line.split(","))
f.close()
print(ls)
```

本例利用 for 循环及列表的 append()方法将 test 文件中的以逗号分隔的数据作为元素赋给 ls 列表。可以在循环每一行内容时使用 replace()方法去掉每行结尾的换行符，比如先使用 line = line. replace("\n",""), 之后再调用 append()方法。

考点 7　二维数据

二维数据由多个一维数据构成，是一维数据的组合形式。在二维数据中，行与列同时存在，共同构成了一个平面的数据结构。二维数据也可以用列表来表示，其中，表头是二维数据的一部分，也可以不作为其中的一部分。

真考链接

此考点属于考试大纲中要求掌握的内容，在选择题和操作题中的考核概率均为 70%。

```
ls =[
['姓名','语文','数学','英语'],
['张三','70','78','79'],
['李四','80','88','89'],
['小王','68','76','82'],
]
```

ls 是一个 4×4 的二维列表，其中首行表示表的属性，次行开始每行为一个数据单元（一维数据），一行中的不同列为该数据单元的不同数据项。

针对 ls 二维列表，可以使用 CSV 格式文件来存储它，该文件的每行是一维数据，整个文件为二维数据。下面的示例中使用 write()方法将 ls 列表输出为 CSV 文件。

```
f = open("test.csv","w")
ls =[
['姓名','语文','数学','英语'],
['张三','70','78','79'],
['李四','80','88','89'],
['小王','68','76','82'],
]
for line in ls:
    f.write(",".join(line) + "\n")
f.close()
```

程序通过 for 循环对 ls 二维列表的行进行遍历，赋值给 line 变量，并通过逗号将不同的列区分并换行显示，最终产生一个 CSV 类型文件，此文件可用 Excel 打开，如图 6.4 所示。

A	B	C	D
姓名	语文	数学	英语
张三	70	78	79
李四	80	88	89
小王	68	76	82

图 6.4　表格数据

此外，也可以通过 open()函数和 append()方法将一个包含二维数据的 CSV 文件读取到程序的列表中。

```
f = open("test.csv")
ls = []
for line in f:
    ls.append(line.strip('\n').split(","))
f.close()
print(ls)

#运行程序
```

```
[['姓名','语文','数学','英语'],['张三','70','78','79'],['李四','80','88','89'],['小王','68','76','82']]
```

小提示

CSV格式文件以纯文本形式存储数据，以换行符分隔多行数据，以逗号分隔多列数据。

真题精选

关于二维数据描述错误的是(　　)。

A. 二维列表对象输出为CSV格式文件采用遍历循环和字符串的split()方法相结合的方式

B. 二维数据由关联关系的数据构成

C. 二维数据是一维数据的组合形式，由多个一维数据组合形成

D. 二维数据可以使用二维列表表示，即列表中的每一个元素对应二维数据的每一行

【答案】A

【解析】在Python语言中，二维列表对象输出为CSV格式文件采用遍历循环和字符串的join()方法相结合的方式。split()方法一般在将文件中的数据转化为列表时使用。

考点8 高维数据

真考链接

此考点属于考试大纲中要求了解的内容，在选择题中的考核概率为10%。

高维数据由键值对类型的数据构成，采用对象方式组织，可以多层嵌套。目前高维数据挖掘已经成为数据挖掘的重点和难点。随着技术的进步，数据收集变得越来越容易，以至于数据库的规模越来越大，复杂性越来越高。例如，各种类型的贸易数据、Web文档，以及用户评分数据等。它们的维度通常可以达到成百上千维，甚至更高。高维数据衍生出HTML、XML和JSON等具体数据组织的语法结构。

在本节中，对高维数据不做过多讲解，读者只需了解即可。下面以JSON为例，给出了描述"超市"的高维数据形式。其中，冒号和逗号分隔键值对，JSON格式中"{}"组织各键值对成为一个整体，与"超市"形成高层次的键值对。高维数据相比一维数据和二维数据能表达更加灵活和复杂的关系。

```
"超市":{
    "毛巾":"22.5",
    "香皂":"3.9",
    "洗衣粉":"17",
    "菜刀":"13",
    "电饭煲":"188",
    "冰箱":"1888",
}
```

6.4 综合自测

一、选择题

1. Python中文件的打开模式不包含(　　)。

　A. 'a'　　B. 'b'　　C. 'c'　　D. '+'

2. 以下不是Python文件操作方法的是(　　)。

　A. seek()　　B. load()　　C. read()　　D. write()

3. 文件的追加写入模式是(　　)。

　A. +　　B. r　　C. x　　D. a

4. 以下关于数据维度的描述，错误的是(   )。
   A. 列表的索引值是大于0小于列表长度的整数
   B. JSON格式可以表示比二维数据还复杂的高维数据
   C. 二维数据可以看成是多条一维数据的组合形式
   D. CSV格式文件既能保存一维数据，也能保存二维数据
5. 以下关于文件的描述，错误的是(   )。
   A. open()函数的打开模式't'表示以二进制打开文件
   B. 打开文件时，编码方式是可选参数
   C. fo.seek()函数是设置当前文件操作指针的位置
   D. open()函数的打开模式'a'表示可以对文件进行追加操作

二、操作题

1. 下列给定程序是本题目的代码提示框架，请编写代码实现如下功能。
   键盘输入一组人员的姓名、性别、年龄等信息，信息间采用空格分隔，每人一行，空行回车结束录入，示例格式如下：
   张猛 男 35
   杨青 女 18
   汪海 男 26
   孙倩 女 22
   计算并输出这组人员的平均年龄（保留1位小数）和其中的女性人数，结果保存在考生文件夹下，命名为"PY202. txt"。格式如下：
   平均年龄是25.2 女性人数是2
   注意：请在...处使用一行或多行代码进行替换，在______处使用一行代码进行替换。
   试题程序：

```
fo = open("PY202.txt","w")
data = input("请输入一组人员的姓名、性别、年龄:") # 姓名 性别 年龄
...
while data:
    ...
    data = input("请输入一组人员的姓名、性别、年龄:")
...
fo.write("平均年龄是{:.1f} 女性人数是{}".format(______))
fo.close()
```

2. 下列给定程序是本题目的代码提示框架，请编写代码实现如下功能。
   键盘输入一组水果名称并以空格分隔，共一行。示例格式如下：
   苹果 芒果 草莓 芒果 苹果 草莓 芒果 香蕉 芒果 草莓
   统计各水果的数量，按从多到少的顺序输出水果名称及对应数量，以英文冒号分隔，每个水果一行。输出结果保存在考生文件夹下，命名为"水果. txt"。输出参考格式如下：
   芒果:4
   草莓:3
   苹果:2
   香蕉:1
   注意：给出的部分源程序如下所示，请在... 处编写一行或多行代码。
   试题程序：

```
fo = open("水果.txt","w")
txt = input("请输入类型序列:")
...
d = {}
...
ls = list(d.items())
ls.sort(key = lambda x:x[1],reverse = True) # 按照数量排序
for k in ls:
    fo.write("{}:{}\n".format(k[0],k[1]))
fo.close()
```

第7章

函　数

选择题分析明细表

考　点	考核概率	难易程度
函数的基本概念	10%	★
函数的定义及使用	90%	★★
位置传参	30%	★★★
默认参数	30%	★★★
关键字传参	30%	★★★
可变参数	30%	★★★★
星号的使用	30%	★★★★★
函数的返回值	50%	★★★
全局变量	50%	★★★
局部变量	50%	★★★
global 保留字	70%	★★★★
匿名函数	100%	★★★★
Python 的内置函数	100%	★★★

操作题分析明细表

考　点	考核概率	难易程度
函数的定义及使用	30%	★★
函数的返回值	50%	★★★
匿名函数	80%	★★★★
Python 的内置函数	70%	★★★

7.1 函数的定义及使用

考点1 函数的基本概念

函数是用于执行特定操作的可重用代码块。函数可以在模块、类或其他函数内定义。在类内定义的函数称为方法。使用函数的优点如下：

- 减少代码重复编写；
- 把复杂问题分解成简单的部分；
- 提高代码的清晰度；
- 代码的重用；
- 信息隐藏。

> **真考链接**
>
> 此考点属于考试大纲中要求了解的内容，在选择题中的考核概率为10%。

Python语言中的函数应用非常广泛，函数可以分配给变量、存储在集合中或作为参数传递。这给Python语言带来了额外的灵活性。函数分为两种基本类型：内置函数和用户定义函数。内置函数是Python语言解释器的一部分，例如str()、min()或abs()；用户定义的函数是使用def保留字创建的函数。

考点2 函数的定义及使用

定义Python函数的基本语法格式如下。

def 函数名(形参):

''' 函数_文档字符串

函数功能与内容 '''

return [表达式]

> **真考链接**
>
> 此考点属于考试大纲中要求掌握的内容，在选择题中的考核概率为90%，在操作题中的考核概率为30%。

函数体的第一个语句可以是字符串，这个字符串是函数的文档字符串，用于提示函数的功能。

下面通过示例演示用户自定义函数的操作和使用方法。

```
def my_function(a,b):
    return a + b
print(my_function(3,5))
```

def保留字引入函数定义，后面必须跟函数名和带括号的形参。构成函数体的语句从下一行开始，必须缩进，且由缩进的语句构成函数体。由于函数只是被定义，尚不能运行，所以需要经过调用才可以运行。函数调用的基本语法格式如下。

函数名(实参)

形参：形式参数的简称，是在函数定义的时候在圆括号内定义的一种特殊变量。

实参：实际参数的简称，是在调用已经定义好的函数时实际传入的值，该值将给形参中的变量赋予具体的值。本例中，a与b为形参，3与5为实参。

> **小提示**
>
> 函数可以无参数，也可以有一个或多个参数。
>
> 函数可以使用return [表达式] 结束函数，返回一个值给调用方。不带表达式的return相当于返回None。本例中将形参a+b的结果返回作为print()函数的参数。

7.2 函数参数

考点3 位置传参

在函数调用时，按照形参定义时的位置顺序传入实参。此种情况称为位置传参。要求参数必须以正确的顺序传入函数，且数量必须和创建函数时的形参数量一样。

```
#函数定义
def my_function(a,b):
    return a+b
#函数调用
print(my_function(3,5))

#运行程序
8
```

> **真考链接**
>
> 此考点属于考试大纲中要求掌握的内容，在选择题中的考核概率为30%。

这里使用位置传参进行实参的传递，两个实参3和5按照位置顺序依次传给形参a和b。此种情况下，调用函数时必须按照要求传入参数，否则会出现语法错误。

考点4 默认参数

Python函数中的参数可设置默认值，在调用函数时，便可设置默认参数的实际值。如果调用函数时，没有传入实参，则认为使用默认值。

```
def printStudentInfo(name,inclass='computer science',
sex='male'):
    print("姓名:",name)
    print("班级:",inclass)
    print("性别:",sex)
```

> **真考链接**
>
> 此考点属于考试大纲中要求掌握的内容，在选择题中的考核概率为30%。

此时，inclass和sex参数都设置了默认值，在实际传参时，可以选择重新赋值，也可以选择使用默认值。

```
printStudentInfo('xiaohong')
printStudentInfo('xiaohong',inclass='engineering',sex='male')
```

以上两种都是合法的调用方法。

考点5 关键字传参

使用关键字传参允许函数调用时参数的传递顺序与定义形参时的不一致，使用“形参名=实际值”的对应关系进行实参的传递，此时Python语言解释器利用参数名匹配参数值。此种情况下，可以直接通过参数名给函数传值，而不用考虑形参列表的定义顺序，使函数的调用更加灵活。下面将通过示例说明默认参数与关键字参数如何混合调用。

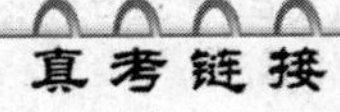

> **真考链接**
>
> 此考点属于考试大纲中要求掌握的内容，在选择题中的考核概率为30%。

```
def printStudentInfo(name,inclass='computer science',
sex='male'):
    print("姓名:",name)
    print("班级:",inclass)
    print("性别:",sex)
printStudentInfo('xiaohong')
```

```
printStudentInfo(inclass='marketing',name='mingming')

#运行程序
姓名:xiaohong
班级:computer science
性别:male
姓名:mingming
班级:marketing
性别:male
```

本例中，定义了一个名为 printStudentInfo 的函数，该函数中的第一个参数是非默认参数，随后的两个参数为默认参数。在函数调用时，第一次调用使用的是位置传参方法，因此“xiaohong”直接对应第一个形参“name”，第二次调用使用的是关键字传参方法，此时可以不用考虑参数的顺序，给需要赋值的参数传值即可。

```
#不能在关键字传参后使用非关键字传参,否则将导致语法错误
printStudentInfo('mingming',inclass='marketing',sex='female')

#运行程序
姓名:mingming
班级:marketing
性别:female
```

此种情况是合法的混合调用语句。如果对该例传参顺序进行修改，则会导致语法错误。

```
printStudentInfo(name='mingming',inclass='marketing','female')
```

此时系统会提示错误信息，如图 7.1 所示。

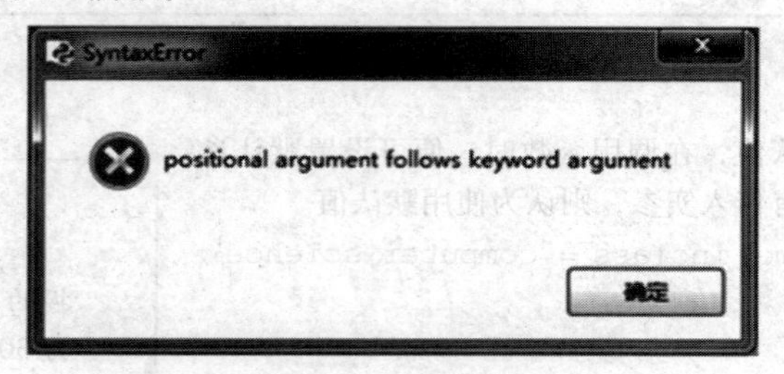

图 7.1 提示错误信息

考点 6 可变参数

可变参数是指利用特殊符号定义形参，使得实参数量可以变化，这些参数会被包装成一个元组或字典。在可变参数之前，可以出现 0 个、1 个或多个常规参数。

此考点属于考试大纲中要求掌握的内容，在选择题中的考核概率为 30%。

这里将参数转化为元组类型，通过“*”运算符来指示函数接受任意数量的参数，将其转化为元组类型进行运算。

```
def sum(name,*args):
    print(name)
    s=0
    for i in args:
        s=s+i
    return s
print(sum('累加为:',1,2,3,4,5))

#运行程序
累加为:
15
```

可变参数也可以将参数转换为字典类型。通过“**”运算符来指示函数接受任何数量的参数，将其转换为字典类型

进行运算。

```
def show(**s):
    print(s)

show(a=1,b=2,c=3)

#运行程序
{'a':1,'b':2,'c':3}
```

考点7 星号的使用

> **真考链接**
> 此考点属于考试大纲中要求掌握的内容，在选择题中的考核概率为30%。

当星号在形参位置时，代表形参可以接受多个参数。

（1）单星号。

```
def x(a,*b):
    print(a,b)
x(1,2,3,4,5)

#运行程序
1 [2,3,4,5]
```

单星号会将多余的位置参数聚合成一个元组。

（2）双星号。

```
def x(a,**b):
    print(a,b)
x(1,c=2,e=4,f=5)

#运行程序
1 {'c': 2,'e': 4,'f': 5}
```

双星号会将多余的关键字参数聚合成一个字典。

当星号在实参位置时，也被称作序列解包，代表将实参解开分成多个参数。

（1）单星号。

```
def x(a,b,c,d,e):
    print(a,b,c,d,e)
x(*[1,2,3,4,5])

#运行程序
1 2 3 4 5
```

单星号可以将字符串、列表、元组、集合等数据类型解开形成多个位置参数。

（2）双星号。

```
def x(a,b,c,d,e):
    print(a,b,c,d,e)
x(**{'a':1,'b':2,'c':3,'d':4,'e':5})

#运行程序
1 2 3 4 5
```

双星号可以将字典的数据解开形成关键字参数。

在实际应用中，经常会遇到多种参数组合使用的情况，这时参数的使用顺序就必须是位置参数、默认参数、可变参数和关键字参数。

```
def test(a,b,c=1,*p,**k):
    print('a=',a,'b=',b,'c=',c,'p=',p,'k=',k)
test(3,4)
test(3,4,5)
test(3,4,5,'a','b')
test(3,4,5,'ab',x=7,y=8)
```

```
#运行程序
a=3 b=4 c=1 p=()k={}
a=3 b=4 c=5 p=()k={}
a=3 b=4 c=1 p=('a','b')k={}
a=3 b=4 c=5 p=('ab',)k={'x':7,'y':8}
```

真题精选

关于Python函数定义的参数设置，错误的选项是(　　)。

A. def vfunc(a, *b):

B. def vfunc(a,b):

C. def vfunc(*a,b):

D. def vfunc(a,b=2):

【答案】C

【解析】在Python语言中，函数中形参的定义顺序一般为位置参数、默认参数及可变参数。本题选择C选项。

考点8 函数的返回值

每个函数都有返回值属性，它是通过return保留字来传递的。如果函数体内部不包含return语句，那么此函数的返回值就是None（也就是空值）。

> **真考链接**
>
> 此考点属于考试大纲中要求掌握的内容，在选择题和操作题中的考核概率均为50%。考生需要掌握return保留字的使用方式。

return语句含有以下属性。

（1）return语句用来结束函数并将程序返回到函数被调用的位置继续执行。

```
def test():
    print("函数执行完毕!")
    return 1
    print("此句不会被输出!")
print("程序开始!")
x=test()
print(x)

#运行程序
程序开始!
函数执行完毕!
1
```

（2）return语句可以出现在函数中的任何部分。

```
def test(x):
    if x==1:
        return 1
    else:
        return 2
x=eval(input("请输入一个数字:"))
print(test(x))

#第一次执行
请输入一个数字:1      #输入数字1
1                    #输出结果1

#第二次执行
请输入一个数字:5      #输入数字5
2                    #输出结果2
```

（3）可以返回0个、1个或多个函数运算的结果并赋值给函数被调用处的变量。

```
def test1():
    return
```

```
def test2():
    return 1,2,3,4
x=test1()
y=test2()
print('test1 返回值:',x)
print('test2 返回值:',y)

#运行程序
test1 返回值:None
test2 返回值:(1,2,3,4)
```

（4）当 return 返回多个值时，返回的值形成元组数据类型。

```
def test1():
    return 1,2,3,4
x=test1()
print(x,'x 的数据类型是:',type(x))

#运行程序
(1,2,3,4) x 的数据类型是:<class 'tuple'>
```

真题精选

当用户输入 2 时，下面代码的输出结果是(　　)。

```
try:
    n=input("请输入一个整数:")
    def pow2(n):
        return n**5
    pow2(n)
except:
    print("程序执行错误")
```

A. 32　　B. 2

C. 程序没有任何输出　　D. 程序执行错误

【答案】D

【解析】input()函数从控制台获得用户的一行输入，无论用户输入什么内容，input()函数都以字符串类型返回结果。当用户输入 2 时，n='2'，这是字符 2，不是数字 2，不能进行数值运算，故程序会执行 except 后面的语句，输出程序执行错误。本题选择 D 选项。

7.3 变量的作用域

考点 9 全局变量

一个程序中的变量并不是在任意位置都可以被访问的。也就是说，不同种类变量的访问权限不同，这里的访问权限取决于这个变量定义和赋值的位置，可以称之为变量的作用域。变量的作用域决定了在哪一部分程序块中可以访问哪些特定的变量。根据变量的作用域范围，在 Python 语言中变量分为全局变量和局部变量。

真考链接

此考点属于考试大纲中要求掌握的内容，在选择题中的考核概率为 50%。

全局变量指的是定义在函数体外、模块内部的变量，拥有全局的作用域。在函数体内部、外部都可以被调用。所有函数都可以直接访问全局变量（但函数内不能将其直接赋值）。全局变量在函数内部进行修改时，需要用 global 保留字提前声明变量，且该变量名与全局变量名相同，否则全局变量不会发生变化。

```
name = "Lilly"
def fun():
    print("Within function",name)
fun()
print("Outside function",name)

#运行程序
Within function Lilly
Outside function Lilly
```

考点 10 局部变量

局部变量指的是定义在函数体内的变量（函数的形参也是局部变量），只拥有局部的作用域。函数执行到局部变量时即创建该变量，函数执行完毕，局部变量便立即销毁。局部变量只能在函数内部使用，不可在函数外部调用。

> **真考链接**
>
> 此考点属于考试大纲中要求掌握的内容，在选择题中的考核概率为 50%。

```
name = "Lilly"
def fun():
    name = "Host"
    print("Within function",name)
print("Outside function",name)
fun()
print("Outside function",name)

#运行程序
Outside function Lilly
Within function Host
Outside function Lilly
```

在本例中，调用 fun() 函数之前，全局变量 name 的值为 Lilly，在执行 fun() 函数时，创建了局部变量 name，并将其赋值为 Host。函数执行完毕，销毁局部变量 name。因此再次输出的结果依旧为全局变量 Lilly。

> **小提示**
>
> 函数创建并不等于函数调用。创建了函数，函数并未执行，只有在被调用的时候才会执行函数体。

考点 11 global 保留字

如果在函数体内部修改全局变量，需要使用 global 保留字声明，基本语法格式如下：

global <全局变量名>

> **真考链接**
>
> 此考点属于考试大纲中要求掌握的内容，在选择题中的考核概率为 70%。

```
name = "Lilly"
def fun():
    global name
    name = "Host"
    print("Within function",name)

print("Outside function",name)
fun()
print("Outside function",name)

#运行程序
Outside function Lilly
```

```
Within function Host
Outside function Host
```

在本例中，调用 fun( ) 函数之前，全局变量 name 的值为 Lilly；在调用 fun( ) 函数之后，由于使用 global 保留字声明了全局变量 name，并将其赋值为 Host，因此再次输出的结果变为 Host。

```
s = [ ]
def fun():
    s.append(1)
fun()
print(s)
fun()
print(s)

#运行程序
[1]
[1,1]
```

在本例中，列表 s 并未经过 global 保留字声明，但可以明显地看出，数据依然发生了变化，这是因为列表是可变的数据类型。当列表使用 append( ) 方法、“ += ” 操作符等一些不会改变列表所绑定内存地址的操作时，新数据依然绑定在这个地址上，所以即使函数结束，地址上的数据也不会随着函数结束而消失，而会继续保持下去。相关的可变数据类型，字典、集合等与之相似。

真题精选

以下程序的输出结果是(　　)。

```
ls = ["Python","family","miss"]
def func(a):
    ls.append(a)
func("pink")
print(ls)
```

A. ["pink"]

B. ["Python","family","miss","pink"]

C. ["Python","family","miss"]

D. 程序报错

【答案】B

【解析】该程序将字符串 “pink” 传递给形参 a，函数体中通过 append( ) 方法将 a 添加到列表 ls 中，最后输出列表 ls = ["Python","family","miss","pink"]。本题选择 B 选项。

7.4 匿名函数

考点 12 匿名函数

Python 语言中还有一种特殊的函数，称为匿名函数。匿名函数并非没有名称，而是将函数名作为函数的结果返回。在 Python 语言中使用 lambda 关键字创建匿名函数，所以也被称为 lambda 函数，它是包含在 Python 语言中功能范式的一部分。lambda 函数本质上是一个表达式，相比 def 定义的函数，它相对简单，通常不包含复杂的控制语句。匿名函数的基本语法格式如下：

<函数名>= lambda <形式参数>：<表达式>

> **真考链接**
>
> 此考点属于考试大纲中要求掌握的内容，在选择题中的考核概率为 100%，在操作题中的考核概率为 80%。

```
a = 10
b = lambda c:c * a
print(b(8))

#运行程序
```

80

在本例中，“b = lambda c:c * a” 就是一个 lambda 函数，或者称为 lambda 表达式。使用 lambda 保留字创建匿名函数，c 是传递给 lambda 函数的参数，参数后面紧跟冒号字符。冒号之后的代码是在调用 lambda 函数时执行的表达式。lambda 函数的值被赋给 b 变量，即 c * a，结果为 80。

真题精选

下面这条语句的输出结果是(　　)。

f = (lambda a = "hello", b = "python", c = "world": a + b. split("o")[1] + c)

print(f("hi"))

A. hellopythonworld　　B. hipythworld　　C. hellonworld　　D. hinworld

【答案】D

【解析】这是一个 Python 的匿名函数，是字符串连接输出的一个函数，即 a + b + c 的输出。该函数有 3 个默认值参数，在调用该函数时传入了一个实参“hi”，根据函数的传参要求可知参数 a 的值被改变，其他值不变。split()是一个字符串分隔的内置方法，把 b 根据“o”这个字符分隔为两个字符串，且返回的是列表类型，访问其中的元素需要用到索引访问。所以，结果是 hi + n + world = hinworld。本题选择 D 选项。

7.5 Python 的内置函数

考点 13　Python 的内置函数

Python 语言中有许多内置的函数，如表 7.1 所示。其中，标 * 号的为二级 Python 语言程序设计考试中的常用函数，将在本节进行逐一介绍。

真考链接

此考点属于高频考核的内容，在选择题中的考核概率为 100%，在操作题中的考核概率为 70%。考生需牢固掌握各内置函数的使用方式及功能。

表 7.1　Python 内置函数

abs()	delattr()	hash()	memoryview()	set()	all() *
dict()	help()	min() *	setattr()	any() *	dir()
hex()	next()	slice()	ascii()	divmod()	id()
object()	sorted() *	bin()	enumerate()	input()	oct()
staticmethod()	bool() *	eval()	int()	open()	str()
breakpoint()	exec()	isinstance()	ord() *	sum() *	bytearray()
filter()	issubclass()	pow()	super()	bytes()	float()
iter()	print()	tuple()	callable()	format()	len() *
property()	type()	chr() *	frozenset()	list()	range() *
vars()	classmethod()	getattr()	locals()	repr()	zip()
compile()	globals()	map()	reversed() *	__import__()	complex()
hasattr()	max() *	round()	—	—	—

1. all( )函数

all(x)：若组合数据类型变量x中的所有元素都为True，则函数返回True，否则返回False；若x为空，则返回True。函数的源码如下。

```
def all(iterable):
    for element in iterable:
        if not element:
            return False
    return True

>>>all(['a','b','c','d'])
True
```

2. any( )函数

any(x)：组合数据类型变量x中任一元素为真时返回True，否则返回False；若x为空，则返回False。函数的源码如下。

```
def any(iterable):
    for element in iterable:
        if element:
            return True

    return False

>>>any(['a','b','c','d'])
True
>>>any((0,'',False))
False
```

3. bool( )函数

bool(x)：函数将给定参数x转换为布尔类型，即Ture或False；如果没有参数，则返回False。

```
>>>bool()
False
>>>bool (0)
False
>>>bool (1)
True
```

4. chr( )函数

chr(x)：该函数的作用是接受0～255的整数参数x，返回Unicode值为x的字符。

```
>>>print(chr(50))
2
```

5. ord( )函数

ord(c)：与chr( )函数对应，ord( )函数是将字符作为参数，返回该字符的Unicode值。

```
>>>ord('c')
99
```

6. len( )函数

len(x)：此函数是较为常用的内置函数，功能为计算变量x的长度。

```
>>>str = "Python"
>>>len(str)
6
```

7. max( )函数

max(x1,x2,…)：返回参数中的最大值，参数可以为一个序列。

```
>>>print(max(10,20,30))
```

```
30
```

8. min()函数

min(x1,x2,…)：返回参数中的最小值，参数可以为一个序列。

```
>>>print(max(10,20,30))
10
```

9. range()函数

range(start,stop[,step])：函数可创建一个从start到stop（不含）的以step为步长的整数列表。

如果没有参数start，则默认是从0开始。例如，range(3)等价于range(0,3)，产生的列表不包括stop，即range(0,3)产生的列表为[0,1,2]。step步长默认值为1，例如range(0,5)等价于range(0,5,1)。

```
>>>list(range(0,10,2))# 步长为 2
[0,2,4,6,8]
```

10. reversed()函数

reversed(r)：该函数的作用是返回组合数据类型r的逆序迭代形式。

```
T=['aaa','bbb','ccc',123]
x=reversed(T)
print(list(x))

#运行程序
[123,'ccc','bbb','aaa']
```

11. sorted()函数

sorted(x,[key],[reverse])：对组合数据类型x进行排序，默认顺序为从小到大。

key为可选项，用于接受一个函数对象，这个函数只接受一个参数（参数为x内的元素），用于从每个元素中提取一个用于比较的关键值，默认为None。

reverse为可选项，排序规则为reverse=True降序，reverse=False升序（默认）。

key和reverse都需要使用关键字传参。

```
>>>employees=[('HuangHua','China',4),('WangYong','China',3),('Lilly','France',7)]
>>>sorted(employees,key=lambda a: a[2])#按第三列升序排列
[('WangYong','China',3),('HuangHua','China',4),('Lilly','France',7)]
```

12. sum()函数

sum(x,[start])：对组合数据类型x求和。

start用于指定一个相加的参数，默认为0。

```
>>>sum([1,2,3,4,5],6)
21
```

小提示

列表的sort()方法和内置函数sorted()的功能类似，并且两者都拥有key参数。key参数是接受函数名，让数据根据函数的返回值进行排序，一般函数采用匿名函数。下面以列表的sort()方法为例进行介绍。

有一个列表[['a',3],['b',2],['r',1],['e',7],['t',11]]，各元素表示的含义是，字母a有3个，字母b有2个……，如果想要此列表根据字母的个数从大到小排序，则程序如下：

```
ls=[['a',3],['b',2],['r',1],['e',7],['t',11]]
ls.sort(key=lambda x:x[1],reverse=True)
print(ls)

#运行程序
[['t',11],['e',7],['a',3],['b',2],['r',1]]
```

此处lambda函数的参数是x，代表的是列表的元素，也就是['a',3]，['b',2]，['r',1]，['e',7]，['t',11]。lambda函数的返回值是x[1]，代表的是列表中元素索引为1的值。reverse等于True，则代表将元素索引为1的值按照从大到小的顺序进行排列，并调整各元素的位置。

真题精选

下面是 Python 的内置函数的是(　　)。

A. linspace(a,b,s)　　B. eye(n)　　C. bool(x)　　D. fabs(x)

【答案】C

【解析】A、B 两项都是 numpy 库中的函数，numpy. linspace(a,b,s)的作用是根据起止数据等间隔地生成数组；numpy. eye(n)的作用是生成单位矩阵。D 选项是 math 库中的函数，math. fabs(x)的作用是取 x 的绝对值。C 选项是 Python 的内置函数，作用是将 x 转换为布尔型。本题选择 C 选项。

7.6 综合自测

一、选择题

1. 以下代码的输出结果是(　　)。

```
t =10.5
def above_zero(t):
    return t >0
```

A. True　　B. False　　C. 10. 5　　D. 没有输出

2. 以下关于 Python 语言的描述中，正确的是(　　)。

A. 函数中 return 语句只能放在函数定义的最后面

B. 定义函数需要使用保留字 def

C. 使用函数最主要的作用是复用代码

D. Python 函数不可以定义在分支或循环语句的内部

3. 以下代码的输出结果是(　　)。

```
def Hello(familyName,age):
    if age >50:
        print("您好!" + familyName + "阿姨")
    elif age 40:
        print("您好!" + familyName + "姐")
    elif age >30:
        print("您好!" + familyName + "小姐")
    else:
        print("您好!" + "小" + familyName)
Hello(age =43,familyName = "赵")
```

A. 您好！赵阿姨　　B. 您好！赵姐　　C. 您好！赵小姐　　D. 函数调用出错

4. 以下关于函数优点的描述中，正确的是(　　)。

A. 函数可以表现程序的复杂度　　B. 函数可以使程序更加模块化

C. 函数可以减少代码多次使用　　D. 函数便于书写

5. 以下关于 Python 函数的描述中，错误的是(　　)。

A. 可以定义函数接受可变数量的参数

B. 定义函数时，可以赋予某些参数默认值

C. 函数必须要有返回值

D. 函数可以同时返回多个结果

6. 函数中定义了 3 个参数，其中 2 个参数都指定了默认值，调用函数时参数个数最少是(　　)。

A. 0　　B. 2　　C. 1　　D. 3

7. 关于以下代码的描述中，正确的是(　　)。

```
def func(a,b):
    c = a ** 2 + bb = a
```

```
    return c
a = 10
b = 2
c = func(b,a) + a
```

A. 执行该函数后，变量 c 的值为 112　　B. 该函数名称为 fun
C. 执行该函数后，变量 b 的值为 2　　D. 执行该函数后，变量 b 的值为 10

8. 键盘输入数字 10，以下代码的输出结果是(　　)。

```
try:
    n = input("请输入一个整数:")
    def pow2(n):
        return n * n
except:
    print("程序执行错误")
```

A. 100　　B. 10
C. 程序执行错误　　D. 程序没有任何输出

9. 关于以下代码的描述中，正确的是(　　)。

```
def fact(n):
    s = 1
    for i in range(1,n + 1):
        s * = i
    return s
```

A. 代码中 n 是可选参数　　B. fact（n）函数功能为求 n 的阶乘
C. s 是全局变量　　D. range( )函数的范围是 [1，n + 1]

10. 以下代码的输出结果是(　　)。

```
def func(a,b):
    a ** = b
    return a
s = func(2,5)
print(s)
```

A. 10　　B. 20　　C. 32　　D. 5

11. 以下程序的输出结果是(　　)。

```
def fun(x):
    try:
        return x * 4
    except:
        return x
print(fun("5"))
```

A. 20　　B. 5555
C. 5　　D. 9

12. 以下代码的输出结果是(　　)。

```
f = lambda x,y: x if x < y else y
a = f("aa","bb")
b = f("bb","aa")
print(a,b)
```

A. aa aa　　B. aa bb　　C. bb aa　　D. bb bb

二、操作题

1. 下列给定程序是本题目的代码提示框架，请编写代码替换横线，不修改其他代码，实现下面功能。
让用户输入一个自然数 n，如果 n 为奇数，输出表达式 $1 + 1/3 + 1/5 + \cdots + 1/n$ 的值；如果 n 为偶数，输出表达式 $1/2 + 1/4 + 1/6 + \cdots + 1/n$ 的值。输出结果保留两位小数。
示例如下（其中数据仅用于示意）。
输入：

```
4
```
输出：
```
0.75
```
注意：请在________处使用一行代码进行替换。

试题程序：
```
def f(n):
    ________
    if ________ ==1:
        for i in range(1,n+1,2):
            s+=1/i
    else:
        for i in range(2,n+1,2):
            s+=1/i
    return s
n=int(input())
print (________)
```

2. 下列给定程序是本题目的代码提示框架，请编写代码以实现如下功能。

社会平均工作时间是每天8小时（不区分工作日和休息日），一位计算机科学家接受记者采访时说，他每天工作时间比社会平均工作时间多3小时。如果这位科学家的当下成就值是1，假设每工作1个小时成就值增加0.01%，计算并输出两个结果：这位科学家5年后的成就值，以及达到成就值100所需要的年数。其中，成就值和年数都以整数表示，每年以365天计算。输出格式示例如下。

```
5年后的成就值是XX
XX年后成就值是100
```
注意：请在________处使用一行代码进行替换。

试题程序：
```
scale=0.0001 #成就值增量

def calv(base,day):
    val=base*pow(________)
    return val

print('5年后的成就值是{}'.format(int(calv(1,5*365))))

year=1
while calv(1,________)<100:
    year+=1

print('{}年后成就值是100'.format(year))
```

第8章

Python标准库

选择题分析明细表

考　点	考核概率	难易程度
turtle 库简介	30%	★
画笔运动函数	100%	★★★
画笔状态函数	80%	★★★
random 库简介	30%	★
random 库常用函数	50%	★★★
time 库简介	10%	★
time 库常用函数	10%	★★★★
strftime 的格式化参数	10%	★★★

操作题分析明细表

考　点	考核概率	难易程度
画笔运动函数	100%	★★★
画笔状态函数	70%	★★★
random 库常用函数	50%	★★★
time 库常用函数	50%	★★★★
strftime 的格式化参数	10%	★★★

8.1 turtle库

考点1 turtle库简介

turtle库是Python语言中重要的标准库之一，属于入门级的图形绘制函数库，主要用于绘制较为简单的图形。标准库是Python语言解释器自带的库，无须另行安装便可导入程序中使用。

turtle库是一个很流行的图形绘制函数库，其基本原理是，画笔从横轴为x、纵轴为y的坐标系原点(0,0)开始，根据一组函数指令（如“前进”“后退”“旋转”等）的控制，在平面坐标系中移动，它移动的路径就是绘制的图形。

真考链接

此考点属于考试大纲中要求了解的内容，在选择题中的考核概率为30%。考生只需了解turtle库的功能及导入方式即可。

在使用turtle库之前，需要在Python中对其进行引用，引用的方式有如下3种。

第1种：import turtle，此时调用turtle库函数的一般语法格式为turtle. <函数名>()。

第2种：import turtle as t，此时对turtle库函数的调用采用更为简洁的形式——t. <函数名>()，即t为turtle的别名。注意，此处的t也可以替换为其他任意别名。

第3种：from turtle import *，此时调用turtle库函数，无须“turtle.”作为前导，一般语法格式为<函数名>()。

turtle库包含丰富的功能函数，后文将介绍其中比较基础且常用的窗体函数、画笔运动函数，以及画笔状态函数。

在进行绘图之前，首先需要一个窗体，turtle创建窗体的函数为setup()，语法格式如下：

turtle. setup(width, height, startx, starty)

函数的4个参数是用来初始化窗体的大小及画笔的位置。

width：用来描述窗体的宽度（用像素点数表示）。

height：用来描述窗体的高度（用像素点数表示）。

startx：用来描述窗体左侧相对于屏幕左边界的距离（用像素点数表示）。

starty：用来描述窗体顶部相对于屏幕上边界的距离（用像素点数表示）。

```
>>> from turtle import *
>>> setup()
#打开一个默认大小、默认位置的窗体
>>> setup(100,100,100,100)
#打开一个宽、高为100像素，距离计算机屏幕左边界及上边界也为100像素的窗体
>>> setup(height =100,startx =100)
#打开一个高100像素，距离计算机屏幕左边界100像素，其他属性为默认值的窗体
```

小提示

上述打开的窗体在此处没有进行展示，读者在操作的时候会打开一个空白窗体。

真题精选

用于设置画布大小的turtle库函数是(　　)。

A. turtlesize()　　B. shape()　　C. getscreen()　　D. setup()

【答案】D

【解析】在Python语言中，turtle库没有turtlesize()函数。shape()函数用于设置绘图箭头的形状。getscreen()函数返回一个TurtleScreen类的绘图对象，并开启绘画。setup()函数打开一个自定义大小和位置的画布。本题选择D选项。

考点2 画笔运动函数

turtle 库绘制图形是依靠画笔的运行轨迹完成的。画笔的默认前进方向是向屏幕正右方向，且有“前进”“后退”“逆时针旋转”“顺时针旋转”等多种运动方式。turtle 库通过一组运动函数（forward()、backward()、left()、right()）控制画笔的行进操作，进而绘制形状，如图 8.1 所示。接下来逐一介绍画笔运动函数。

真考链接

此考点属于选择题和操作题中的必考内容，考生需牢固掌握画笔运动函数的使用方法。

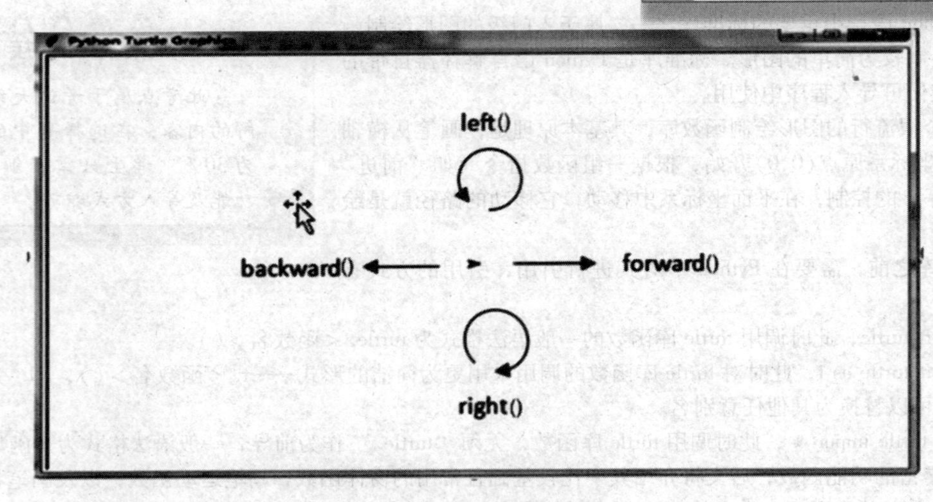

图 8.1 turtle 绘图坐标系

1. turtle.forward(distance)/ turtle.fd(distance)

功能：将画笔向前移动一定的距离（距离为参数）。

参数：distance 为一个 int 或 float 类型的具体数值。

2. turtle.backward(distance)/turtle.bk(distance)

功能：将画笔向后移动一段距离，与画笔前进的方向相反，但并不改变画笔的行进方向。

参数：distance 为一个 int 或 float 类型的具体数值。

3. turtle.left(angle)/turtle.lt(angle)

功能：以指定角度逆时针旋转画笔。

参数：angle 为一个表示角度的整数值。

4. turtle.right(angle)/turtle.rt(angle)

功能：以指定角度顺时针旋转画笔。

参数：angle 为一个表示角度的整数值。

```
>>>turtle.heading()   #heading()函数表示的是画笔的指向，函数的返回值为绝对角度
22.0
>>>turtle.right(45)
>>>turtle.heading()
337.0
```

5. turtle.goto(x,y) | turtle.setposition(x,y)

功能：把画笔移到设定的坐标（x,y）位置。如果画笔为落下状态，则沿着该轨迹画线。

参数：x、y 为画布中指定的横、纵坐标值。

6. turtle.setx(x)

功能：修改画笔的横坐标为 x，纵坐标不变。

参数：x 为画布中横坐标的值。

7. turtle.sety(y)

功能：修改画笔的纵坐标为 y，横坐标不变。

参数：y 为画布中纵坐标的值。

8. turtle.setheading(angle)/turtle.seth(angle)

功能：将画笔方向的角度值设置为 angle。

参数：angle 为方向角度，一些常用的度数和方向如表 8.1 所示。

表 8.1 常用度数和方向

度数	方向
0	east
90	north
180	west
270	south

9. turtle.home()

功能：将画笔移动到原点坐标（0,0），并将其方向设置为起始方向。

10. turtle.circle(radius, extent, steps)

功能：根据半径 radius 和角度 extent 的值绘制弧形，也可绘制正多边形。

参数如下。

① radius：如果半径为正，则按逆时针方向画弧，否则按顺时针方向画弧。

② extent：设置弧形的角度，当该参数为空时，默认绘制一个圆形。

③ steps：设置此参数可以用 circle()函数绘制一个半径为 radius 的圆的内接正多边形，边的数量由 steps 控制；当存在 steps 参数时，extent 便不可出现。

11. turtle.dot(size, color)

功能：绘制一个填充颜色为 color、直径为 size 的圆点。

参数如下。

① size：圆点的直径，应为整数且应大于等于 1。

② color：填充的颜色，类型为 colorstring 或 RGB 元组。

12. turtle.undo()

功能：撤消上一次画笔动作。

13. turtle.speed([speed])

功能：将画笔的速度值设置为 0～10 的整数。如果没有给出参数，则返回当前速度。

参数：speed 值为 0～10 的整数。另外，也可以使用速度字符串映射速度值。

- 'fastest': 0
- 'fast': 10
- 'normal': 6
- 'slow': 3
- 'slowest': 1

速度为 0 表示没有动画发生。此时，向前或向后移动画笔，将使画笔跳跃式移动；向左或向右移动画笔，将使画笔立即转向。

```
>>>turtle.speed()
3
>>>turtle.speed('normal')
>>>turtle.speed()
6
>>>turtle.speed(9)
>>>turtle.speed()
9
```

在 Python 语言的 turtle 库中，部分函数是有别名的，如 forward()函数，它的别名为 fd()。

真题精选

以下代码绘制的图形是(　　)。

```
import turtle as t
```

```
    for i in range(1,7):
        t.fd(50)
        t.left(60)
```

A. 正方形　　B. 六边形　　C. 三角形　　D. 五角星

【答案】B

【解析】先用 import 导入 turtle 库，for 循环依次将 1~6 赋给变量 i，i 依次赋值为 1、2、3、4、5、6，fd()是画笔当前的前进方向，left()是画笔移动的角度，故绘制出来的是六边形。本题选择 B 选项。

考点3 画笔状态函数

前面介绍了 turtle 库的运动函数，可以使画笔执行运动操作。下面将描述画笔的状态函数，可以对画笔的状态、线条宽度、颜色等进行设置。

> **真考链接**
>
> 此考点属于考试大纲中要求掌握的内容，在选择题中的考核概率为 80%，在操作题中的考核概率为 70%。

1. turtle.pendown()/turtle.pd()/ turtle.down()

功能：放下画笔，此刻移动画笔即正常画图。

2. turtle.penup()/turtle.pu()/turtle.up()

功能：提起画笔，此时移动画笔不画图。

3. turtle.pensize([width])/turtle.width()

功能：设置画笔的宽度。

参数：当 width 为正数时，该函数用来设置画笔的线条宽度。当 width 为空或函数没有 width 参数时，该函数将返回当前画笔的线条宽度。

```
turtle.pensize()       #此处将返回画笔的线条宽度
turtle.pensize(10)     #设置画笔的线条宽度为10
```

4. turtle.isdown()

功能：如果画笔落下，则返回 True；如果画笔提起，则返回 False。

```
>>>turtle.penup()
>>>turtle.isdown()
False
>>>turtle.pendown()
>>>turtle.isdown()
True
```

5. turtle.pencolor([param])

功能：返回或设置画笔绘制的颜色，无参数时返回当前画笔绘制的颜色。参数 param 有以下两种形式。

① colorstring：将画笔绘制的颜色设置为 colorstring，例如“red”“blue”“pink”等。

②(r,g,b)：将画笔绘制的颜色设置为元组(r,g,b)表示的 RGB 颜色。r、g、b 的值可以有两种形式，一种是 r、g、b 数值范围为 0~1.0，一种是 r、g、b 数值范围为 0~255。

6. turtle.color([param])

功能：同时设置画笔绘制的颜色和画笔颜色。当有一个参数时，该参数为画笔绘制的颜色和画笔颜色；当有两个参数时，按参数顺序依次为画笔绘制的颜色和画笔颜色；当没有参数时，返回当前画笔绘制的颜色和画笔颜色组成的元组。参数的两种形式与 pencolor()函数中一致。

7. turtle.filling()

功能：返回当前图形是否为填充状态，填充则返回 True，未填充则返回 False。

8. turtle.begin_fill()

功能：准备填充图形，在绘制要填充的形状之前调用。

9. turtle.end_fill()

功能：填充完成，在结束填充后调用该函数与上一次出现的 begin_fill()配对。

```
#绘制一个红底黑边的圆
turtle.color("black","red")
turtle.begin_fill()
turtle.circle(80)
turtle.end_fill()
```

10. turtle.reset()

功能：删除画笔的绘图，将画笔重新居中，并将画笔的位置与状态设置为默认值。

11. turtle. clear( )

功能：删除画笔的绘图，但并不移动画笔，即画笔的状态和位置不受影响。

12. turtle. hideturtle( )/turtle. ht( )

功能：隐藏画笔的形状。当正在进行一些复杂的绘图时，隐藏画笔（画笔的笔头形状）可以加快绘图速度。

13. turtle. showturtle( )/turtle. st( )

功能：显示画笔的形状。

14. turtle. isvisible( )

功能：返回当前画笔是否处于可见的状态，与前面两个函数对应，如果画笔隐藏，则返回 False，否则返回 True。

15. turtle. write(str, font = (字体名称,字号,字体类型))

功能：根据 font 参数中设置的字体形式，将字符串 str 在画布上显示。

参数如下。

① str：要显示的字符串。

② font：一个三元组，由字体名称、字号和字体类型构成。

```
import turtle
turtle.write("write something",font = ('Calibri','28','bold'))
```

真题精选

以下选项不能改变 turtle 绘制方向的是(　　)。

A. turtle. open( )　　B. turtle. left( )　　C. turtle. fd( )　　D. turtle. seth( )

【答案】A

【解析】turte. fd(distance)：向当前画笔方向移动 distance 距离，当值为负数时，表示向相反方向前进；turtle. left(angle)：向左旋转 angle 角度；turtle. seth(to_angle)：设置当前前进方向为 to_angle，该角度是绝对角度。turtle 库中不存在 open( )函数。本题选择 A 选项。

8.2 random 库

考点4 random 库简介

> **真考链接**
>
> 此考点属于考试大纲中要求了解的内容，在选择题中的考核概率为30%。考生需了解 random 库的功能及导入方式。

真正意义上的随机数（或者随机事件）是按照实验过程中表现的分布概率随机产生的，其结果是不可预测的、不可见的。而计算机中的随机函数是按照一定算法模拟产生的，其结果是确定的、可见的。可以认为这个可预见的结果出现的概率是 100%。所以用计算机随机函数所产生的“随机数”并不随机，是一种伪随机数。这种伪随机数已经广泛应用于除去高精密加密算法外的大多数工程。random 库也是建立在伪随机数的前提下。

random( )库是 Python 的标准库，主要作用是生成随机数。random 库中有很多函数，最基本的函数是 random( )函数（用于产生一个［0.0,1.0）范围的随机小数），random 库中的其他函数都是以此函数扩展产生的。

引入 random 库的方式与 turtle 类似，可以使用 3 种方式。

第 1 种：“import random”，此时调用 random 库函数的一般语法格式为 random. <函数名>( )。

```
import random
random.randint(12,20)
```

第 2 种：“import random as t”，此时对 random 库函数的调用采用更为简洁的形式，即 t. <函数名>( )，t 为 random 的别名。注意，此处的 t 也可以替换为其他任意别名。

```
import random as t
t.randint(12,20)
```

第 3 种：“from random import *”，此时调用无须“random.”作为前导，调用的一般语法格式为<函数名>( )。

```
from random import *
randint(12,20)
```

考点5 random 库常用函数

在 random 库中有很多函数可以生成整数、浮点数或者序列等类型的随机数。下面介绍一些常用的函数。

> **真考链接**
> 此考点属于考试大纲中要求掌握的内容，在选择题和操作题中的考核概率均为50%。

1. random. seed([a])

功能：该函数的作用是用来改变随机数生成器的种子，可以在调用其他随机模块函数之前使用此函数。如果 a 为空，则使用系统时间作为种子；如果 a 有值，则使用 a 作为种子。在随机数生成器中，种子用于生成随机数的初始数值。对于随机数生成器，从相同的随机数种子出发，可以得到相同的随机数序列。

参数：a 为随机数种子，可以是整数或浮点数。

2. random. getstate()

功能：返回随机数生成器当前状态的对象，可以将此对象传递给函数 setstate()，以还原状态。

3. random. setstate(state)

功能：传入一个 getstate()函数捕获的状态对象，使得生成器恢复到此状态。

参数：state 是由函数 getstate()捕获的状态对象。

4. random. getrandbits(k)

功能：生成一个 k 比特（bit）长度的随机整数。其中，k 为此随机整数二进制形式的位数。

参数：k 为一个整数，表示此随机整数二进制形式的位数，比如 k=8，则结果的取值范围为 0～（2^8-1）。

5. random. randrange(start, stop[, step])

功能：生成一个区间为[start, stop)且步长为 step 的随机随机整数，此随机数不会等于 stop。

参数：（1）start 为一个整数，表示开始位置；

（2）stop 为一个整数，表示结束位置；

（3）step 为一个整数，表示步长。

6. random. randint(a, b)

功能：生成一个[a, b]区间的随机整数，此随机数可以等于 a 或者 b。

参数：（1）a 为一个整数，表示开始位置；

（2）b 为一个整数，表示结束位置。

```
import random as t
print(t.randint(2,20))#随机产生[2,20]的整数。
print(t.randint(10,11))#产生的整数只会是10 或 11。
```

7. random. random()

功能：返回一个[0.0,1.0)区间的浮点数。

8. random. uniform(a, b)

功能：生成一个[a, b]区间的随机浮点数，此随机浮点数可以等于 a 或者 b。

参数：（1）a 为一个整数或浮点数，表示开始位置；

（2）b 为一个整数或浮点数，表示结束位置。

9. random. choice(seq)

功能：从非空序列 seq 中随机选取一个元素作为函数的返回值。如果 seq 为空，则弹出 IndexError 异常。

参数：seq 为一个非空序列。

```
print(random.choice("Learning Python"))
print(random.choice(("xiaoming","xiaohong","John")))
```

10. random. shuffle(x)

功能：随机打乱序列 x 内元素的排列顺序，并返回打乱后的序列。该函数不能作用于不可变序列，主要用于列表类型。

参数：x 为一个可变序列。

```
p=["today","is","a","sunny","day"]
random.shuffle(p)
print(p)
```

11. random. sample(population, k)

功能：从指定序列 population 中随机获取 k 个元素，以列表类型返回。sample()函数不会修改原有序列。该函数常用于不重复的随机抽样。如果 k 大于 population 的长度，则弹出 ValueError 异常。

参数：(1) population 为待获取的序列；

(2) k 为获取的元素个数。

```
import random
list = ['a','c','c','t','g','c','t']
s = random.sample(list,4)#从 list 中随机获取 4 个元素
print(s)
print(list)#原有序列并没有改变
```

真题精选

生成一个 k 比特长度随机整数的函数是(　　)。

A. random. choice(k)　　B. random. shuffle(k)

C. random. getrandbits(k)　　D. random. sample(k)

【答案】C

【解析】random. choice(k)用于从序列的元素中随机挑选一个元素，random. shuffle(k)用于将序列的所有元素随机排序，random. getrandbits(k)用于生成一个 k 比特长度的随机整数，random. sample(k)用于随机地从指定列表中提取出 k 个不同的元素。本题选择 C 选项。

8.3 time 库

考点 6 time 库简介

在 Python 语言中，处理时间的库有很多，较为常用的是 datetime 库和 time 库。time 库是处理时间的标准库，可以格式化输出时间，也可以使程序暂停运行相应的时间。引用 time 库的方式有以下 3 种。

第 1 种：import time，此时调用 time 库函数的一般格式为 time. <函数名>()。

第 2 种：import time as t，此时对 time 库函数的调用将采用更为简洁的形式，即 t. <函数名>()，其中 t 为 time 的别名。注意：此处的 t 也可以替换为其他任意别名。

第 3 种：from time import *，此时无须“time.”作为前导，调用的一般语法格式为<函数名>()。

> **真考链接**
>
> 此考点属于考试大纲中要求了解的内容，在选择题中的考核概率为 10%。考生只需了解 time 库的功能及导入方式。

考点 7 time 库常用函数

1. time. time()

功能：返回当前时间的时间戳（从 1970 年 1 月 1 日 00 时 00 分 00 秒到现在秒数的浮点数）。

```
import time
print("当前时间戳:% f"% time.time())
```

2. time. gmtime([secs])

功能：将从 1970 年 1 月 1 日开始的以秒表示的时间转换为结构时间(UTC)。如果未提供 secs 参数，则使用 time()函数返回的当前时间进行转换。

参数：secs 是指转换为 time. struct_time 类型的秒数。

```
import time
print(time.gmtime())
```

> **真考链接**
>
> 此考点属于考试大纲中要求掌握的内容，在选择题中的考核概率为 10%，在操作题中的考核概率为 50%。

```
#运行程序
time.struct_time(tm_year=2019,tm_mon=8,tm_mday=8,tm_hour=4,tm_min=1,tm_sec=14,tm_wday=3,tm_yday=220,tm_isdst=0)
```

3. time.localtime([secs])

功能：与 gmtime()函数类似，该函数将秒数转换为结构时间。如果未传入 secs 参数，就以当前时间为转换标准。

参数：secs 是指转换为 time.struct_time 类型的秒数。

```
import time
localtime=time.localtime(time.time())
print(localtime)
```

4. time.ctime([secs])

功能：将以秒为单位的时间转换为表示时间的字符串。如果未提供 secs，则使用 time()函数返回的当前时间进行转换。

参数：secs 是指转换为字符串类型的秒数。

```
import time
print(time.ctime())

#运行程序
Thu Aug  8 12:02:48 2019
```

5. time.mktime(t)

功能：执行与函数 gmtime()、localtime()相反的操作，接收 struct_time 对象作为参数，返回用秒数表示的时间。

参数：t 为 struct_time（结构化时间）类型或含有完整 9 个时间元素的元组。

```
import time
t=(2019,8,8,20,1,14,3,220,0)
print(time.mktime(t))

#运行程序
1565265674.0
print(time.mktime(time.localtime()))

#运行程序
1565237173.0
```

真题精选

time 库的 time.time()函数作用是(　　)。

A. 以数字形式返回当前系统时间　　B. 以字符串形式返回当前系统时间

C. 以 struct_time 形式返回当前系统时间　　D. 根据 format 格式定义返回当前系统时间

【答案】A

【解析】time.time()返回的是当前时间的时间戳，是一个浮点数，以秒为单位。

考点8 strftime 的格式化参数

time.strftime()函数用于接受时间元组形式表示的时间，并返回以字符串形式表示的时间，格式由参数 format 决定。其基本语法格式如下。

time.strftime(format[,t])

功能：把 t 指定的时间元组转化为格式化的时间字符串。t 为可选项，如果 t 未指定，默认为 time.localtime()。如果元组中任何一个元素越界，将会抛出 ValueError 异常。

参数：（1）t 为要被格式化的时间，为一个可选参数；

（2）format 为时间输出的格式。

> **真考链接**
>
> 此考点属于考试大纲中要求了解的内容，在选择题和操作题中的考核概率均为 10%。

```
import time
print(time.strftime("%Y-%m-%d%H:%M:%S"))
```

```
print(time.strftime("% a% b% d% H:% M:% S% Y",time.localtime()))

#运行程序
2019 -08 -08 12:11:29
Thu Aug 08 12:11:29 2019
```

真题精选

假设现在是2018年10月1日的下午2点20分7秒，则下面代码的输出结果为（ ）。

```
import time
print(time.strftime("% Y -% m -% d@ % H -% M -% S",time.gmtime()))
```

A. 2018 -10 -1@14 -20 -7　　B. 2018 -10 -1@14 -20 -07

C. 2018 -10 -01@14 -20 -07　　D. True@True

【答案】C

【解析】time库是Python的标准库。使用gmtime()函数获取当前时间戳对应的对象；strftime()函数是时间格式化最有效的方法，几乎可以以任何通用格式输出时间，该方法利用一个格式字符串，对时间格式进行表示。

8.4 综合自测

一、选择题

1. 以下程序的执行结果是（ ）。

```
import time
type(time.ctime())
```

A. <class"int">　　B. <class"float">

C. <class"str">　　D. True

2. 以下关于random库的描述，错误的是（ ）。

A. random库是Python的第三方库

B. 通过from random import * 可以引入random随机库

C. 设定相同种子，每次调用随机函数生成的随机数都相同

D. 通过import random可以引入random随机库

3. 以下关于random.uniform(a,b)的描述，正确的是（ ）。

A. 生成[a,b]之间的随机小数　　B. 生成[a,b]之间的随机整数

C. 生成一个均值为a，方差为b的正态分布　　D. 生成一个(a,b)之间的随机数

4. 以下属于turtle库颜色控制函数的是（ ）。

A. right()　　B. pensize()　　C. seth()　　D. pencolor()

5. 以下程序的输出结果不可能的选项是（ ）。

```
import random
ls =[2,3,4,6]
s =10
k =random.randint(0,2)
s +=ls[k]
print(s)
```

A. 12　　B. 14　　C. 13　　D. 16

6. 补充以下程序，输出随机列表元素的最大值的选项是（ ）。

```
import random as r
listV =[]
r.seed(100)
```

```
for i in range(10):
    i = r.randint(100,999)
    listV.append(i)
```

A. print(max(listV)) B. print(listV.max())

C. print(listV.pop(i)) D. print(listV.reverse(i))

二、操作题

1. 下列给定程序是本题目的代码提示框架，请编写代码替换横线，不修改其他代码，实现下面的功能。

使用 turtle 库的 turtle.fd()函数和 turtle.seth()函数绘制一个边长为 100 的三角形，效果如下图所示。

注意：请在_______处使用一行代码进行替换。

试题程序：

```
import turtle
for i in range(_______):
    turtle.seth(_______)
    _______(100)
```

2. 下列给定程序是本题目的代码提示框架，请编写代码替换横线，不修改其他代码，实现下面的功能。

利用 random 库和 turtle 库，在屏幕上绘制 5 个圆圈，圆圈的半径和圆初始坐标由 randint()函数产生，圆的 X 和 Y 坐标范围在[-100,100]，半径的大小范围在[20,50]，圆圈的颜色随机在 color 列表里选择。效果如下图所示。

注意：请在_______处使用一行代码进行替换。

试题程序：

```
_______
import random as r
color = ['red','orange','blue','green','purple']
r.seed(1)
for i in range(5):
    rad = r._______
    x0 = r._______
    y0 = r.randint(-100,100)
    t.color(r.choice(color))
    t.penup()
    t._______
    t.pendown()
    t._______(rad)
t.done()
```

3. 下列给定程序是本题目的代码提示框架，请编写代码替换横线，不修改其他代码，实现下面的功能。

time 库是 Python 语言中与时间处理相关的标准库，time 库中 ctime()函数能够将一个表示时间的浮点数变成人类可以理解的时间格式，示例如下：

```
import time
print(time.ctime(1519181231.0))
```

输出结果：

Wed Feb 21 10:47:11 2018

请获得用户输入时间，提取并输出其中的小时信息。以上述时间为例，应输出 10。

注意：请在_______处使用一行代码进行替换。

试题程序：

```
import time
t = input("请输入一个浮点数时间信息:")
s = time.ctime(_______)
ls = s.split()
print(_______)
```

第9章

Python第三方库

选择题分析明细表

考　点	考核概率	难易程度
第三方库简介	10%	★
第三方库的安装及卸载	10%	★★★
PyInstaller 库简介	30%	★★★
PyInstaller 常用参数	10%	★
jieba 库	10%	★★★
wordcloud 库的使用	10%	★
WordCloud 类常用参数	10%	★★★★
其余第三方库	30%	★★★

操作题分析明细表

考　点	考核概率	难易程度
jieba 库	100%	★★★

9.1 第三方库的基本概念

考点1 第三方库简介

在第8章介绍了Python语言的3个标准库，日常编程过程中，Python标准库有时无法满足一些特殊的工作需求，例如游戏开发、网络开发、数据分析可视化等，因此就需要引入Python第三方库。

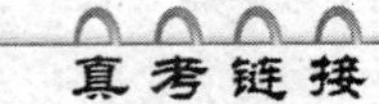

此考点属于考试大纲中要求了解的内容，在选择题中的考核概率为10%。

第三方库是需要自行下载、安装后才可以使用的库。在Windows操作系统环境下，一般使用pip安装工具进行第三方库的安装和维护。pip是Python的包管理工具，提供了对Python第三方库的查找、下载、安装、卸载，以及维护的功能。在Python 3.0以上的版本中，该工具是包含在Python安装程序中的，无须另行安装。全国计算机等级考试二级Python语言程序设计的考纲中涉及了3个第三方库，下面将着重介绍如何使用这3个第三方库。在学习第三方库之前，先利用pip进行Python第三方库的安装。

pip是一种命令式工具，且该工具不在Python语言解释器中运行，而是在命令提示符窗口中运行。进入命令提示符窗口的方法：在“开始”菜单栏的搜索框中输入“cmd”，右键单击出现的命令提示符程序或者cmd程序，在弹出的快捷菜单中选择“以管理员身份运行”，即可进入命令提示符窗口，如图9.1所示。pip工具对Python语言第三方库的安装和维护都是在此窗口中进行。

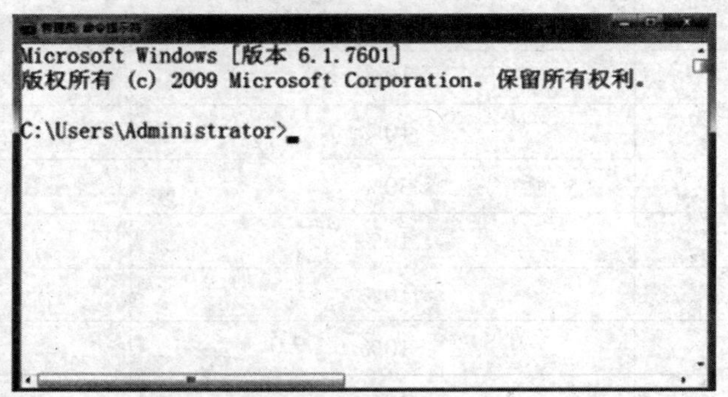

图9.1　命令提示符窗口

在此处使用“pip --version”命令查看pip工具是否可以正常使用。图9.2所示即表示pip工具可以正常使用。注意：在“--”符号之前需要输入空格，否则系统将无法识别该命令。

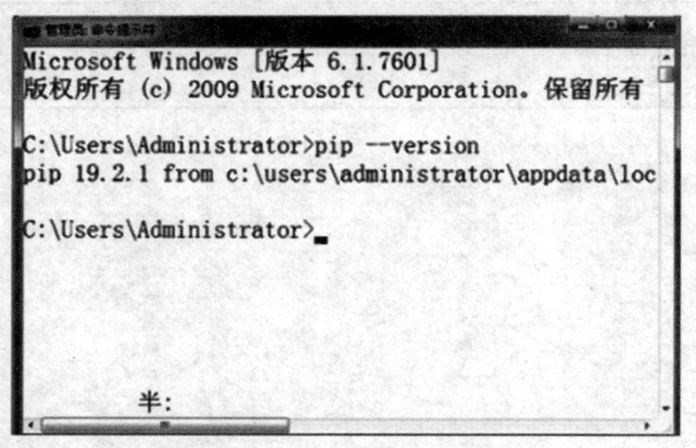

图9.2　pip工具正常界面

pip工具最基本的操作为安装、维护和卸载。可以在命令提示符窗口中直接输入“pip”命令并单击<Enter>键，即可出现相关命令，如图9.3所示。该内容介绍了使用pip工具的格式及pip工具的全部命令。在日常使用中，可根据需要使用命令执行相应的功能。

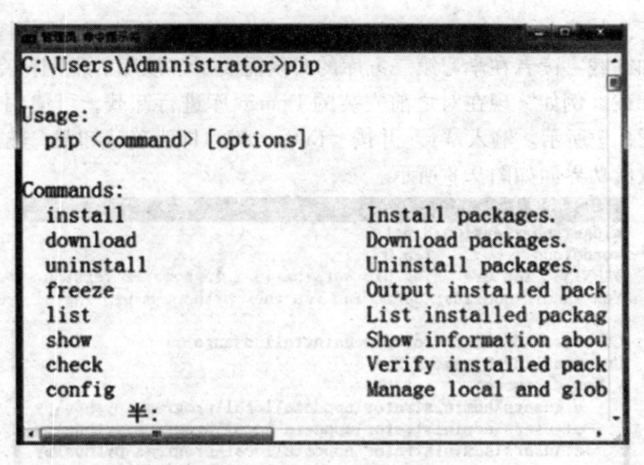

图 9.3　pip 工具相关命令

考点 2　第三方库的安装及卸载

首先需要学会使用“install”命令来安装 Python 语言第三方库，“install”命令的使用方法很简单，基本语法格式如下。

pip install <第三方库名>

随后 pip 工具将自行联网下载并安装该第三方库，无须用户自行在网上查找，因此建议读者大部分情况下都使用 pip 工具安装第三方库，如有少数无法安装，再选择在官网上下载并安装。

例如，希望安装 Django 库，用于 Web 开发，安装过程如图 9.4 所示，pip 工具将自动从网站上收集并下载 Django 库的资源，下载完成后将自行安装、配置，无须用户手动操作。

> **真考链接**
>
> 此考点属于考试大纲中要求熟悉的内容，在选择题中的考核概率为 10%。考生需熟记使用 pip 工具安装和卸载第三方库的语法格式。

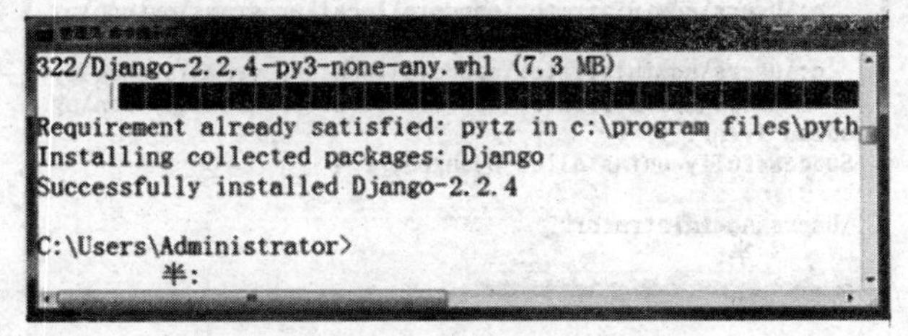

图 9.4　安装 Django 库过程

安装完成后，将会提示安装成功，并显示第三方库的版本信息，如图 9.5 所示。

```
Installing collected packages: Django
Successfully installed Django-2.2.4
```

图 9.5　安装完成提示信息

同样可以按照此方法安装其他第三方库，在安装完成后，还可以使用“list”命令查看已安装第三方库列表，如图 9.6 所示。

```
C:\Users\Administrator>pip list
Package            Version
------------------ ---------
altgraph           0.16.1
attrs              19.1.0
backcall           0.1.0
beautifulsoup4     4.8.0
bleach             3.1.0
bs4                0.0.1
colorama           0.4.1
cycler             0.10.0
decorator          4.4.0
defusedxml         0.6.0
Django             2.2.4
entrypoints        0.3
future             0.17.1
      半:
```

图 9.6　已安装第三方库列表

Python 语言之所以应用广泛，尤其在人工智能和数据分析方面有着显著的体现，原因就在于它含有丰富的第三方库，并可以轻松地进行安装、维护和卸载。读者在学习第三方库的时候需要了解该库的常用命令和使用方法，在确定不需要使用该库的时候也可以对其进行卸载。例如，现在对之前安装的 Django 库进行卸载，可使用“uninstall”命令。在卸载过程中还需要对卸载进行确认，如图 9.7 所示。输入“y”并按 <Enter> 键，即为确认卸载；输入“n”并按 <Enter> 键，即为取消卸载。这里确认卸载，卸载成功界面如图 9.8 所示。

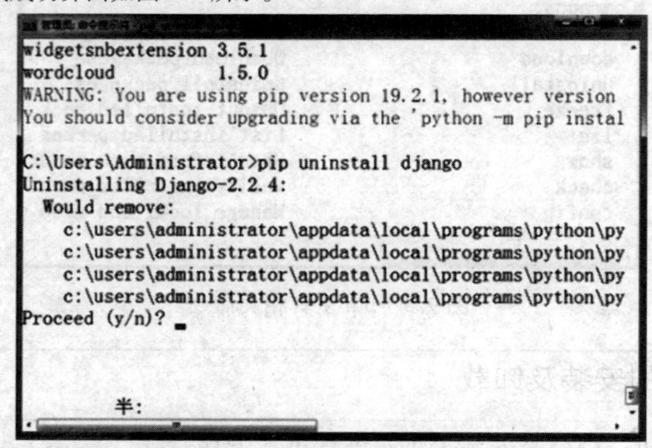

图 9.7　使用“uninstall”卸载第三方库

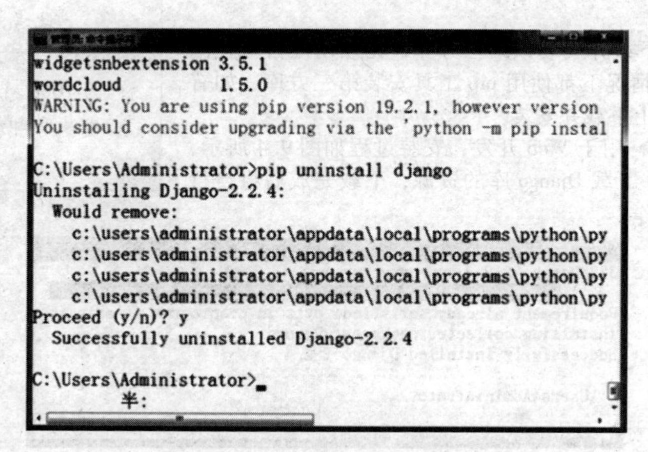

图 9.8　卸载成功界面

由于 Python 语言的某些第三方库只提供源代码，通过 pip 下载文件后无法在 Windows 操作系统编译和安装，会导致第三方库安装失败。因此，有专门的页面用来存放这些库的链接。

在网页中，读者可以选择 Python 对应版本的资源包，如此时选择“pygame－1.9.6－cp37－cp37m－win_amd64.whl”意味着 Python 语言解释器版本为 3.7（64 位）。以此为例，安装时需要切换到文件所在的目录，安装命令为：

pip install pygame－1.9.6－cp37－cp37m－win_amd64.whl

真题精选

在 Python 语言中，用来安装第三方库的工具是（　　）。

A. install　　B. pip　　C. PyQt5　　D. pyinstaller

【答案】B

【解析】在 Python 语言中，使用 pip 工具来安装和管理 Python 第三方库。

9.2 PyInstaller库

考点3 PyInstaller库简介

PyInstaller库的主要功能是将Python源文件（以.py为扩展名的文件）进行打包，转化为可执行文件（以.exe为扩展名的文件），使程序可以独立于Python语言环境运行，且Python 3.0版本后的PyInstaller库与其他第三方库均可兼容，即使在一个Python源文件中使用了多种第三方包，PyInstaller也可以进行打包操作。

真考链接

此考点属于考试大纲中要求熟悉的内容，在选择题中的考核概率为30%。考生需熟记PyInstaller库的功能。

在使用PyInstaller库之前，需要先通过pip工具安装。安装语句的一般格式如下：

pip install PyInstaller

安装过后，在命令提示符窗口中进入需要打包的源文件所在目录，然后执行以下语句即可完成打包。其中，-F表示直接生成单个可执行文件。

PyInstaller-F 源文件名（包含后缀名）

下面提供一个画爱心的Python源文件（test.py）。

```
from turtle import *
def curvemove():
    for i in range(200):
        right(1)
        forward(1)
setup(600,600,400,400)
hideturtle()
pencolor('black')
fillcolor("red")
pensize(2)
begin_fill()
left(140)
fd(111.65)
curvemove()
left(120)
curvemove()
fd(111.65)
end_fill()
penup()
goto(-27,85)
pendown()
done()
```

首先通过命令提示符窗口进入test.py所在的目录。本例中，源文件在E盘的根目录下，切换到E盘，如图9.9所示。

```
Microsoft Windows [版本 6.1.7601]
版权所有 (c) 2009 Microsoft Corporation。保留所有

C:\Users\Administrator>e:

E:\>
```

图9.9 切换到E盘

接下来执行打包操作“PyInstaller -F test. py”即可完成打包。打包之后，在E盘的dist目录下直接运行可执行文件test. exe，便会出现程序运行（画爱心）的界面。

考点4 PyInstaller常用参数

在本章考点3中提到的打包语句使用了-F参数，该参数的作用是只产生独立的打包文件。除参数-F之外，PyInstaller还可以使用其他参数，如表9.1所示。相关参数只要求了解，无须全部掌握。

真考链接

此考点属于考试大纲中要求了解的内容，在选择题中的考核概率为10%。考生需要了解PyInstaller库的一些常用参数。

表9.1 PyInstaller库常用参数

参数	作用
-F, -onefile	生成结果是一个. exe文件，所有的第三方依赖、资源和代码均被打包进该. exe文件内
-D, -onedir	生成结果是一个目录，各种第三方依赖、资源和. exe文件同时存储在该目录内
-i <图标名. ico>	指定打包文件使用的图标
-h	查看帮助文档
-specpath	指定. spec文件的存储路径
-distpath	指定生成文件位置

真题精选

用PyInstaller工具把Python源文件打包成一个独立的可执行文件，使用的参数是(　　)。

A. -L　　B. -D　　C. -F　　D. -i

【答案】C

【解析】PyInstaller工具没有-L参数；-D是默认值，生成dist目录；-F是指在dist文件夹中只生成独立的打包文件；-i是指定打包程序使用的图标文件。本题选择C选项。

9.3 jieba库

考点5 jieba库

英文单词之间是通过空格分隔的，但是中文却不存在空格的概念，因此需要一个库来解决中文的分词问题。jieba库是一个Python第三方中文分词库，可以用于将语句中的中文词语分离出来。

安装jieba库的方法与其他第三方库类似，采用“pip install jieba”方式即可。若需要在程序中使用jieba库，首先通过“import jieba”语句引入jieba库。jieba库支持3种分词模式：全模式、精确模式和搜索引擎模式。

真考链接

此考点属于考试大纲中要求掌握的内容，在选择题中的考核概率为10%，在操作题中的考核概率为100%。考生需熟练使用jieba库对中文进行分词。

1. 全模式

全模式将句子中所有可能组成词汇的词语全部提取出来，此种模式提取速度快，但可能会出现冗余词汇。全模式的基本语法格式如下：

jieba. lcut(seq, cut_all = True)

```
import jieba
seq = "学习一门新的编程语言"
ls = jieba.lcut(seq,cut_all = True)     # 全模式,使用'cut_all = True' 指定
print(ls)

#运行程序
['学习','一门','新','的','编程','编程语言','语言']
```

可以看出，通过全模式分隔出的词语会出现冗余，如本例中的“编程”、“编程语言”和“语言”。但全模式的覆盖面最为广泛，在有些场合其也有作用。

2. 精准模式

精准模式通过优化的智能算法将语句精准地分隔，适合文本分析。精准模式的基本语法格式如下：

jieba.lcut(seq)

```
import jieba
seq = "学习一门新的编程语言"
ls = jieba.lcut(seq)    # 精准模式
print(ls)

#运行程序
['学习','一门','新','的','编程语言']
```

精准模式分隔的词语可以正好拼接成原句子，因此不会出现词语的不必要重复。

3. 搜索引擎模式

搜索引擎模式在精准模式的基础上对词汇进行再次划分，提高召回率，适用于搜索引擎分词。搜索引擎模式的基本语法格式如下：

jieba.lcut_for_search(seq)

```
import jieba
seq = "学习一门新的编程语言"
ls = jieba.lcut_for_search(seq)    #搜索引擎模式
print(ls)

#运行程序
['学习','一门','新','的','编程','语言','编程语言']
```

jieba库分词虽然便利，但是如果出现一些新词汇就会导致jieba库并不能很好地分辨它们。此时jieba库为编程人员提供了add_word()函数，此函数可以向jieba库的内置字典增加新词。增加过后，当jieba库遇到新词时便能对词语进行相应的分隔。基本语法格式如下：

jieba.add_word(w)

```
import jieba
s = "学习一门新的编程语言"
jieba.add_word('学习一门')
ls = jieba.lcut(s)
print(ls)

#运行程序
['学习一门','新','的','编程语言']
```

可以很明显地看出通过add_word()函数添加了新词汇后，lcut()函数的执行结果与此前已有不同。

9.4 wordcloud 库

考点 6 wordcloud 库的使用

wordcloud 库是用来以词云方式显示文本的第三方库，主要用途是根据词语在文本中出现的频率设计文本的大小来完成“关键词渲染”，从而使用户能够在视觉上直观地感受文本的大致主题和关键词。

真考链接

此考点属于考试大纲中要求了解的内容，在选择题中的考核概率为 10%。考生需了解 wordcloud 库的功能及使用方法。

wordcloud 库在使用前需要使用 import 语句引入。wordcloud 库把词云当作一个对象，它可以将文本中词语出现的频率作为一个参数绘制词云，而词云的大小、颜色、形状等都是可以设定的。生成词云的函数为 WordCloud 类的 generate( ) 函数，可以在构造函数 WordCloud( ) 中进行基本参数的配置，完成后通过 to_file( ) 方法生成一张图片。

```
from wordcloud import WordCloud
seq = """Python language is a high - level language in computer programming language. It is widely
used in data analysis and artificial intelligence and other computer fields. Python supports a
variety of third - party libraries and is easy to download and install."""
wordcloud = WordCloud(background_color = "white",
                      width = 600,
                      height = 400).generate(seq)
wordcloud.to_file('词云.png')
```

程序运行后生成的词云效果如图 9.10 所示。

图 9.10 wordcloud 库生成的词云效果

考点 7 WordCloud 类常用参数

WordCloud 类在实例化的时候可以进行参数的设置，这些参数决定词云最终的样式。WordCloud 类的常用参数如表 9.2 所示。

真考链接

此考点属于考试大纲中要求了解的内容，在选择题中的考核概率为 10%。考生需了解 WordCloud 类的常用参数。

表 9.2 WordCloud 类的常用参数

参数	描述
width	指定生成图片的宽度，以像素为单位
height	指定生成图片的高度，以像素为单位
min_ font_ size	设置词云中最小的字号

续 表

参数	描述
max_font_size	设置词云中最大的字号
font_path	指定字体的路径，默认为空
mask	设置词云的形状，默认为方形
stop_words	设置排除的词语，排除后该词语将不出现在词云中
max_words	设置词云中最大的次数，默认为200
font_step	设置词云中字号步进间隔，默认为1
background_color	设置图片背景色，默认为黑色

在Python语言中，还可以指定根据某张图片生成词云，生成的词云形状与指定的图片相似。

```
from wordcloud import WordCloud as w
from scipy.misc import imread
m = imread('1.jpeg')
txt = ''' 人之初，性本善。性相近，习相远。
苟不教，性乃迁。教之道，贵以专。
昔孟母，择邻处。子不学，断机杼。
窦燕山，有义方。教五子，名俱扬。
养不教，父之过。教不严，师之惰。
子不学，非所宜。幼不学，老何为。
玉不琢，不成器。人不学，不知义。
为人子，方少时。亲师友，习礼仪。
香九龄，能温席。孝于亲，所当执。
融四岁，能让梨。弟于长，宜先知。
首孝悌，次见闻。知某数，识某文。
一而十，十而百。百而千，千而万。
三才者，天地人。三光者，日月星。
三纲者，君臣义。父子亲，夫妇顺。'''
wordcloud = w(background_color = 'white',
width = 80,
height = 60,
max_words = 200,
max_font_size = 30,
font_path = 'MSYH.TTC',
mask = m).generate(txt)
wordcloud.to_file('1.jpg')
```

在此源程序同目录下放置一张图片“1.jpeg”，如图9.11所示，并且此程序使用了字体“MSYH.TTC”，所以该字体文件也要放在此目录下。生成的图片“1.jpg”如图9.12所示。

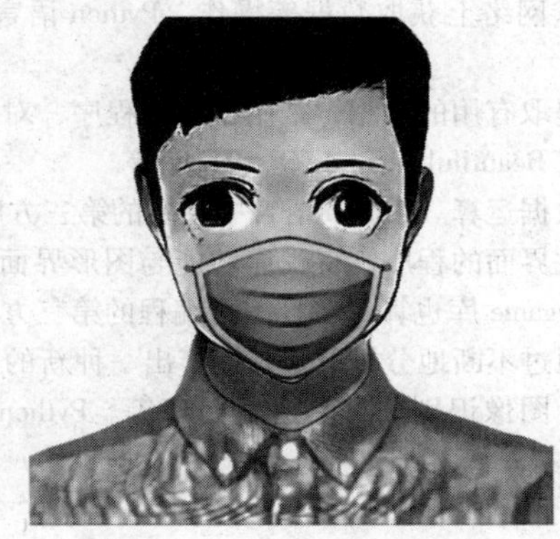

图9.11 1.jpeg

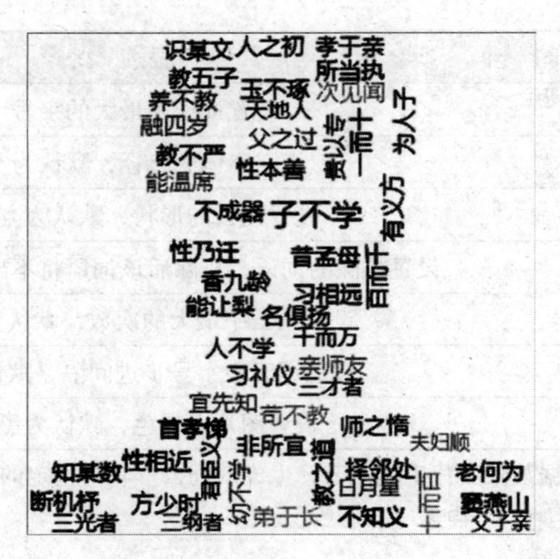

图 9.12　1. jpg

> **小提示**
>
> 在本例中，使用了 imread( ) 函数。如果 imread( ) 函数使用失败，则需要自行安装 imageio 模块，将示例中程序的第二行替换为“from imageio import imread”即可。

9.5　其余第三方库

考点 8　其余第三方库

> **真考链接**
>
> 此考点属于考试大纲中要求了解的内容，在选择题中的考核概率为 30%。考生只需了解常用的第三方库的功能与名称即可。

前面介绍了 3 个常用的第三方库，但是对于 Python 语言来说，还有大量的第三方库。下面将部分常用的第三方库进行分类，读者如对 Python 某一方面的功能更感兴趣，可依此分类进行学习。

Web 开发方向，主要进行网站的开发、优化和完善等工作，即开发不需要安装桌面程序直接通过浏览器进行操作的程序。Python 语言在此方向发展得极为成熟，主要的第三方库有 Django 框架、Pyramid 框架和 Flask 框架等。

游戏开发方向，主要进行游戏制作，操控如音响、摄像头和键盘等硬件。Python 语言中主要的第三方库有 pygame 库、cocos2d 库等。

网络爬虫方向，主要进行数据爬取、从网络上获取数据等操作。Python 语言中主要的第三方库有 Requests 库、Scrapy 框架等。

文本处理方向，主要用于分析文本、提取有用的数据，常用在爬虫程序，对从网络上获取的数据进行处理，并存储需要的数据。Python 语言中主要的第三方库有 Beautiful Soup 4 库、RE 库等。

数据分析方向，主要用于科学计算、数据运算。Python 语言中主要的第三方库有 NumPy 库、pandas 库等。

图形化编程方向，主要用于制作图形化界面的程序，将程序功能与图形界面上的按钮、滚轮等绑定。Python 语言中主要的第三方库有 PyQt5 库、Tkinter 库等，pygame 库也算是一种图形编程的第三方库。

人工智能方向，主要用于创造程序，通过不断地分析数据，生产出一种新的能以人类智力相似的方式做出反应的智能程序。该研究方向包括机器人、语言识别、图像识别和自然语言处理等。Python 语言中主要的第三方库有 scikit-learn 库、TensorFlow 库等。

真题精选

在 Python 语言中，属于 Web 开发框架第三方库的是(　　)。

A. Mayavi　　B. Flask　　C. PyQt5　　D. time

【答案】B

【解析】在 Python 语言中，属于 Web 开发框架第三方库的有 Django 库、Pyramid 库和 Flask 库。本题选择 B 选项。

9.6 综合自测

一、选择题

1. 在 Python 语言中，属于网络爬虫领域的第三方库是(　　)。

   A. wordcloud　　B. NumPy　　C. Scrapy　　D. PyQt5

2. 在 Python 语言中，用于数据分析的第三方库是(　　)。

   A. pandas　　B. PIL　　C. Django　　D. flask

3. 以下属于 Python 机器学习方向的第三方库的是(　　)。

   A. random　　B. SnowNLP　　C. TensorFlow　　D. loso

4. 下面关于 Python 标准库和第三方库的说法正确的是(　　)。

   A. Python 的第三方库是 Python 安装时自带的库

   B. Python 的标准库和第三方库的调用方式都一样，都需要用 import 语句调用

   C. Python 的第三方库需要用 import 语句调用，而标准库不需要

   D. Python 的标准库需要用 import 语句调用，而第三方库不需要

二、操作题

1. 下列给定程序是本题目的代码提示框架，请编写代码替换横线，不修改其他代码，实现下面功能。

   使用 jieba 库，把题目给出的文本进行分词，并将分词后的结果输出。

   注意：请在________处使用一行代码进行替换。

   试题程序：

```
________
s = "一件事情没有做过,就没有资格对此事发表看法"
ls = ________
print(ls)
```

2. 下列给定程序是本题目的代码提示框架，请编写代码替换横线，不修改其他代码，实现下面功能。

   键盘输入一段中文文本，不含标点符号和空格，命名为变量 s，采用 jieba 库对其进行分词，输出该文本中词语的平均长度，保留 1 位小数。示例如下。

   键盘输入：黑化肥发灰会挥发 屏幕输出：2.7

   注意：请在________处使用一行代码进行替换。

   试题程序：

```
import ________
txt = input("请输入一段中文文本:")
________
print("{:.1f}".format(len(txt)/len(ls)))
```

3. 下列给定程序是本题目的代码提示框架，请编写代码替换横线，不修改其他代码，实现下面功能。

   《三国演义》是中国古典四大名著之一，曹操是其中的主要人物，文件“data. txt”给出了《三国演义》简介。

   请编写程序，用 Python 语言中文分词第三方库 jieba 库对文件“data. txt”进行分词，并将结果写入文件“out. txt”，每行一个词。例如：

```
内容简介
编辑
```

整个
故事
在
东汉
注意：请在_______处使用一行代码进行替换。
试题程序：

```
import jieba
f = open('data.txt','r')
lines = f.readlines()
f.close()
f = open('out.txt','w')
for line in lines:
    line = _______
    wordList = _______
    f.writelines('\n'. _______)
f.close()
```

第10章

Python语言高频考点精讲

高频考点分析明细表

考　点	考核概率	难易程度
Python 语言程序语法	100%	★★
变量的创建	100%	★★★
基础数据类型	80%	★★★
组合数据类型	100%	★★★★
分支结构	100%	★★★★★
循环结构	100%	★★★★★
结构嵌套	30%	★★★★★
文件的读写	100%	★★★★
csv 文件的操作	50%	★★★
函数的参数传递	30%	★★★★
变量的作用域	70%	★★★★
turtle 库	100%	★★★
random 库	50%	★★★★
jieba 库	80%	★★

10.1 Python 语言设计基础

考点1 Python 语言程序语法

1. 缩进

缩进指每一行代码前面的留白部分，用来表示代码之间的层次关系。不需要有层次关系的代码顶行编写，不留空白。当表示分支、循环、函数、类等程序含义时，在 if、while、for、def、class 等保留字所在完整语句后用英文冒号（:）结尾并在之后进行缩进。

缩进表达了所属关系。单层缩进属于之前最相邻的一行非缩进代码，多层缩进根据缩进关系决定所属范围。在编写大量的代码时，需要留意层级之间的缩进。

2. 注释

Python 中采用井号（#）表示一行注释的开始，多行注释即在需要注释的内容首尾加上三引号（'''或"""）。井号注释后面的内容作为注释不被执行，前面的内容仍是 Python 程序的一部分；三引号注释中的内容作为注释不被执行。

3. 变量

程序中用于保存和表示数据的语法元素称为变量，变量是一种常见的占位符号。

4. 保留字

保留字是由设计者或维护者预先创建并保留使用的标识符。一般用来构成程序整体框架、表达关键值和具有结构性的复杂语义。Python 3. x 的保留字共 35 个，如表 10.1 所示。

表 10.1 Python 3. x 保留字

and	as	assert	break	class	continue	def
del	elif	else	except	False	finally	for
from	global	if	import	in	is	lambda
None	nonlocal	not	or	pass	raise	return
True	try	while	with	yield	async	await

5. 表达式

表达式是变量和运算符的组合。单独的值是一个表达式，单独的变量也是一个表达式。运算符和操作数可以一起构成表达式。

6. 导入函数库

Python 语言使用 import 保留字导入函数库，导入的方式有以下 3 种。

第 1 种：import <函数库名称>。此种情况下，以"<函数库名称>. <函数名>()"这种形式调用<函数库名称>库中的函数。

第 2 种：from <函数库名称> import *。此种情况下，无须"<函数库名称>."作为前导，可直接采用"<函数名>()"的形式调用<函数库名称>库中的函数。

第 3 种：import <函数库名称> as m。此种方法与第一种方法类似，对<函数库名称>库中的函数调用将采用更为简洁的"m. <函数名>()"形式，"m"为<函数库名称>的别名。注意：此处的"m"也可以替换为其他任意别名。

题型剖析：该知识在选择题和操作题中均有考核。在选择题中，考核代码层级关系的表现形式，保留字有哪些等；在操作题中常通过实际编程考核考生对 Python 语言结构的应用。

考点2 变量的创建

1. 变量的命名

(1) 不能使用保留字作为变量名，如 if、for、while 均为保留字。

（2）变量名的首字符不能是数字，如123python是不合法的。

（3）变量名对英文字母的大、小写敏感，如Student和student是不同变量。

（4）变量名中除了下划线“_”外，不能有任何特殊字符。

2. 赋值语句

把等号右侧表达式的值计算出来，然后给等号左侧变量赋予新的数据值。赋值语句右侧的数据类型同时作用于左侧的变量，即赋予变量新的数据类型。

题型剖析：该知识常在选择题中考核，考核变量的命名是否符合规则及赋值语句的形式是否正确。

考点3 基础数据类型

1. 数字类型

（1）类型分类。

在Python语言中，数字类型主要分为整数类型、浮点数类型和复数类型，相关含义与数学上基本一致。需要注意的是，数字类型的小数部分即使为0，也不是整数类型，需要算作浮点数类型。

（2）数字类型运算符。

①算术运算符：加（+）、减（-）、乘（*）、除（/）、整除（//）、求余（%）、负（-）、正（+）、幂运算（**），其优先级依次递增。

②复合赋值运算符：+=、-=、*=、/=、//=、%=、**=。

③比较运算符：等于（==）、不等于（!=）、大于（>）、小于（<）、大于等于（>=）、小于等于（<=）。

④逻辑运算符：与（and）、或（or）、非（not）。

2. 字符串类型

（1）字符串的索引及切片。

①索引：字符串序列的正向递增索引是从0开始的，即左侧第一个字符的序号为0，最后一个字符序号是长度减1。字符序列的反向递减索引是从-1开始的，即右侧第一个字符的序号是-1，最后一个字符的序号是长度加1。

②切片：采用［n:m:s］格式获取字符串的子串：n是子串在原字符串开始位置的索引序号；m是子串在原字符串结束位置的索引序号（切片不包含结束位置）；s代表n到m之间采用等差数列递增。

比如［1:10:3］，将依次获取原字符串中索引值为1、4、7这3个字符，并组成一个子串。

（2）format()方法。

①基本语法格式。

'字符串模板{参数序号:格式控制标记}字符串模板'.format(<参数1>,<参数2>,...,<参数*N*>)

②格式控制标记：填充字符、对齐方式、宽度、精度、展示类型。

（3）字符串处理方法。

在近几年考试中，考核频度较高的字符串处理方法如表10.2所示。

表10.2 考核频度较高的字符串处理方法

方法	功能说明
str.center(width[,fillchar])	返回str为中心、长度为width的字符串
str.join(iterable)	返回iterable中每个元素后增加一个str后的字符串
str.lower()	返回字符串的副本，所有字符都转换为小写形式
str.replace(old,new[,count])	返回字符串的副本，其中出现的子字符串old将被new替换
str.split(sep=None,maxsplit=-1)	返回字符串中的字符列表，使用sep作为分隔符
str.title()	返回将str中所有单词首字母大写，单词中间的大写全部转换为小写的字符串
str.strip([chars])	返回删除了左侧和右侧指定字符的字符串副本

注：str代表一个字符串或字符串变量。

题型剖析：数字类型的知识在选择题中考核较多。考生需要注意数字类型中运算符的优先级，以及在除法运算中，即使除数、被除数和结果均为整数，结果也依然为浮点数。

字符串类型的知识在选择题和操作题中均有考核。在选择题中一般会考核字符串切片的方式；在操作题中一般会考核format()方法的格式化输出，以及字符串常用方法的基本使用。尤其需要注意，字符串方法都是生成一个新的字符串，原字符串不会有任何改变。

考点4 组合数据类型

1. 列表

（1）列表的索引及切片。

列表的索引及切片与字符串的相似，区别是列表的单个索引号代表的是一个元素，而字符串的单个索引号代表的是一个字符。

（2）列表的操作方法。

在近几年考试中，考核频度较高的列表操作方法如表10.3所示。

表10.3 考核频度较高的列表操作方法

方法	描述
append()	在列表的末端添加新的元素
pop()	从列表中移除一个元素并返回该元素的值
remove()	移除列表中的第一个匹配项
reverse()	将列表中的元素反转
sort()	将列表中的元素排序

2. 字典

（1）字典的格式。

与列表和元组的不同之处在于，字典通过键及其对应的值构成键值对来确定一个元素。键和值之间用冒号（:）分隔，每个键值对就是一个元素，且用逗号（,）分隔，整个字典包含在花括号（{}）内。

（2）字典的操作方法。

在近几年考试中，考核频度较高的字典操作方法如表10.4所示。

表10.4 考核频度较高的字典操作方法

方法	描述
keys()	返回一个字典中的所有键
values()	返回一个字典中的所有值
items()	返回一个字典中的所有键值对
get()	如果指定键存在则返回对应的值，如果不存在则返回 default 值

题型剖析：该考点在选择题和操作题中均有考核。在选择题中一般会考核方法的归属、列表的索引及切片；在操作题中一般考核两种数据类型方法的使用。

10.2 Python语言的基本结构

考点5 分支结构

1. 单分支结构

单分支结构的语法格式如下。

if <条件>:

    <语句块>

通过计算条件表达式得到True或False的结果，从而确定是否执行其后语句块。当结果为True时，执行语句块；当结果为False时，则跳过语句块。

2. 双分支结构

双分支结构的语法格式如下。

```
if <条件>:
    <语句块 1>
else:
    <语句块 2>
```

通过计算条件表达式得到True或False结果，从而确定执行哪一部分语句块。若结果为True，则执行语句块1；若结果为False，则执行语句块2。

3. 多分支结构

多分支结构的语法格式如下。

```
if <条件 1>:
    <语句块 1>
elif <条件 2>:
    <语句块 2>
...
else:
    <语句块 N>
```

如果条件表达式的值为True，则执行该条件后面的语句块。如果有多个条件表达式的值为True，程序只执行第一个条件表达式值为True的语句块，其他的都不执行。如果条件表达式的值都为False，并且有else语句，则执行else下面的语句块，否则都不执行。

题型剖析：该考点在选择题和操作题中均有考核。选择题中主要考核分支结构的语法格式及判断经过分支结构计算后的结果；操作题中主要考核是否能实际编写符合题意的分支结构。

考点6 循环结构

1. 遍历循环

遍历循环的语法格式如下。

```
for <循环变量> in <遍历结构>:
    <语句块>
```

遍历循环从序列对象（遍历结构）中逐个取出数据元素赋值给循环变量，所以循环变量的值每次都会根据遍历获取的值发生变化。每取出一个元素执行一次语句块，循环执行次数由取出元素的次数决定。

2. 无限循环

无限循环的语法格式如下。

```
while <条件>:
    <语句块>
```

通过计算条件表达式得到True或False结果，从而确定是否执行其后的语句块。当条件表达式的值为True时，执行语句块，执行结束后返回条件再次判断；当条件表达式的值为False时，则终止循环，跳出while循环，执行后续语句。

3. 循环控制

（1）break。

break的作用是跳出当前循环（离得最近的循环）并结束本层循环，继续执行后续代码。

（2）continue。

continue的作用为结束本次循环，也就是跳出语句块中尚未执行的语句。执行continue语句后，对于while循环，继续判断循环条件，而对于for循环，程序继续遍历循环结构。

题型剖析：该考点在选择题和操作题中均有考核。在选择题中，一般考核数据在循环中经过运算得到的结果及循环的次数；在操作题中，一般考核遍历文件数据、遍历字符等。

考点7 结构嵌套

循环结构之间可以互相嵌套，执行顺序如下所示。

```
for i in range(1,4):
    j =1
    while j <=3:
        print('外层第{}次,内层第{}次'.format(i,j))
        j +=1

#运行程序
外层第 1 次,内层第 1 次
外层第 1 次,内层第 2 次
外层第 1 次,内层第 3 次
外层第 2 次,内层第 1 次
外层第 2 次,内层第 2 次
外层第 2 次,内层第 3 次
外层第 3 次,内层第 1 次
外层第 3 次,内层第 2 次
外层第 3 次,内层第 3 次
```

题型剖析：该考点一般在选择题中考核，需要考生理解循环执行的次数，并能计算出经过循环结构的数据结果。

10.3　文件

考点 8　文件的读写

1. 文件读取

在近几年考试中，常考核的文件读取方法如表 10.5 所示。

表 10.5　常考核的文件读取方法

方法	描述
read(size)	从文件起始位置开始读取 size 规模的数据，若无参数，则默认从起始位置读取全部数据
readline(n)	从文件中读取并返回一行。如果指定参数，则该行读取 n 个字节
readlines()	一次性读取所有行数据

2. 文件写入

在近几年考试中，常考核的文件写入方法如表 10.6 所示。

表 10.6　常考核的文件写入方法

方法	描述
write(s)	将字符串 s 写入文件
writelines(lines)	将多行列表写入文件

题型剖析：该考点在选择题和操作题中都有考核。在选择题中，一般考核对读写方法的理解；在操作题中，一般考核如何选择一个合适的读写方法。

考点 9　CSV 文件的操作

国际通用的适合一维和二维存储格式的方式为 CSV（Comma - Separated Values，逗号分隔值）数据存储格式，以“.csv”为扩展名，数据直接用逗号隔开。

比如，现有学生成绩信息表的数据如图 10.1 所示。

姓名	年龄	成绩
张三	19	100
李四	20	97
王二	19	99
麻子	21	80

图 10.1 学生成绩信息表

如果转为数据形式描述，即为下面这种形式。

```
姓名,年龄,成绩,\n张三,19,100\n李四,20,97\n王二,19,99\n麻子,21,80
```

对于此种类型数据，一般采用 readlines()方法读取文件，然后对数据采用字符串的方法进行切割，具体代码如下。

```
f = open('学生成绩信息表.csv','r')
txt = f.readlines()
for i in txt[1:]:
    s = i.strip().split(',')
    name,age,score = s
    print('{}岁的{}的成绩是{}'.format(age,name,score))
f.close()
```

题型剖析：该考点主要在操作题中考核，一般考核考生对 CSV 文件格式的理解，比如如何读取 CSV 文件，如何得到自己想要的某一个单元格的数据。

10.4 函数

考点 10 函数的参数传递

1. 位置传参

在函数调用时，按照形参定义时的位置顺序传入实参。此种情况称为位置传参。例如：

```
# 函数定义
def test(x,y):
    return x

#函数调用
print(test(1,2))

#运行程序
1
```

2. 关键字传参

当不想按照对应位置传递参数时，也可以采用关键字传参。例如：

```
# 函数定义
def test(x,y):
    return x

#函数调用
print(test(y = 1,x = 2))

#运行程序
```

```
2
```

3. 序列解包传参

传递参数时可以利用“ * ”运算符将组合数据类型分散赋值给函数的形参。例如：

(1) 位置传参型。

```
def a(x,y,z):
    print(x,y,z)
b=[1,2,3]
a(*b)

#运行程序
1 2 3
```

(2) 关键字传参型。

```
def a(x,y,z):
    print(x,y,z)
b={'x':1,'y':2,'z':3}
a(**b)

#运行程序
1 2 3
```

4. 参数传递顺序

在实际应用中，经常会遇到多种参数的组合使用，这时候参数的使用顺序就必须是位置参数、默认参数、可变参数和关键字参数。

题型剖析：该考点主要在选择题中考核，一般考核参数传递的顺序是否正确，参数传递后对应形参值为多少，以及经过函数运算后得到了什么数据。

考点 11 变量的作用域

1. 全局变量

全局变量指的是定义在函数体外、模块内部的变量，拥有全局的作用域。该变量一般可以在函数内访问，但是不可以修改。

2. 局部变量

局部变量指的是定义在函数体内的变量（函数的形参也是局部变量），只拥有函数内的作用域，在函数外部不能访问。

3. global 保留字及可变数据类型

如果在函数体内对全局变量进行修改，就需要使用 global 保留字在函数内对全局变量进行修饰。例如：

```
x=1
def fun():
    global x
    x=4
    print('函数内部',x)
print('函数执行前',x)
fun()
print('函数执行后',x)

#运行程序
函数执行前 1
函数内部 4
函数执行后 4
```

对于可变的数据类型，即使不使用 global 保留字声明，在函数内部使用数据的方法对数据进行修改时，也会对全局变量的数据进行修改。例如：

```
s=[]
```

```
def fun():
    s.append(1)

fun()
print(s)
fun()
print(s)

#运行程序
[1]
[1,1]
```

题型剖析：该考点主要在选择题中考核，一般考核全局变量经过函数执行后，数据是否发生改变。考生尤其需要注意，当可变类型数据在函数内进行运算时，数据会发生的变化。

10.5　Python的库

考点12　turtle库

1. 画笔运动函数

在近几年考试中，常考核的画笔运动函数如表10.7所示。

表10.7　常考核的画笔运动函数

函数	说明
forward()	向当前指定方向移动相应的距离，参数为数字，当数字为负值时，也可代表向相反方向移动（可以简写为fd()）
backward()	向当前指定的相反方向移动相应的距离，参数为数字
setheading()	以正右方为绝对零度，逆时针旋转相应的度数，参数为数字（可以简写为seth）
right()	以当前指针指向的角度顺时针旋转画笔，参数是数字
left()	以当前指针指向的角度逆时针旋转画笔，参数是数字
circle()	绘制圆或者弧形，有两个参数，第1个参数为半径，第2个参数为角度。第2个参数若不写，则默认表示360°绘制圆，若写了，则表示绘制对应角度的圆弧
undo()	撤销画笔最后一步的动作（意思就是撤销本身并不算是画笔的最后一步动作）
goto()	把画笔移动到设定的坐标(x,y)位置，刚打开窗体的画笔所处位置为坐标原点
home()	将当前画笔调整到坐标原点的位置，画笔指向正右方

2. 画笔状态函数

在近几年考试中，常考核的画笔状态函数如表10.8所示。

表10.8　常考核的画笔状态函数

函数	说明
penup()	拿起画笔，拿起之后画笔的移动轨迹将不会绘制出来
pendown()	放下画笔，与上述相反。放下画笔的状态也是正常打开turtle窗体所处的状态
pensize()	设置画笔线条的粗细，参数为数字，单位是像素

续 表

函数	说明
pencolor()	设置画笔的颜色，参数为颜色的英文名称（还可以是RGB整数模式）
color()	设置画笔和填充的颜色，两个参数均为颜色设置，第1个是画笔的颜色，第2个是填充的颜色
begin_fill()	开始填充，在画某一个需要填充的图形之前，需要事先调用此函数
end_fill()	结束填充，在画完需要填充的图形后，调用此函数填充颜色
speed()	设置画笔的绘制速度，参数为1~10，表示速度依次加快，不在此范围内的数字没有意义，代表即时完成

题型剖析：该考点主要在操作题中考核，一般考核绘制一个带底色图形，需要利用运动的函数，以及对图形填充颜色的函数。考生需要注意，部分题目给出的效果展示中对画笔的结束位置会有要求。

考点13 random库

在近几年考试中，常考核的random库函数如表10.9所示。

表10.9 常考核的random库函数

函数	说明
seed()	随机数种子，参数一般默认以当前时间作为种子，每一个不同的种子都有一种随机数序列，因为时间在不停地变化，所以可以导致随机数选取的序列也在变化，从而伪造成随机数的假象。设置随机数种子主要是为了重复程序运行的轨迹。
random()	生成在［0.0,1.0）范围内的随机浮点数
randint()	生成随机整数，有两个参数，生成在两个参数之间的整数，随机数范围包含这两个整数
choice()	从序列类型中随机返回一个元素，参数为序列类型
shuffle()	将序列类型中的元素随机打乱，返回打乱后的序列类型，参数为序列类型
sample()	从序列类型中随机选取几个元素，有两个参数，依次为序列类型和选取元素的个数
uniform()	生成一个随机浮点数，参数为两个数字，生成的随机浮点数在两个数字之间，随机数范围包含这两个数字
randrange()	类似于从range()函数中随机取一个数，3个参数依次为起始位置、结束位置和步长

题型剖析：该考点主要在操作题中考核，一般考核随机数的生成范围及对随机数种子的应用。考生需要注意，当采用随机数的时候，多次运行程序会保持固定的随机数，但并不是代表代码没有生成随机数，而是题目利用随机数种子限制了输出结果。

考点14 jieba库

1. 第三方库的安装

在“开始”菜单的搜索框中输入“cmd”，用鼠标右键单击出现的命令提示符程序或者cmd程序，在弹出的快捷菜单中选择“以管理员身份运行”，在此处直接输入“pip install 库名”并按<Enter>键，随后pip工具将自行联网下载并安装该第三方库。例如，安装jieba库的命令为“pip install jieba”。

2. jieba库分词模式

```
import jieba
seq = "学习一门新的编程语言"
ls = jieba.lcut(seq)                    # 精准模式
print(ls)

#运行程序
['学习','一门','新','的','编程语言']
```

题型剖析：该考点主要在操作题中考核，一般只考核lcut()函数的使用，考核形式多为读取过文件后，对文件内容分词，将分词结果利用相关语句进行数据统计。

第11章

新增无纸化考试套卷及其答案解析

目前，考试题库中共有15套试卷，因篇幅所限，本章只提供新增的两套无纸化考试套卷及其答案解析，其余题目在配套“智能模考软件”中提供。建议考生在掌握本章试题内容的基础之上，通过配套软件进行模考练习，提前熟悉“考试场景”，体验真考环境及考试答题流程。

二级 Python 语言程序设计科目共有四大题型，包括选择题、基本操作题、简单应用题和综合应用题。

（1）选择题。本题型共包括40道小题，前10道题考查公共基础知识的内容，后30道题考查 Python 语言的内容，均是比较基础的题目。

（2）基本操作题。本题型共包括3个小题，每一题一般都是要求补充题目已有的代码去完成程序，且已有代码不能修改，考查的是 Python 语言中的基本知识点，大多比较简单。

（3）简单应用题。本题型共包括2个小题，一般需要补充多行代码完成题目，所考查的知识点和题目难度与基本操作题的相当。

（4）综合应用题。本题型考查考生对众多知识点的综合应用，也是考试中最难的，要求考生有一定的编程能力。考查的内容除了基本知识外，还涉及对题目实现功能算法的设计。

11.1 新增无纸化考试套卷

第1套 新增无纸化考试套卷

一、选择题

1. 允许多个联机用户同时使用一台计算机系统进行计算的操作系统属于(   )。
   A. 布式操作系统 B. 实时操作系统 C. 批处理操作系统 D. 分时操作系统
2. 在执行指令的过程中，CPU 不经过总线能直接访问的是(   )。
   A. 寄存器 B. 寄存器和内存
   C. 寄存器、内存和外存 D. 输入/输出设备
3. 下列叙述中正确的是(   )。
   A. 在循环队列中，队尾指针的动态变化决定队列的长度
   B. 在循环队列中，队头指针和队尾指针的动态变化决定队列的长度
   C. 在带链的队列中，队头指针和队尾指针的动态变化决定队列的长度
   D. 在带链的栈中，栈顶指针的动态变化决定栈中元素的个数
4. 设栈的存储空间为 $S(1:60)$，初始状态为 top = 61。现经过一系列正常的入栈与退栈操作后，top = 1，则栈中的元素个数为(   )。
   A. 0 B. 59 C. 60 D. 1
5. 设顺序表的长度为 n。下列排序方法中，最坏情况下比较次数小于 $n(n-1)/2$ 的是(   )。
   A. 堆排序 B. 快速排序 C. 简单插入排序 D. 冒泡排序
6. 下面属于系统软件的是(   )。
   A. 人事管理系统 B. WPS 编辑软件
   C. 杀毒软件 D. Oracle 数据库管理系统
7. 下面不属于白盒测试方法的是(   )。
   A. 语句覆盖 B. 边界值分析 C. 条件覆盖 D. 分支覆盖
8. 关系数据库中的键是指(   )。
   A. 关系的专用保留字 B. 关系的名称
   C. 能唯一标识元组的属性或属性集合 D. 关系的所有属性
9. 在数据库中，产生数据不一致的根本原因是(   )。
   A. 数据冗余 B. 没有严格保护数据
   C. 未对数据进行完整性控制 D. 数据存储量太大
10. 某图书集团数据库中有关系模式 R(书店编号,书籍编号,库存数量,部门编号,部门负责人)，其中要求：
    (1) 每个书店的每种书籍只在该书店的一个部门销售；
    (2) 每个书店的每个部门只有一个负责人；
    (3) 每个书店的每种书籍只有一个库存数量。
    则关系模式 R 最高是(   )。
    A. 1NF B. 2NF C. 3NF D. BCNF
11. 以下关于程序设计语言的描述，错误的选项是(   )。
    A. Python 解释器把 Python 代码一次性翻译成目标代码，然后执行
    B. 机器语言直接用二进制代码表达指令

C. Python 是一种通用编程语言

D. 汇编语言是直接操作计算机硬件的编程语言

12. 以下关于 Python 程序语法元素的描述，正确的选项是(　　)。

A. 缩进格式要求程序对齐，增添了编程难度

B. Python 变量名允许以数字开头

C. true 是 Python 的关键字

D. 所有的 if、while、def、class 语句后面都要用冒号结尾

13. 以下选项，不是 Python 关键字的选项是(　　)。

A. from　　B. sum　　C. finally　　D. None

14. 字符串 tstr = 'television'，显示结果为 vi 的选项是(　　)。

A. print(tstr[4:7])　　B. print(tstr[5:7])

C. print(tstr[-6:6])　　D. print(tstr[4:-2])

15. 关于表达式 id('45')的结果的描述，错误的是(　　)。

A. 是'45'的内存地址　　B. 可能是 45396706

C. 是一个正整数　　D. 是一个字符串

16. 表达式 divmod(40,3)的结果是(　　)。

A. 13,1　　B. (13,1)　　C. 13　　D. 1

17. 以下关于字符串类型的操作的描述，正确的是(　　)。

A. 想把一个字符串 str 所有的字符都大写，用 upper(str)

B. 设 x = 'aaa'，则执行 x/3 的结果是'a'

C. 想获取字符串 str 的长度，用字符串处理函数 len(str)

D. str.isnumeric()方法把字符串 str 中的数字字符变成数字

18. 设 str1 = '*@python@*'，语句 print(str1[2:].strip('@'))的执行结果是(　　)。

A. python@*　　B. python*　　C. *@python@*　　D. *python*

19. 执行以下程序，输出结果是(　　)。

```
y ='中文'
x ='中文字'
print(x >y)
```

A. None　　B. False　　C. False or False　　D. True

20. 以下关于“for <循环变量> in <循环结构>”的描述，错误的是(　　)。

A. <循环结构>采用[1,2,3]和['1','2','3']的时候，循环的次数是一样的

B. 这个循环体语句中不能有 break 语句，会影响循环次数

C. 使用 range(a,b) 函数指定 for 循环的循环变量取值范围是 a ~ b - 1

D. for i in range(1,10,2)表示循环 5 次，i 的值是 1 ~ 9 的奇数

21. 执行以下程序，输入“fish520”，输出结果是(　　)。

```
w = input()
for x in w:
  if '0'<= x <= '9':
    continue
  else:
    w.replace(x,'')
print(w)
```

A. fish　　B. fish520　　C. 520　　D. 520fish

22. 执行以下程序，导致输出“输入有误”的输入选项是(　　)。

```
try:
```

```
    ls = eval(input()) * 2
    print(ls)
except:
    print('输入有误')
```

A. 'aa' B. '12' C. aa D. 12

23. 以下关于组合类型的描述，正确的是(　　)。

A. 空字典可以用花括号来创建
B. 可以用 set 创建集合，用方括号和赋值语句增加新元素
C. 字典数据类型里可以用列表作为键
D. 字典的 items()函数返回一个键值对，并用元组表述

24. 以下程序的输出结果是(　　)。

```
s = 0
def fun(s,n):
  for i in range(n):
    s += i
print(fun(s,5))
```

A. 10 B. None C. 0 D. UnboundLocalError

25. 以下关于函数的描述，正确的是(　　)。

A. 自己定义的函数名不能与 Python 内置函数同名
B. 函数一定要有输入参数和返回结果
C. 在一个程序中，函数的定义可以放在函数调用代码之后
D. 使用函数可以提高代码复用性，还可以降低维护难度

26. 以下程序的输出结果是(　　)。

```
def loc_glo(b = 2,a = 4):
    global z
    z += 3 * a + 5 * b
    return z
z = 10
print(z,loc_glo(4,2))
```

A. 36 36 B. 32 32 C. 10 36 D. 10 32

27. 以下程序的输出结果是(　　)。

```
l1 = ['aa',[2,3,3.0]]
print(l1.index(2))
```

A. 2 B. 3. 0 C. 3 D. ValueError

28. 以下程序的输出结果是(　　)。

```
for i in"Nation":
    for k in range(2):
      if i == 'n':
        break
      print(i,end = "")
```

A. aattiioo B. NNaattiioo C. Naattiioon D. aattiioonn

29. 以下程序的输出结果是(　　)。

```
x = [90,87,93]
y = ("Aele","Bob","lala")
z = {}
for i in range(len(x)):
    z[i] = list(zip(x,y))
```

print(z)

A. {0:[(90,'Aele'),(87,'Bob'),(93,'lala')],1:[(90,'Aele'),(87,'Bob'),(93,'lala')],2:[(90,'Aele'),(87,'Bob'),(93,'lala')]}

B. {0:(90,'Aele'),1:(87,'Bob'),2:(93,'lala')}

C. {0:[90,'Aele'],1:[87,'Bob'],2:[93,'lala']}

D. {0:([90,87,93],('Aele','Bob','lala')),1:([90,87,93],('Aele','Bob','lala')),2:([90,87,93],('Aele','Bob','lala'))}

30. 以下程序的输出结果是(　　)。

```
ss = set("htslbht")
sorted(ss)
for i in ss:
    print(i,end='')
```

A. hlbst　　B. htslbht　　C. tsblth　　D. hhlstt

31. 以下程序的输出结果是(　　)。

```
ls1 = [1,2,3,4,5]
ls2 = ls1
ls2.reverse()
print(ls1)
```

A. 5,4,3,2,1　　B. [1,2,3,4,5]

C. [5,4,3,2,1]　　D. 1,2,3,4,5

32. 为以下程序填空，使得输出结果是{40: 'yuwen',20: 'yingyu',30: 'shuxu'}的选项是(　　)。

```
tb = {'yingyu':20,'shuxue':30,'yuwen':40}
stb = {}
for it in tb.items():
    print(it)
    ____________
print(stb)
```

A. stb[it[1]] = it[0]　　B. stb[it[1]] = stb[it[0]]

C. stb[it[1]] = tb[it[1]]　　D. stb[it[1]] = tb[it[0]]

33. 以下关于文件的描述，错误的是(　　)。

A. open()打开一个文件，同时把文件内容装入内存

B. open()打开文件后，返回一个文件对象，用于后续文件的读/写操作

C. 当文件以二进制方式打开的时候，是按字节流方式读写的

D. write（x）函数要求x必须是字符串类型，不能是int类型

34. 给以下程序填空，使得输出到文件“a.txt”里的内容是'90','87','93'的是(　　)。

```
y = ['90','87','93']
l = ''
with open("a.txt",'w')as fo:
    for z in y:
        ____________
    fo.write(l.strip(','))
```

A. l = ','.join(y)　　B. l += "'{}'".format(z)

C. l += "'{}'".format(z) + ','　　D. l += '{}'.format(z) + ','

35. 以下程序的输出结果是(　　)。

```
img1 = [12,34,56,78]
img2 = [1,2,3,4,5]
```

```
def modi():
    img1 = img2
    print(img1)
modi()
print(img1)
```

A. [12,34,56,78]
[1,2,3,4,5]

B. [1,2,3,4,5]
[1,2,3,4,5]

C. [12,34,56,78]
[12,34,56,78]

D. [1,2,3,4,5]
[12,34,56,78]

36. 以下关于数据维度的描述，错误的是(   )。

A. 列表的索引是大于0小于列表长度的整数

B. JSON格式可以表示比二维数据还复杂的高维数据

C. 二维数据可以看成多条一维数据的组合形式

D. CSV文件既能保存一维数据，也能保存二维数据

37. 以下不属于Python的pip工具命令的选项是(   )。

A. show B. install C. -V D. download

38. 用Pyinstaller工具打包Python源文件时，-F参数的含义是(   )。

A. 指定所需要的第三方库路径

B. 在dist文件夹中只生成独立的打包文件

C. 指定生成打包文件的目录

D. 删除生成的临时文件

39. 第三方库beauifulsoup4的功能是(   )。

A. 解析和处理HTML和XML

B. 支持Web软件框架

C. 支持Web Services框架

D. 处理HTTP请求

40. 以下关于turtle库的描述，错误的是(   )。

A. 在import turtle之后，可以用turtle.circle()语句画一个圆圈

B. seth(x)是setheading(x)函数的别名，让画笔旋转x度

C. 可以用import turtle来导入turtle库函数

D. home()函数设置当前画笔位置到原点，方向朝上

二、基本操作题（共15分）

41. 请写代码替换横线，不修改其他代码，实现以下功能。

用键盘输入正整数 *n*，按要求把 *n* 输出到屏幕。格式要求：宽度为15个字符，数字右边对齐，不足部分用星号填充。

例如：用键盘输入正整数 *n* 为1234，屏幕输出***********1234

试题程序：

```
#请在______处使用一行代码或表达式进行替换
#注意:请不要修改其他已给出的代码
n = eval(input("请输入正整数:"))
print("{______}".format(n))
```

42. 请写代码替换横线，不修改其他代码，实现以下功能。

a和b是两个长度相同的列表变量，列表a为[3,6,9]，用键盘输入列表b，计算a中元素与b中对应元素的和，形成新的列表c，在屏幕上输出。

例如：用键盘输入列表b为[1,2,3]，屏幕输出计算结果为[4,8,12]

试题程序：

```
#请在______处使用一行代码或表达式进行替换
#注意:请不要修改其他已给出的代码
a = [3,6,9]
b = eval(input())#例如:[1,2,3]
```

```
c = []
for i in range(________(1)________):
    c.append(________(2)________)
print(c)
```

43. 请写代码替换横线，不修改其他代码，实现以下功能。

以0为随机数种子，随机生成5个在1（含）~97（含）的随机数，计算这5个随机数的平方和。

试题程序：

```
# 请在________处使用一行代码或表达式进行替换
# 注意:请不要修改其他已给出的代码
import random
________(1)________
s = 0
for i in range(5):
    n = random.randint(________(2)________) # 产生随机数
    s = ________(3)________
print(s)
```

三、简单应用题（共25分）

44. 使用turtle库的turtle. fd( )函数和turtle. seth( )函数绘制一个边长为100像素的正八边形，在横线处补充代码，不得修改其他代码。效果如下所示。

试题程序：

```
# 请在________处使用一行代码或表达式进行替换
# 注意:请不要修改其他已给出的代码
import turtle
turtle.pensize(2)
d = 0
    for i in range(1,________(1)________):
    ________(2)________
    d += ________(3)________
    turtle.seth(d)
```

45. 使用字典和列表型变量完成村主任的选举。某村有40名有选举权和被选举权的村民，名单由文件“name. txt”给出，从这40名村民中选出一人当村主任，40人的投票信息由文件“vote. txt”给出，每行是一张选票的信息，有效票中得票最多的村民当选。

问题1：请从“vote. txt”中筛选出无效票写入文件“vote1. txt”。有效票的含义如下：选票中只有一个名字且该名字在“name. txt”文件列表中，不是有效票的票称为无效票。

问题2：给出当选村主任的村民的名字及其得票数。

试题程序：

```
请在________处使用一行代码或表达式进行替换
#注意：请不要修改其他已给出的代码
f = open("name.txt")
names = f.readlines()
```

```
f.close()
f = open("vote.txt")
votes = f.readlines()
f.close()
f = open("vote1.txt","w")
D = {}
NUM = 0
for vote in ________(1)________:
    num = len(vote.split())
    if num == 1 and vote in ________(2)________:
        D[vote[:-1]] = ________(3)________ +1
        NUM += 1
    else:
        f.write(________(4)________)
f.close()
l = list(D.items())
l.sort(key = lambda s:s[1],________(5)________)
name = ________(6)________
score = ________(7)________
print("有效票数为:{} 当选村主任的村民为:{},票数为:{}".format(NUM,name,score))
```

四、综合应用题（共20分）

46.《三国演义》是中国古典四大名著之一，曹操是其中的主要人物，文件“data. txt”给出《三国演义》简介。

问题1：请编写程序，用Python第三方库jieba库对文件“data. txt”进行分词，并将结果写入文件“out. txt”中，每行一个词。例如：

内容简介
编辑
整个
故事
在
东汉
…

试题程序：

```
#请在________处使用一行代码或表达式进行替换
#注意:请不要修改其他已给出的代码
import jieba
f = open('data.txt','r')
lines = f.readlines()
f.close()
f = open('out.txt','w')
for line in lines:
    line = ________(1)________                #删除每行首尾可能出现的空格
    wordList = ________(2)________            #用jieba库对每行内容进行分词
    f.writelines('\n'.________(3)________)#将分词结果存到文件"out.txt"中
f.close()
```

问题2：对文件“out.txt”进行分析，输出“曹操”出现的次数。

试题程序：

```
#请在______处使用一行代码或表达式进行替换
#注意:请不要修改其他已给出的代码
import jieba
f = open('out.txt','r')      #以只读模式打开文件
words = f.readlines()
f.close()
D = {}
for w in ______(1)______:          #词频统计
    D[w[:-1]] = ______(2)______ +1
print("曹操出现次数为:{}".format(______(3)______))
```

第2套 新增无纸化考试套卷

一、选择题

1. 一台计算机有30个终端用户同时使用C语言系统，则该计算机使用的操作系统是(　　)。

A. 实时操作系统　B. 嵌入式操作系统　C. 分时操作系统　D. 分布式操作系统

2. 不属于操作系统基本功能的是(　　)。

A. 数据库管理　B. 设备管理　C. 进程管理　D. 存储管理

3. 设表的长度为20。则在最坏情况下，冒泡排序的比较次数为(　　)。

A. 19　B. 20　C. 90　D. 190

4. 循环队列的存储空间为Q(1:40)，初始状态为front = rear = 40。经过一系列正常的入队与退队操作后，front = rear = 15，此后又退出一个元素，则循环队列中的元素个数为(　　)。

A. 14　B. 15　C. 40　D. 39或0且产生下溢错误

5. 设一棵树的度为3，其中，度为3、2、1的节点个数分别为4、1、3。则该棵树中的叶子节点数为(　　)。

A. 10　B. 11　C. 12　D. 不可能有这样的树

6. 下面不属于软件需求规格说明书内容的是(　　)。

A. 软件的性能需求　B. 软件的功能需求

C. 软件的可验证性　D. 软件的外部接口

7. 基本路径测试属于(　　)。

A. 黑盒测试方法且是动态测试　B. 白盒测试方法且是动态测试

C. 黑盒测试方法且是静态测试　D. 白盒测试方法且是静态测试

8. 概念模型是(　　)。

A. 用于现实世界的建模，与具体的DBMS有关

B. 用于信息世界的建模，与具体的DBMS有关

C. 用于现实世界的建模，与具体的DBMS无关

D. 用于信息世界的建模，与具体的DBMS无关

9. 学籍管理系统中，学生和学籍档案之间的联系是(　　)。

A. 1:1　B. $M{:}N$　C. $N{:}1$　D. $1{:}N$

10. 现有表示患者和医疗的关系如下：P(P#,Pn,Pg,By)，其中，P#为患者编号，Pn为患者姓名，Pg为性别，By为出生日期，Tr(P#,D#,Date,Rt)，其中，D#为医生编号，Date为就诊日期，Rt为诊断结果。

检索在1号医生处就诊的男性病人姓名的表达式是(　　)。

A. σ_{PR} = '男'(P)

B. $\pi_{Pn}(\pi_{P\#}(\sigma_{D\#=1}(Tr)) \bowtie \sigma_{Pg}$ = '男'(P))

C. $\pi_{Pn}(\pi_{P\#}(\sigma_{D\#=1}(Tr)) \bowtie P)$

D. $\pi_{Pn}(\sigma_{D\#=1}(Tr)) \bowtie \sigma_{Pg='男'}(P))$

11. 关于 Python 语言的描述，错误的选项是(　　)。

A. Python 是一种编译型语言，可在各类计算机上直接运行

B. Python 支持中文等多语言字符

C. Python 具有庞大的计算生态

D. Python 通过缩进实现了强制可读

12. 关于 Python 缩进的描述，错误的选项是(　　)。

A. Python 的分支、循环、函数可以通过缩进包含多行代码

B. Python 通过强制缩进来体现语句间的逻辑关系

C. Python 缩进在单个结构体语句（比如某个循环体）中必须一致

D. Python 使用缩进表示代码块，缩进必须固定采用 4 个空格

13. 关于变量名的定义，不合法的选项是(　　)。

A. Temp00　　B. str_x　　C. y-1　　D. _z

14. 以下代码的执行结果是(　　)。

```
a='100'
print(eval(a+"1+2"))
```

A. 103　　B. 1003　　C. 100+1+2　　D. 执行出错

15. 可用于判断变量 a 的数据类型的选项是(　　)。

A. int(a)　　B. type(a)　　C. str(a)　　D. eval(a)

16. 以下代码的执行结果是(　　)。

```
x=4+3j
y=-4-3j
print(x+y)
```

A. 0j　　B. 0　　C. <class 'complex'>　　D. 无输出

17. 关于 Python 字符串的描述，错误的选项是(　　)。

A. 可以通过索引方式访问字符串中的某个字符

B. 字符串可以赋值给变量，也可以单独作为一行语句

C. 可以通过在引号前增加转义符输出带有引号的字符串

D. 可以使用 lenstr()获得字符串的长度

18. 以下代码的执行结果是(　　)。

```
a=3.141593
b="*"
print("{0:{2}>{1},}\n{0:{2}^{1},}\n{0:{2}<{1},}".format(a,20,b))
```

A.
```
************3.141593
******3.141593******
3.141593************
```

B.
```
******3.141593******
************3.141593
3.141593************
```

C.
```
3.141593************
************3.141593******3.141593******
```

D.
```
************3.141593
3.141593************
******3.141593******
```

19. 关于 Python 二分支精简结构的表示，正确的选项是(　　)。

A. 条件 if 表达式 1 else 表达式 2　　B. 表达式 1 if 表达式 2 else 条件

C. 表达式 1 if 条件 else 表达式 2　　D. 表达式 1 if 条件：表达式 2 else

20. 以下代码的执行结果是(　　)。

```
a =75
if a >60:
    print("Should Work Hard!")
elif a >70:
    print("Good")
else:
    print("Excellent")
```

A. 执行出错　　B. Excellent　　C. Good　　D. Should Work Hard!

21. 当用户输入 apple，banana，bear 时，以下代码的执行结果是(　　)。

```
a = input("").split(",")
x =0
while x < len(a):
    print(a[x],end = "&")
    x = x +1
```

A. 执行出错　　B. apple，banana，bear

C. apple&banana&bear&　　D. apple&banana&bear

22. 关于 Python 程序异常处理的描述，错误的选项是(　　)。

A. try、except 等保留字提供异常处理功能

B. 程序发生异常后经过妥善处理可以继续执行

C. 异常语句可以与 else 和 finally 保留字配合使用

D. Python 的异常和错误是完全相同的概念

23. 关于 Python 中 for 循环的描述，正确的选项是(　　)。

A. for 循环内语句块的执行次数一定大于 1

B. 能用 for 循环实现字符串里每个字符的遍历

C. for 循环能够实现列表的遍历，不能实现字典的遍历

D. for 循环不能与 break 和 continue 保留字联合使用

24. 不是 Python 内置函数的选项是(　　)。

A. compare( )　　B. divmod( )

C. type( )　　D. ord( )

25. 关于 Python 函数定义的参数设置，错误的选项是(　　)。

A. def vfunc(a, * b):　　B. def vfunc(a,b):

C. def vfunc(* a,b):　　D. def vfunc(a,b =2):

26. 以下代码的执行结果是(　　)。

```
def maxcount():
    a,b =1000,99
    for i in range(10):
        a *= b +1
        b *= a -1
    return a < b
maxcount()
```

A. 执行错误　　B. True　　C. False　　D. 无输出

27. 关于全局变量和局部变量的描述，错误的选项是(　　)。
A. 全局变量在 Python 文件最外层声明时，语句前没有缩进
B. 局部变量标识符不能与任何全局变量的标识符相同，即严格不能重名
C. 在函数内部引用数字类型全局变量时，必须使用 global 保留字声明
D. 在函数内部引用组合类型全局变量时，可以不通过 global 保留字声明

28. 关于 Python 组合数据类型的描述，错误的选项是(　　)。
A. 集合类型的元素之间存在先后关系，能通过序号访问
B. 组合数据类型根据数据之间的关系分为 3 类：序列类型、集合类型和映射类型
C. 字符串、元组和列表都属于序列类型
D. 列表创建后，其内容可以被修改

29. 以下是某班 5 名同学的一组个人信息：
学号、姓名、性别、年龄、身高、体重
xs001、张红、女、18、168、55
xs002、王丽丽、女、19、165、60
xs003、李华、男、18、178、66
xs004、赵亮、男、19、175、65
xs005、张玲玲、女、18、160、50
采用变量 a 存储以上信息用于统计分析，最适合的数据类型是(　　)。
A. 字符串　　B. 字典　　C. 列表　　D. 集合

30. 关于 Python 列表类型的描述，错误的选项是(　　)。
A. 列表创建后可以修改其中元素，但每个元素类型不能修改
B. 列表类型的元素可以是字典
C. 列表类型的元素可以是列表
D. 二维数据可以用列表类型表示

31. 以下代码的执行结果是(　　)。
```
ls = ['中国',['北京','上海','广州'],['河北省','浙江省','广东省'],300,400,500]
print(ls[-4][1][:2])
```
A. 北京　　B. 河北　　C. 浙江省　　D. 浙江

32. 以下代码的执行结果是(　　)。
```
s = ['well','good','best','how','do','you','do','?']
str1 = s[3] + '' + s[4] + '' + s[5] + '' + s[6]
print(str1)
```
A. howdoyoudo　　B. do you do ?
C. 'how do you do'　　D. 执行错误

33. 关于以下代码执行结果的描述，正确的选项是(　　)。
```
chinesetime = {'夜半':'子时','鸡鸣':'丑时','平旦':'寅时',\
               '日出':'卯时','食时':'辰时','隅中':'巳时',\
               '日中':'午时','日昳':'未时','晡时':'申时',\
               '日入':'酉时','黄昏':'戌时','人定':'亥时'}
time = chinesetime.pop('黄昏','失败')
print(chinesetime)
```
A. 程序输出一个字典，其中，键为'黄昏'的值被修改为'失败'
B. 程序输出一个字典，其中，键为'黄昏'的键值对被删除
C. 程序执行后，time 变量的值是{'黄昏':'戌时'}
D. 程序执行后，time 变量的值是{'黄昏':'失败'}

34. 关于列表操作函数的描述，正确的选项是(　　)。

A. ls1 = ls2 将列表 ls2 的元素追加到列表 ls1

B. ls.insert(x)将 x 插入列表 ls 的末尾

C. min(ls)返回列表 ls 的最大元素

D. ','.join(ls)将列表 ls 的元素用逗号连成一个字符串

35. 以下代码的执行结果是(　　)。

```
ls = [12,34,56,78]
lt = [1,2,3,4,5]
def func():
    ls = lt
    print(ls)
func()
print(ls)
```

A. [1,2,3,4,5]
[12,34,56,78]

B. [1,2,3,4,5]
[1,2,3,4,5]

C. [12,34,56,78]
[12,34,56,78]

D. [12,34,56,78]
[1,2,3,4,5]

36. 关于 Python 列表及数据维度的描述，错误的选项是(　　)。

A. 列表索引值的范围是大于 0 小于列表长度的整数

B. 列表能表示多维数据

C. 二维数据可以看成是多个一维数据的组合

D. CSV 格式文件既能保存一维数据，也能保存二维数据

37. 用于设置画布大小的 turtle 库函数是(　　)。

A. turtlesize()　　B. shape()　　C. getscreen()　　D. setup()

38. 关于以下代码的执行结果的描述，正确的选项是(　　)。

```
import random
a = random.randint(1,100)
while(a < 50):
    a = random.randint(1,100)
print(a)
```

A. 执行错误

B. 每次执行结果不完全相同

C. 执行结果总是 50

D. 执行结果总是 51

39. 属于 Python 图像处理方向的第三方库是(　　)。

A. Scrapy

B. Matplotlib

C. opencv-python

D. wxPython

40. 属于 Python 网络爬虫方向的第三方库是(　　)。

A. requests　　B. NLTK　　C. PyTorch　　D. Pillow

二、基本操作题（共 15 分）

41. 请写代码替换横线，不修改其他代码，实现以下功能。

用户按照列表格式输入数据，将用户输入的列表中属于字符串类型的元素连接成一个字符串，并输出。

示例如下（其中数据仅用于示意）。

输入：

```
[123,"Python",98,"等级考试"]
```

输出：

```
Python等级考试
```

```
试题程序：
#请在______上使用一行代码或表达式进行替换
#注意：请不要修改其他已给出的代码
ls = eval(input())
s = ""
for item in ls:
    if ______(1)______ == type("香山"):
        s += ______(2)______
print(s)
```

42. 请写代码替换横线，不修改其他代码，实现以下功能。

以25为种子，随机生成1个1～100的整数，让用户来猜，用户最多只能猜6次。接收用户输入的数字，输入的数字和随机数相同时，则输出“恭喜你，猜对了!”，然后程序结束；若输入的数比随机数小，则输出“小了，再试试”，程序继续；若输入的数比随机数大，则输出“大了，再试试”，程序继续；若6次还没猜对，在评判大小后，输出“谢谢！请休息后再猜”，然后程序退出。

示例如下（其中数据仅用于示意）。

输入：

80

输出：

大了，请再试试

（略）

```
试题程序：
#请在______上使用一行代码或表达式进行替换
#注意：请不要修改其他已给出的代码
import random

random.seed(25)
n = ______(1)______
for m in range(1,7):
    x = eval(input("请输入猜测数字:"))
    if x == n:
        print("恭喜你，猜对了！")
        break
    elif ______(2)______:
        print("大了，再试试")
    else:
        print("小了，再试试")
    if ______(3)______:
        print("谢谢！请休息后再猜")
```

43. 请写代码替换横线，不修改其他代码，实现以下功能。

让用户输入一个自然数n，如果n为奇数，输出表达式$1+1/3+1/5+\cdots+1/n$的值；如果n为偶数，输出表达式$1/2+1/4+1/6+\cdots+1/n$的值。输出结果保留两位小数。

示例如下（其中数据仅用于示意）。

输入：

4

输出：

0. 75

试题程序：

```
#请在________上使用一行代码或表达式进行替换
#注意:请不要修改其他已给出的代码
def f(n):
    ________(1)________
    if ________(2)________:
        for i in range(1,n+1,2):
            s +=1/i
    else:
        for i in range(2,n+1,2):
            s +=1/i
    return s
n=int(input())
print(________(3)________)
```

三、简单应用题（共25分）

44. 请写代码替换横线，不修改其他代码，实现以下功能。

使用turtle库绘制3个彩色的圆，按顺序从颜色列表color中获取圆的颜色，圆的圆心位于(0,0)坐标处，半径从里至外分别是10像素、30像素、60像素。

效果如下所示。

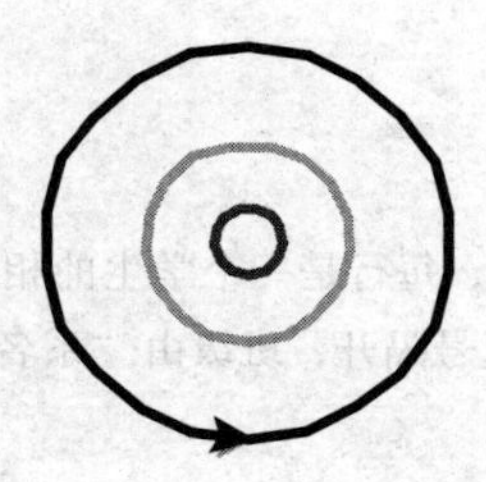

试题程序：

```
#请在________上使用一行代码或表达式进行替换
#注意:请不要修改其他已给出的代码
import turtle as t
color=['red','green','blue']
rs=[10,30,60]

for i in range(________(1)________):
    t.penup()
    t.goto(0,________(2)________)
    t. ________(3)________
    t.pencolor(________(4)________)
    t.circle(________(5)________)
t.done()
```

45. 在省略号处补充代码，完成以下功能。

让用户输入一首诗的文本，内部包含中文逗号和句号。(1) 用jieba库的精确模式对输入文本分词，将分词后的词语输出并以“/”分隔；统计中文词语数并输出。(2) 以逗号和句号将输入文本分隔成单句并输出，每句一行，每行的宽度为20个字符，居中对齐。在 (1) 和 (2) 的输出之间，增加一个空行。

示例如下（其中数据仅用于示意）。

输入：

月亮河宽宽的河，一天我从你身旁过，

输出：

月亮/河/宽宽的/河/一天/我/从/你/身旁/过/

中文词语数：10

　　月亮河宽宽的河

　　一天我从你身旁过

试题程序：

```
#请在...处使用一行或多行代码进行替换
#注意:请不要修改其他已给出的代码
import jieba
s = input("请输入一段中文文本,句子之间以逗号或句号分隔:")
...

for i in slist:
    if i in",。":
        continue
    ...

print("\n中文词语数:{}\n".format(m))

...
```

四、综合应用题（共20分）

46. “data. txt”是由学生信息构成的数据文件，每行是一个学生的相关信息，包括姓名、班级和分数。姓名和其他信息之间用英文冒号隔开，班级和分数之间用英文逗号隔开，班级由“系名＋班级序号”组成，如“计算191”。示例如下。

```
王一:计算191,340
张二:经济191,450
……
```

(1) 读取文件“data. txt”，输出学生的姓名和分数到文件“studs. txt”中，每行一条记录，姓名和分数用英文冒号隔开。示例如下。

```
王一:340
李四:450
……
```

试题程序：

无

(2) 选出分数最高的学生，输出学生的姓名和分数，中间用英文冒号隔开。示例如下。

```
李四:450
```

试题程序：

无

(3) 计算每个班级的平均分，输出班级和平均分，平均分的小数点后保留两位，中间用英文冒号隔开。示例如下。

```
计算191:447.55
经济191:460.08
……
```

试题程序：

无

11.2 新增无纸化考试套卷的答案及解析

第1套 答案及解析

一、选择题

1. D 【解析】允许多个联机用户同时使用一台计算机系统进行计算的操作系统称为分时操作系统。分时操作系统把中央处理器的时间划分成时间片，轮流分配给每个联机终端用户，每个用户只能在极短时间内执行程序，若程序未执行完，则等待下次分到时间片时再执行。这样，系统的每个用户的每次要求都能得到快速响应，且用户感觉自己好像独占计算机。本题选择D选项。

2. A 【解析】计算机中CPU通过总线与内存、外设等连接。本题选择A选项。

3. B 【解析】带链的队列和带链的栈均采用链式存储结构。链式存储的存储单元是不连续的，因为是不连续的存储空间，所以指针将不会有规律地连续变化，C、D两项错误。在循环队列中，队头指针和队尾指针的动态变化决定队列的长度，B选项正确，A选项错误。本题选择B选项。

4. C 【解析】栈的存储空间为S(1:60)，初始状态为top=61，即栈的初始状态为空。当第一个元素进栈后，top=60；第二个元素进栈后，top=59；第三个元素进栈后，top=58，以此类推。当top=1时，共有60个元素入栈。本题选择C选项。

5. A 【解析】最坏情况下比较次数：堆排序为$n\log_2^n$，快速排序为$n(n-1)/2$，简单插入排序为$n(n-1)/2$，冒泡排序为$n(n-1)/2$。本题选择A选项。

6. D 【解析】系统软件是管理计算机的资源，提高计算机的使用效率，为用户提供各种服务的软件，如操作系统、数据库管理系统、编译程序、汇编程序和网络软件等。应用软件是为了应用于特定的领域而开发的软件，A、B和C三个选项属于应用软件。本题选择D选项。

7. B 【解析】白盒测试的主要技术有逻辑覆盖测试、基本路径测试等。其中，逻辑覆盖测试包括语句覆盖、路径覆盖、判定覆盖（分支覆盖）、条件覆盖、判断-条件覆盖。边界值分析属于黑盒测试。本题选择B选项。

8. C 【解析】在关系模式中凡是能唯一标识元组的最小属性集称为该关系的键或码。本题选择C选项。

9. A 【解析】由于数据冗余，有时修改数据时，一部分数据被修改，而另一部分没有被修改，造成同一种数据有多个值，导致数据不一致。本题选择A选项。

10. B 【解析】本题中，（书店编号，书籍编号）→部门编号，（书店编号，部门编号）→部门负责人，（书店编号，书籍编号）→库存数量，可确定关系模式R的主键为（书店编号，书籍编号）。这样就存在着非主属性“部门负责人”对主键（书店编号，书籍编号）的传递函数依赖不满足第三范式（3NF），所以关系模式R最高是第二范式（2NF）。本题选择B选项。

11. A 【解析】Python属于脚本语言，脚本语言采用解释方式执行。解释执行是将源代码逐条转换成同时运行的过程，不是一次性翻译的。本题选择A选项。

12. D 【解析】缩进格式要求程序对齐，清晰、简明地表示了语句的所属关系；Python的标识学采用大写字母、小写字母、数字、下划线及汉字等字符及其组合进行命名，但标识符的首字符不能是数字，中间不能出现空格，长度没有限制；Python的关键字大、小写敏感，True是关键字，但true不是关键字。本题选择D选项。

13. B 【解析】关键字也称保留字，是编程语言内部定义并保留使用的标识符。Python 3. x的关键字有35个，分别是and、as、assert、async、await、break、class、continue、def、del、elif、else、except、False、finally、for、from、global、if、import、in、is、lambda、None、nonlocal、not、or、pass、raise、return、True、try、with、while、yield。本题选择B选项。

14. C 【解析】对字符串中某个子串或区间的检索称为切片。切片的语法格式为**<字符串或字符串变量>[*N*:*M*]**。切片获取字符串中从*N*到*M*（不包含*M*）的子字符串，其中，*N*和*M*为字符串的索引，可以混合使用正向递增索引和反向递减索引。切片要求 N 和 M 都在字符串的索引区间，如果 N 大于等于 M，则返回空字符串。如果 N 缺失，则默认将 N 设为0；如果 M 缺失，则默认表示到字符串结尾。

A 选项的 tstr[4:7] ='vis'，B 选项的 tstr[5:7] ='is'，D 选项的 tstr[4: -2] ='visi'，C 选项的 tstr[-6:6] =' vi'。本题选择 C 选项。

15. D 【解析】id()函数的返回值是对象的内存地址，属于数字类型。本题选择 D 选项。

16. B 【解析】divmod(x,y)函数用来计算 x 和 y 的除余结果。返回两个值，分别是 x 与 y 的整除，即 x//y，以及 x 与 y 的余数，即 x% y。返回的两个值组成了一个元组类型，即圆括号包含的两个元素(x//y,x% y)。表达式 divmod(40,3)的结果为 40//3 =13、40% 3 =1。本题选择 B 选项。

17. C 【解析】将字符串 str 所有的字符都大写的方法是 str. upper()，A 选项不正确；x 为字符串类型，字符串类型不能进行除法运算，B 选项不正确；isnumeric()方法用于检测字符串是否只由数字组成，如果字符串中只包括数字，就返回 Ture，否则返回 False，D 选项错误；len()函数用于返回字符串的长度，要想获取字符串 str 的长度，其语法格式为 **len(str)**。本题选择 C 选项。

18. A 【解析】str1[2:]表示对字符串 str1 进行切片，即从索引为 2 的字符开始切片直到字符串结尾（字符串最左侧的字符索引为 0），其结果为 python@ * ;strip(chars)方法是从字符串中去掉其左侧和右侧 chars 中列出的字符，" python@ * ". strip('@')表示将字符串左侧和右侧的@字符去掉，由于字符串最左侧和最右侧均无@字符，故语句执行结果为 python@ * 。本题选择 A 选项。

19. D 【解析】在 Python 中比较两个字符串的大小，要从第 1 个字符开始比较，只要比较出了大小就结束。本题中，变量 x 和 y 的前两个字符相同，但 y 没有第 3 个字符，所以 x 大，则表达式 x > y 的结果为 True。本题选择 D 选项。

20. B 【解析】for 语句的循环执行次数是根据 <循环结构> 中元素的个数确定的。[1,2,3]和['1','2','3']均有 3 个元素，因此循环次数是一样的。A 选项正确。range()函数只有 1 个参数时，表示会产生从 0 开始计数到输入参数的前一位整数结束的整数列表；有 2 个参数时，则将第 1 个参数作为起始位，第 2 个参数为结束位，输出从起始位到结束位的前一位的整数列表；有 3 个参数时，第 3 个参数表示步长，起始位按照步长递增或递减，因此选项 C、D 正确。循环体中的 break 语句影响循环次数，但是不代表循环体中不能有 break 语句，B 选项错误。本题选择 B 选项。

21. B 【解析】replace()方法的语法格式为 **str. replace(old,new[,max])**，作用是把字符串中的 old（旧字符串）替换成 new（新字符串），返回一个新的字符串。如果指定第 3 个参数 max，则替换不超过 max 次。本题中，for 循环执行后，将依次返回新的字符串 ish520、fsh520、fis520，并不影响 w，程序执行print(w)后输出 fish520。本题选择 B 选项。

22. C 【解析】无论用户输入的是字符还是数字，input()函数统一按照字符串类型输出。当输入 aa 时，以字符串类型'aa'返回；然后 eval()函数处理字符串'aa'，去掉其两侧的引号，将其解释为一个变量。由于之前没有定义过该变量，因此解释器报错，输出“输入有误”。本题选择 C 选项。

23. A 【解析】集合中可以使用 add()方法增加新元素，不能使用方括号来添加，B 项错误；字典数据类型必须用不可变的元素作为键，而列表是可变的，不能作为键，C 选项错误；字典的 items()函数返回的是所有键值对，D 选项错误。本题选择 A 选项。

24. B 【解析】本题中函数体内没有 return 语句，即无返回值，所以默认返回 None，则输出结果为 None。本题选择 B 选项。

25. D 【解析】自己定义的函数可以与内置函数同名，当调用此函数时会先调用自己定义的函数；函数可以没有输入参数和返回结果；Python 程序是自上而下执行的，函数的定义应放在函数调用之前，否则会报错。本题选择 D 选项。

26. C 【解析】本题中，变量 z 为全局变量，函数内部改变了该变量的值，在外部该变量的值不变，因此最后 z 的值仍为 10。然后执行函数 glo(4,2)，将实参 4 传递给形参 b，将实参 2 传递给形参 a。函数体内 z += 3 * a + 5 * b 可变形为 z = 10 + 3 * a + 5 * b = 10 + 3 * 2 + 5 * 4 = 36，函数的返回值为 36。本题选择 C 选项。

27. D 【解析】列表的 index()方法用于从列表中找出某个对象第一个匹配项的索引，如果这个对象不在列表中会报一个异常。本题中 l1. index(2)是指在列表 l1 中查找对象 2，但列表中并不存在元素 2，因此会异常。本题选择 D 选项。

28. B 【解析】Python 对字母的大、小写是敏感的，“N” 和 “n” 是不同的字符。本题中，有两层 for 循环，即每个字符要输出两次，直到 i == 'n'时，跳出循环，执行输出语句。本题选择 B 选项。

29. A 【解析】zip()是 Python 的一个内建函数。它接受一系列可迭代的对象作为参数，将对象中对应的元素打包成一个个元组，然后返回由这些元组组成的列表。若传入参数的长度不等，则返回 list 的长度和参数中长度最短的对象相同。本题中，x 为列表类型，y 为元组类型。zip(x,y)返回的结果为[(90,'Aele'),(87,'Bob'),(93,'lala')]。for 循环中 i 的值依次为 0、1、2，因此 z（字典类型）的值为 {0:[(90,'Aele'),(87,'Bob'),(93,'lala')],1:[(90,'Aele'),(87,'Bob'),(93,'lala')],2:[(90,'Aele'),(87,'Bob'),(93,'lala')]}。本题选择 A 选项。

30. A 【解析】set()函数将其他的组合数据类型变成集合类型，返回结果是一个无重复且排序任意的集合。因此，ss = set("htslbht")的返回值是一个类似于{'h','l','b','s','t'}的集合，然后将其赋值给 ss。方法 sorted(ss)的返回值是对 ss 进行排序后的结果，即执行 sorted(ss)后，ss 的值并没有改变，最后仍输出 hlbst。本题选择 A 选项。

31. C 【解析】在 Python 中，列表对象的赋值就是简单的对象引用。本题中，ls1 和 ls2 指向同一片内存。ls2 是 ls1 的别名，是引用 ls1。对 ls2 做修改，ls1 也会跟着变化。ls2. reverse()是指将列表 ls2 中的元素反转，结果为[5,4,3,2,1]，则 ls1 的值也为[5,4,3,2,1]。本题选择 C 选项。

32. A 【解析】分析题目及程序可知，题意是将字典中的键值互换。tb. items()以列表形式（并非直接的列表，若要返回列表值还需调用 list()函数）返回可遍历的(键,值)元组数组。for 循环中 it 每次遍历得到的是一个元组，依次为('yingyu',20)、('shuxue',30)、('yuwen',40)，然后将元组中索引为 0 的元素和索引为 1 的元素互换位置，实现字典中键值的互换，应填入 stb[it[1]] = it[0]。本题选择 A 选项。

33. A 【解析】如果文件只被打开，文件内容是不会装入内存的。只有执行读取操作的时候才会把文件内容相应的长度内容（在 read()函数中指定读取的字节长度）装入内存。本题选择 A 选项。

34. C 【解析】由题意可知，写入文件的是 90、87、93，字符之间用逗号分隔。A 选项是将字符通过逗号连接成形如'90,87,93'的字符串；B 选项没有使用逗号分隔；D 选项由于在花括号（{}）外部没有使用引号，相加的结果为" 90,87,93"。本题选择 C 选项。

35. D 【解析】程序先调用函数 modi()，函数体内进行赋值操作，列表对象的赋值就是简单的对象引用。函数体内，img1 和 img2 指向同一片内存，img1 是 img2 的别名。函数调用执行后输出[1,2,3,4,5]，然后执行 print(img1)，此处的 img1 是外部变量，与函数体内的 img1 不是同一个变量，仍输出[12,34,56,78]。本题选择 D 选项。

36. A 【解析】列表的索引也可以是负整数，如 l[-1]就代表列表 l 的最后一个元素。本题选择 A 选项。

37. C 【解析】pip 工具常用的命令有安装（install）、下载（download）、卸载（uninstall）、列表（list）、查看（show）、查找（search）。-V 属于 pyinstaller 命令的常用参数，不属于命令。本题选择 C 选项。

38. B 【解析】-F 是指在 dist 文件夹中只生成独立的打包文件（即 EXE 文件），所有的第三方依赖、资源和代码均打包进此 EXE 文件中。本题选择 B 选项。

39. A 【解析】第三方库 beautifulsoup4 用于解析和处理 HTML 和 XML。它最大的优点是能根据 HTML 和 XML 的语法建立解析树，进而高效解析其中的内容。本题选择 A 选项。

40. D 【解析】turtle 库的 home()函数是设置当前画笔位置为原点，方向向东。本题选择 D 选项。

二、基本操作题

41.【参考答案】

```
n = eval(input("请输入正整数:"))
print("{:*>15}".format(n))
```

【解题思路】

该题目主要考查 Python 字符串的格式化方法。Python 推荐使用 format()格式化方法，其语法格式如下：

<字符串模板>.format(<逗号分隔的参数>)

其中，字符串模板是一个由字符串和槽组成的字符串，用来控制字符串和变量的显示效果。槽用花括号（{}）表示，对应 format()方法中逗号分隔的参数。如果<字符串模板>中有多个槽，可以通过 format()参数的序号在字符串模板的槽中指定参数，参数从 0 开始编号。例如：

```
"{0}曰:学而不思则罔,思而不学{1}。".format("孔子","则殆")
```

其结果：

'孔子曰：学而不思则罔，思而不学则殆。'

format()方法的槽除了包括参数序号，还可以包括格式控制信息，语法格式如下：

{<参数序号>:<格式控制标记>}

其中，格式控制标记包括<填充>、<对齐>、<宽度>、<,>、<.精度>和<类型>6个字段，由引导符号（:）作为引导标记。这些字段都是可选的，可以组合使用。

<填充>：用于填充的单个字符。

<对齐>：分别使用“<”“>”“^”表示左对齐、右对齐及居中对齐。

<宽度>：设定当前槽的输出字符宽度。

<,>：用于显示数字类型的千位分隔符。

<.精度>：由小数点（.）开头，对于浮点数，精度表示小数部分输出的有效位数；对于字符串，精度表示输出的最大长度。

<类型>：表示输出整数和浮点数类型的格式规则。

本题的格式要求：宽度为15个字符，数字右边对齐，不足部分用星号填充，模板字符串为{:*>15}。划线的空格处应填入{:*>15}。

42.【参考答案】

```
a=[3,6,9]
b=eval(input())#例如:[1,2,3]
c=[]
for i in range(3):
    c.append(a[i]+b[i])
print(c)
```

【解题思路】

a和b是两个长度相同的列表变量，a中有3个元素，则b中也有3个元素，a中元素与b中对应元素的和则为a[i]+b[i]，则第2空应填写a[i]+b[i]。列表中元素的索引从0开始，因此for循环中i的值应分别为0、1、2，第1空应填入3。

43.【参考答案】

```
import random
random.seed(0)
s=0
for i in range(5):
    n=random.randint(1,97)# 产生随机数
    s=s+n**2
print(s)
```

【解题思路】

题目要求以0为随机数种子，seed()函数用于初始化随机数种子。因此第1空应填入random.seed(0)。

randint(a,b)函数用于随机生成一个区间为[a,b]的整数（包含a和b）。题目要求的是1(含)~97(含)的随机数，因此第2空填入1,97。

最后求5个随机数的平方和，n的平方可以表示为n**2，平方和存储于变量s中，可表示为s=s+n**2，因此第3空填入s+n**2。

三、简单应用题

44.【参考答案】

```
import turtle
turtle.pensize(2)
d=0
for i in range(1,9):
```

```
    turtle.fd(100)
    d += 45
    turtle.seth(d)
```

【解题思路】

本题要绘制一个八边形，需要使用 turtle 库，首先使用 import 保留字把 turtle 库导入。由于绘制的是正八边形，for 循环遍历中，要对索引为 1 ~ 8 的每条边依次进行绘制，i 的取值从 1 开始到 8 结束。因此第 1 空填入 9。

题目要求使用 turtle. fd( ) 函数。turtle. fd( ) 函数用于控制箭头向当前方向前进一个指定距离，题目要求边长为 100 像素。因此第 2 空填入 turtle. fd(100)。

turtle. seth(d) 函数用于设置箭头当前行进方向为 d，该角度是绝对方向角度值。在正八边形中，相邻两条边形成的外角均为 45 度，即绘制完一条边后，箭头的行进方向要增加 45 度后再绘制下一条边。因此第 3 空填入 45。

45.【参考答案】

```
f = open("name.txt")
names = f.readlines()
f.close()
f = open("vote.txt")
votes = f.readlines()
f.close()
f = open("vote1.txt","w")
D = {}
NUM = 0
for vote in votes:
    num = len(vote.split())
    if num == 1 and vote in names:
        D[vote[:-1]] = D.get(vote[:-1],0) + 1
        NUM += 1
    else:
        f.write(vote)
f.close()
l = list(D.items())
l.sort(key = lambda s:s[1],reverse = True)
name = l[0][0]
score = l[0][1]
print("有效票数为:{} 当选村主任的村民为:{},票数为:{}".format(NUM,name,score))
```

【解题思路】

"name. txt" 文件中每行为一个村民的姓名，用 readlines( ) 函数读入所有行，以每行为元素形成列表 names；"vote. txt" 文件中每行为一张选票信息，用 readlines( ) 函数读入所有行，以每行为元素形成列表 votes。用 for 循环遍历 votes 列表中的每个元素，并使用 if 进行判断，若该元素中只有一个姓名（vote 的长度为 1）且该姓名也在列表 names 中，则为有效票，否则为无效票（将 vote 写入"vote1. txt"文件）。因此，第 1 空填入 votes；第 2 空填入 names；第 4 空填入 vote。

若判断为有效票，就将 NUM 加 1，统计出有效票数量，并将该元素作为字典 D 中的一个键，该键所对应的值为 1。在后面的循环中只要遍历的元素和键相同，就将该键对应的值加 1。因此，第 3 空填入 D. get(vote[:-1],0)。

l = list(D. items( )) 表示将字典类型变成列表类型，字典中的每个键值对对应列表中的一个元组。随后，用 sort( ) 方法对列表 l 的元素进行排序，在参数 key = lambda s:s[1]中，lambda 是一个隐函数，是固定写法；s 表示列表中的一个元素，在这里表示一个元组，s 只是临时起的一个名字，也可以使用任意的名字；s [1] 表示以元组中第二个元素排序。sort( ) 方法的第二参数表示按哪种方式排序，若 reverse = True 表示按降序排序；若该参数未填写或 reverse =

False，表示按升序排序。这里按降序排序，因此第5空填入reverse = True。

排序后，列表l中第一个元素（一个元组）即为当选村主任的村民的姓名和选票数，name = l[0][0]表示当选村主任的村民的姓名，score = l[0][1]表示选票数。因此第6空填入l[0][0]，第7空填入l[0][1]。

四、综合应用题

46.（1）**【参考答案】**

```
import jieba
f = open('data.txt','r')
lines = f.readlines()
f.close()
f = open('out.txt','w')
for line in lines:
    line = line.strip('')
    wordList = jieba.lcut(line)
    f.writelines('\n'.join(wordList))
f.close()
```

（2）**【参考答案】**

```
import jieba
f = open('out.txt','r')
words = f.readlines()
f.close()
D = {}
for w in words:
    D[w[:-1]] = D.get(w[:-1],0) +1
print("曹操出现次数为:{}".format(D['曹操']))
```

【解题思路】

（1）本题要使用jieba库，首先用import保留字引用jieba库。打开文件“data.txt”后，需要用readlines()函数读入所有行，以每行为元素形成列表lines，然后用for循环遍历该列表中的每个元素并进行分词。在遍历每个元素时，首先用strip()方法删除元素首尾出现的空格，因此第1空填入line.strip('')；再使用jieba库的lcut()方法对元素进行精准分词，因此第2空填入jieba.lcut(line)；最后将换行符插入每个词组之间，并写入文件“out.txt”中，因此第3空填入join(wordList)。

（2）首先用import保留字引用jieba库。打开文件“out.txt”后，需要用readlines()方法读入所有行，以每行为元素形成列表words，然后用for循环遍历该列表中每个元素出现的次数。因此，第1空填入words。

在遍历每个元素时，若字典D中没有键与该元素相同，就将该元素作为字典D的一个键，将该键所对应的值置为1；若字典D中存在键与该元素相同，就将该键对应的值加1。因此，第2空填入D.get(w[:-1],0)。

题目要求的是输出“曹操”出现的次数，字典D中键“曹操”对应的值为该词出现的次数。因此，第3空填入D['曹操']。

第2套 答案及解析

一、选择题

1. C **【解析】**允许多个联机用户同时使用一台计算机系统进行计算的操作系统称为分时操作系统。分时操作系统把中央处理器的时间划分成时间片，轮流分配给每个联机终端用户，每个用户只能在极短时间内执行程序。若程序未执行完，则等待下次分到时间片时再执行。这样，系统的每个用户的每次要求都能得到快速响应，且用户感觉自己好像独占计算机。本题选择C选项。
2. A **【解析】**操作系统的功能和任务主要有进程管理（处理机管理）、存储管理、设备管理、文件管理和用户接口。本题选择A选项。

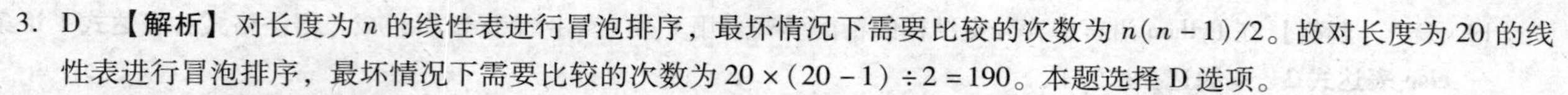

3. D 【解析】对长度为 n 的线性表进行冒泡排序，最坏情况下需要比较的次数为 $n(n-1)/2$。故对长度为20的线性表进行冒泡排序，最坏情况下需要比较的次数为 $20\times(20-1)\div2=190$。本题选择D选项。

4. D 【解析】循环队列长度为40，初始状态为 front = rear = 40，此时循环队列为空。经过一系列入队与退队运算后，front = rear = 15，此时循环队列为队满或队空。此后又正常地退出了一个元素，若循环队列为队空（0个元素），退出元素会发生“下溢”错误；若循环队列为队满，退出一个元素后循环队列中的元素个数为 $40-1=39$。本题选择D选项。

5. A 【解析】假设叶子节点个数为 n。树的总节点数为度为3的节点数 + 度为2的节点数 + 度为1的节点数 + 度为0的节点数，即 $4+1+3+n$。再根据树的总节点数为树中所有节点的度数之和再加1，则总节点数为 $3\times4+2\times1+1\times3+0\times n+1$。$3\times4+2\times1+1\times3+1=4+1+3+n$，则 $n=10$，叶子节点数为10。本题选择A选项。

6. C 【解析】软件需求规格说明书要涵盖用户对系统的所有需求，包括功能要求、性能要求、接口要求、设计约束等。软件需求规格说明书的可验证性指描述的每一个需求都可在有限代价的有效过程中验证确认，对于软件没有可验证性。本题选择C选项。

7. B 【解析】静态测试不实际运行软件，主要通过人工进行分析。动态测试就是通常所说的上机测试，通过运行软件来检验软件中的动态行为和运行结果的正确性。白盒测试的主要技术有逻辑覆盖测试、基本路径测试等。基本路径测试需要运行程序，属于动态测试。本题选择B选项。

8. C 【解析】概念数据模型，简称概念模型，它是一种面向客观世界、面向用户的模型，它与具体的数据库管理系统和具体的计算机平台无关。概念模型着重于对客观世界复杂事物的描述及对它们内在联系的刻画。目前，著名的概念模型有实体－联系模型和面向对象模型。本题选择C选项。

9. A 【解析】在学籍管理系统中，一名学生只有一份学籍档案，一份学籍档案只属于一名学生，则学生和学籍档案之间的联系是一对一。本题选择A选项。

10. B 【解析】检索医生编号为1且性别为男是选择行，用 σ 操作；检索患者姓名是选择列（投影），用 π 操作，则在表达式中应同时存在 π 和 σ，A选项错误。C选项没有满足条件性别为男，不符合题意，错误。D选项进行投影运算检索的是患者编号，不符合题意。本题选择B选项。

11. A 【解析】Python是一种解释型高级通用脚本语言，具有通用性，可以用于几乎任何与程序设计相关应用的开发。本题选择A选项。

12. D 【解析】缩进：在逻辑行首的空白（空格符和制表符）用来决定逻辑行的缩进层次，从而用来决定语句的分组。这意味着同一层次的语句必须有相同的缩进，不是同一层次的语句不需要缩进。一般在分支、循环、函数中含有缩进。缩进的空格数量可以任意，但同一个层级，数量必须一致。本题选择D选项。

13. C 【解析】在Python中，变量名的命名规则：以字母或下划线开头，后面跟字母、下划线和数字；不能以数字开头。本题选择C选项。

14. B 【解析】eval()函数内部先执行字符串的拼接，然后用eval()函数去掉字符串的引号，首先字符串 '100' + " 1 +2" ='1001 +2'，然后将字符串 '1001 +2' 通过eval()函数转化得到 1001 +2 = 1003。本题选择B选项。

15. B 【解析】在Python语言中，int()函数用于将变量a转化成整数类型。type()函数用于判断变量a的数据类型。str()用于将变量a转化成字符串类型。eval()函数用于将字符串数据类型a去掉引号，并执行。本题选择B选项。

16. A 【解析】在Python中复数的加法运算与数学上的加法一致，实部与实部相加，虚部与虚部相加，最后得到0j。注意：当虚部为0时，j依然不能省略。本题选择A选项。

17. D 【解析】在Python语言中，可以使用len()函数获取字符串的长度，不存在lenstr()函数。本题选择D选项。

18. A 【解析】在本题中，format()方法的格式控制标记也是通过槽来进行传递的，在进行输出之前，得先将槽内的格式控制标记补齐，根据槽内的数字，选择format()方法对应序号的参数。需要注意的是，参数序号从0开始，所以得到模板字符串为“{0:*>20,}\n{0:*^20,}\n{0:*<20,}”。然后使用format()方法将参数序号为0的参数一一填入，得到输出如下。

```
*************3.141593
******3.141593******
3.141593*************
```

本题选择A选项。

19. C 【解析】在Python语言中，分支结构的精简模式采用if和else两个保留字组成，语法格式：**表达式1 if 条件 else 表达式2**。本题选择C选项。

20. D 【解析】观察本题程序，首先创建了变量a，并赋值为75，然后执行分支语句，因为75大于60，满足条件，所以直接执行if分支下的print("Should Work Hard!")，且分支语句自上而下执行，只要有一个条件成立便执行对应语句块，所以后续分支无须继续判断。本题选择D选项。

21. C 【解析】当用户输入apple,banana,bear时，该字符通过input()函数获取成为字符串"apple,banana,bear"，然后使用字符串的split()方法通过逗号将字符串分隔成列表["apple","banana","bear"]。在循环的过程中，对x的值进行判断。只要x小于a列表的程度，循环就继续执行，在循环内部输出a列表索引为x的值；并且x从0开始，每次循环x值加1，即循环一共执行3次，分别输出apple、banana和bear；print()函数设置了end参数为&，所以每次输出不以换行符结尾，改为&结尾。本题选择C选项。

22. D 【解析】在Python语言中，利用try、except、finally和else保留字提供异常处理功能。当发生异常时，可以通过except捕获异常，而不是直接退出程序，异常和错误是不同的概念。本题选择D选项。

23. B 【解析】当for循环遍历的结构没有元素时，此时for循环内部语句块不执行，A选项错误。for循环可以直接遍历字符串，有多少个字符，循环就能执行多少次，B选项正确。for循环遍历字典时，遍历的是字典的键，不能将字典的值遍历出来，C选项错误。for循环可以与break和continue保留字使用，用于控制循环的执行，D选项错误。本题选择B选项。

24. A 【解析】在Python语言中，divmod()函数返回当第一个参数除以第二个参数时包含商和余数的元组。type()函数返回参数的数据类型。ord()函数返回字符串参数的ASCII数值或者Unicode数值。本题选择A选项。

25. C 【解析】在Python语言中，函数中形参的定义顺序一般为位置参数、默认参数及可变参数。本题选择C选项。

26. D 【解析】题目中的程序创建了一个函数，并在函数外部调用函数。函数内首先创建了两个变量a、b，并依次赋值为1000、99。然后使用遍历循环10次，循环内执行a等于a乘以b+1，b等于b乘以a-1，循环结束用return保留字返回a与b进行小于判断的布尔值。题目要求的是以下代码的执行结果是什么，因为函数虽然有一个布尔值作为返回值，但是并没有任何输出的语句显示结果，所以没有任何输出。本题选择D选项。

27. B 【解析】在Python语言中，局部变量可以是任意标识符，因为局部变量在函数结束时，并相当于被销毁，所以即使与全局变量同名，也可以正常运行。本题选择B选项。

28. A 【解析】组合数据类型根据数据的关系分为序列类型、集合类型和映射类型，其中序列类型又包含字符串、元组和列表。集合类型和映射类型都是没有顺序的数据类型，不能通过序号访问。本题选择A选项。

29. C 【解析】存储多信息的数据，最适合的是列表数据类型。列表内含有多个元素，每一个元素都是一个单独的列表，第一个列表存储的是信息的分类，每一类作为一个元素，后续列表存储的都是同学的个人信息，将信息按照分类的顺序逐个存储即可。本题选择C选项。

30. A 【解析】在Python语言中，列表类型是可变的数据类型，元素可以是任意的数据类型，也可以任意修改。本题选择A选项。

31. D 【解析】本题考核列表的索引及切片。首先，列表索引-4得到元素['河北省','浙江省','广东省']，然后该元素索引1得到元素'浙江省'，接下来将字符串通过[:2]切片得到字符串'浙江'。本题选择D选项。

32. C 【解析】本题考核列表的索引，str1通过空格及加法将列表的各个元素拼接起来，s[3]代表的是第4个元素'how'，s[4]代表的是第5个元素'do'，s[5]代表的是第6个元素'you'，s[6]代表的是第7个元素'do'，拼接起来就是'how do you do'。本题选择C选项。

33. B 【解析】字典的pop()方法是寻找字典中是否存在与第一个参数相同的键，存在即删除该键值对，并返回对应的值；不存在就返回第二个参数。题目字典中存在字符串'黄昏'这个键，所以删除对应键值对，并返回字符串'戌时'赋值给time。本题选择B选项。

34. D 【解析】A选项错误，采用等号是直接将ls2的数据赋值给ls1。B选项错误，列表的insert()方法必须要有两个参数，第一个参数是插入的位置，第二个参数是插入的元素。C选项错误，min()函数返回的是最小值。D选项正确，join()方法是利用调用自身方法的字符拼接括号内参数的各个元素，最后返回拼接过后的字符串。本题选择D选项。

35. A 【解析】观察本题程序，在输出ls前调用了函数，函数内程序先将lt赋值给ls，然后输出ls，所以函数内部的输出数据应该是[1,2,3,4,5]，所以排除 C、D 两个选项。因为在函数内部采用了赋值符号，所以函数内部的 ls 相当于是局部变量，那么外界全局变量的 ls 便不会被局部变量所影响，最后输出[12,34,56,78]。本题选择 A 选项。

36. A　【解析】列表可以正向索引，也可以逆向索引，所以 A 选项错误。本题选择 A 选项。

37. D　【解析】在 Python 语言中，turtle 库没有 turtlesize( )函数。shape( )函数用于设置绘图箭头的形状。getscreen( )函数返回一个 TurtleScreen 类的绘图对象，并开启绘画。setup( )函数打开一个自定义大小和位置的画布。本题选择 D 选项。

38. B　【解析】分析题中程序，使用 random 库内的 randint( )函数生成范围在 1 到 100 的随机整数，只要数字大于等于 50，就输出出来，并结束程序；如果小于 50，便一直通过循环获取新的随机数，直至数字大于等于 50。因为本题未设置随机数种子，所以每次程序运行总会以运行的时间默认作为随机数种子，种子不同，产生的结果不同，并且只要 a 是大于 50 的数字都可以退出程序，所以 C、D 两个选项错误。本题选择 B 选项。

39. C　【解析】Scrapy 是 Python 网络爬虫方向的框架。Matplotlib 是 Python 数据可视化方向的第三方库。opencv-python 是 Python 图像处理方向的第三方库。wxPython 是 Python 图形界面方向的第三方库。本题选择 C 选项。

40. A　【解析】requests 是 Python 网络爬虫方向的第三方库。NLTK 是 Python 自然语言处理的第三方库。PyTorch 是 Python 机器学习方向的第三方库。Pillow 是 Python 图像处理方向的第三方库。本题选择 A 选项。

二、基本操作题

41. **【参考答案】**

```
ls = eval(input())
s = ""
for item in ls:
    if type(item) == type("香山"):
        s += item
print(s)
```

【解题思路】

观察已有的提示代码，可以看到最后输出的是 s，那么代表在循环当中 s 将字符串"Python"和"等级考试"拼接在了一起。循环当中首先有一条判断语句，type( )函数返回的是参数的数据类型，"香山"的数据类型是字符串，题目要求将字符串类型连接并输出，所以第 1 空填 type(item)来判断 item 的数据类型。当 item 是字符串类型时，将 itme 叠加给 s，所以第 2 空填 item。

42. **【参考答案】**

```
import random

random.seed(25)
n = random.randint(1,100)
for m in range(1,7):
    x = eval(input("请输入猜测数字:"))
    if x == n:
        print("恭喜你，猜对了!")
        break
    elif x > n:
        print("大了，再试试")
    else:
        print("小了，再试试")
    if m == 6:
        print("谢谢! 请休息后再猜")
```

【解题思路】

观察文件中的已有代码，可以看到循环内通过判断 x 与 n 是否相等来输出，因为 x 是用户输入的猜测数字，那么 n 就是程序自动生成的随机数，所以第 1 空应填 random. randint(1,100)。第 2 空需要对 x 和 n 的大小进行判断，符合条件则输出“大了，再试试”，则第 2 空应填 x > n。第 3 空也需要填写一个条件，当满足这个条件输出“谢谢！请休息后再猜”，则代表用户已经猜测了 6 次，那么此时 m 的值就应该为 6，所以第 3 空应填 m == 6。

43.【参考答案】

```
def f(n):
    s = 0
    if n% 2 ==1:
        for i in range(1,n +1,2):
            s +=1/i
    else:
        for i in range(2,n +1,2):
            s +=1/i
    return s
n = int(input())
print('{:.2f}'.format(f(n)))
```

【解题思路】

本题要求在不同条件下生成不同的两个数字，观察已有程序，函数内存在判断语句，在判断语句的内部出现了 s 变量，且使用的 += 操作符，那么第 1 空应填入 s = 0，设置 s 变量的初始值。然后将 if 分支下 for 循环中 i 的初始值 1 代入计算可以得到 s += 1/1。观察题目，1 这个值只有在 n 为奇数的时候才在式中出现，则第 2 空应填入 n% 2 == 1。因为需要输出函数的返回值，且题目要求输出结果保留两位小数，所以第 3 空应填入 '{:. 2f}'. format(f(n))。

三、简单应用题

44.【参考答案】

```
import turtle as t
color =['red','green','blue']
rs =[10,30,60]

for i in range(3):
    t.penup()
    t.goto(0, -rs[i])
    t.pd()
    t.pencolor(color[i])
    t.circle(rs[i])
t.done()
```

【解题思路】

本题要求生成 3 个同心圆，且因为绘制完成后箭头在最外层圆上，所以，应依次从内向外绘制。观察已有程序，因为需要绘制 3 个圆，所以第 1 空应填入 3。循环内，先抬起画笔，利用 goto()函数将画笔移动到绘制起始点，因为圆心是(0,0)，且半径依次是 10、30 和 60，所以此处用索引取出 rs 列表的半径值，并且起始位置在圆心下方，所以纵坐标应为负值，第 2 空填 - rs[i]。观察后续代码，修改了画笔的颜色再绘制圆，但应先将画笔放下，才能绘制出移动轨迹，所以第 3 空应填入 pd()。画笔的颜色根据 color 列表进行索引取值，所以第 4 空填入 color[i]。最后根据 rs 列表中的半径绘制圆，所以第 5 空应填入 rs[i]。

45.【参考答案】

```
import jieba
s = input("请输入一段中文文本，句子之间以逗号或句号分隔：")
```

```
slist = jieba.lcut(s)
m = 0

for i in slist:
    if i in",。":
        continue
    m += 1
    print(i,end = '/')

print("\n 中文词语数:{}\n".format(m))

ss = ''
for i in s:
    if i in ',。':
        print('{:^20}'.format(ss))
        ss = ''
        continue
    ss += i
```

【解题思路】

本题要求将用户输入的词语进行分词，并按照一定格式输出。观察已有代码，循环中遍历 slist，并且对 slist 里面的元素进行判断，所以前面一定创建了 slist 这个变量。因为题目需要分词，所以 slist 应是 jieba 分词的结果。观察后续的输出语句，输出了词语的数量 m，那么首先循环外需要创建 m 变量，循环内还需要对 m 的数量进行自增长，且每增长一个代表是一个中文词语，也要输出一次这个中文词语，在 print( ) 函数中还需要按照题目要求，设置 end 参数，每次输出以/结尾。接下来，就是将诗句按照逗号和句号进行换行输出。首先创建一个空字符串 ss，遍历用户的输入，当没有遇到逗号和句号时，便拼接该字符到字符串 ss 上；当遇到逗号和句号时，便直接利用 print( ) 函数输出，并根据题目要求，用 format( ) 方法以空格填充、居中对齐和 20 个字符的宽度输出该字符串。然后将 ss 重新设置为空字符串，并结束本次循环，继续遍历拼接下一句。

四、综合应用题

46. (1)【参考答案】

```
fi = open('data.txt','r')
fo = open('studs.txt','w')
students = fi.readlines()
for i in students:
    i = i.strip().split(':')
    name = i[0]
    score = i[1].split(',')[ -1]
    fo.write(name + ':' + score + '\n')
fi.close()
fo.close()
```

(2)【参考答案】

```
fi = open('data.txt','r')
students = fi.readlines()
l = []
for i in students:
    i = i.strip().split(':')
```

```
        name = i[0]
        score = i[1].split(',')[-1]
        l.append([name,score])
    l.sort(key = lambda x:eval(x[1]),reverse = True)
    print(l[0][0] +':'+l[0][1])
    fi.close()
```

(3)【参考答案】

```
    fi = open('data.txt','r')
    d = {}
    students = fi.readlines()
    for i in students:
        i = i.strip().split(':')
        clas,score = i[1].split(',')
        d[clas] = d.get(class,[]) + [eval(score)]

    for i in d:
        avg_score = sum(d[i])/len(d[i])
        print('{}:{:.2f}'.format(i,avg_score))
    fi.close()
```

【解题思路】

(1) 本题需要将学生的姓名和成绩从素材文件"data. txt"中提取出来，然后输出到文件"studs. txt"中。观察文件"data. txt"中的格式可以知道，每一行都是1个学生的信息，所以读取文件采用readlines()方法，然后将一行信息通过冒号先分开，学生的姓名就是分隔过后的第1个元素，剩下的就是班级和分数，再通过逗号分隔剩下的元素，将分数取出。写入文件时用冒号拼接姓名和成绩，并且在元素后加上换行符，最后关闭文件即可。

(2) 本题需要输出分数最高的学生的姓名和分数，打开文件、分析文件两步都与第1小问类似。在循环中首先把姓名和成绩取出，然后将二者组合成列表，添加到大列表中。循环结束后，列表l便具有多个元素，每个元素都是1个单独的列表，这个元素的第1位是学生的姓名，第2位就是学生的成绩。利用列表的sort()方法为列表排序，lambda函数的参数x代表的就是列表的元素，lambda函数的返回值eval(x[1])代表的就是该元素的索引为1的值，且因为存储时的分数是字符串类型，所以通过eval()函数转化为数字类型。然后设置reverse参数值为True，将列表从大到小排列。最后输出列表的第1位元素的姓名和成绩即可。

(3) 本题需要统计每个班的平均分，并将班级和平均分输出到屏幕上。本题与前两问类似，但所需信息有所区别。本题需要班级和分数两个信息，所以通过逗号切割的结果直接按位置赋值给class和score两个变量。然后以班级为键，利用字典的get()方法，当字典中存在这个班级时，就返回所有同学分数的列表，并加上新同学的分数这个元素；当字典中不存在这个班级时，就创建这个班级，以1个列表作为值，且列表的元素是当前同学的分数。循环结束，字典d中便存储了多个键值对，每个键值对都是1个班级所有同学的分数。因为最后的输出没有要求顺序，所以可以直接遍历字典。这相当于遍历字典的键，利用键取值，并使用sum()和len()函数计算出平均数。最后因题目要求输出的结果保留两位小数，所以利用format()方法格式化输出班级名和分数。

附　录

综合自测参考答案

第 1 章

选择题									
1	A	2	B	3	D	4	C	5	A
6	C	7	D	8	D	9	B	10	D
11	D	12	C	13	B	14	D	15	A
16	D	17	D	18	A	19	D	20	A
21	B								

第 2 章

一、选择题									
1	C	2	C	3	C	4	D	5	A
6	B	7	C	8	B	9	C		

二、操作题

1

```
a = eval(input('请输入一个数字:'))
b = eval(input('请输入一个数字:'))
print(a + b)
```

2

```
x = input('请输入一个数学表达式:')
print(eval(x))
```

第 3 章

一、选择题									
1	B	2	D	3	C	4	C	5	B
6	B	7	B	8	A	9	A		

二、操作题

第 2 行：:@ >30,

第 4 章

一、选择题									
1	A	2	C	3	B	4	A	5	D
6	C	7	A	8	D	9	A		

二、操作题

第 3 行：1, n + 1	第 4 行：i	第 5 行：s

第 5 章

选择题									
1	B	2	C	3	B	4	A	5	D
6	B	7	D	8	C	9	D	10	B
11	C	12	B	13	A	14	C	15	B
16	B								

第 6 章

一、选择题									
1	C	2	B	3	D	4	A	5	A

二、操作题

1

```
fo = open("PY202.txt","w")
data = input("请输入一组人员的姓名、性别、年龄:")
women_num = 0
age_amount = 0
person_num = 0
```

1	

```
while data:
    name,sex,age = data.split(' ')
    if sex == '女':
        women_num += 1
    age_amount += int(age)
    person_num += 1
    data = input("请输入一组人员的姓名、性别、年龄:")
average_age = age_amount/person_num
fo.write("平均年龄{:.1f} 女性人数{}".format(average_age,women_num))
fo.close()
```

2	

```
fo = open("PY202.txt","w")
txt = input("请输入类型序列:")
fruits = txt.split(" ")
d = {}
for fruit in fruits:
    d[fruit] = d.get(fruit,0) + 1
ls = list(d.items())
ls.sort(key = lambda x:x[1],reverse = True)
for k in ls:
    fo.write("{}:{}\n".format(k[0],k[1]))fo.close()
```

第7章

一、选择题									
1	D	2	B	3	B	4	B	5	C
6	C	7	C	8	D	9	B	10	C
11	B	12	A						

二、操作题			
1	第2行:s=0	第3行:n%2	第11行:'{:.2f}'.format(f(n))
2	第4行:1+scale,day*11	第10行:year*365	

第8章

一、选择题									
1	C	2	A	3	A	4	D	5	D
6	A								

二、操作题			
1	第2行:3	第3行:i*120	第4行:turtle.fd
2	第1行:import turtle as t	第6行:randint(20,50)	第7行:randint(-100,100)
	第11行:goto(x0,y0)	第13行:circle	
3	第3行:eval(t)	第5行:ls[3].split(':')[0]	

第9章

一、选择题									
1	C	2	A	3	C	4	B		

二、操作题			
1	第1行:import jieba	第3行:jieba.lcut(s)	
2	第1行:jieba	第3行:ls = jieba.lcut(txt)	
3	第7行:line.strip(' ')	第8行:jieba.lcut(line)	第9行:join(wordList)